李浩 编著

做合成

Photoshop构图+
透视+
纹理+
造型+
调色技术修炼

U0217782

电子工业出版社.
Publishing House of Electronics Industry
北京·BEIJING

内 容 简 介

这是一本 Photoshop 合成技法专业实用教程。本书采用"技法 - 理论 - 实例讲解"的结构形式，将合成设计中会涉及的构图控制、光影处理、氛围处理等基础理论知识和抠图、纹理混合、变形等基本技术一网打尽，全方位地讲解 Photoshop 合成操作的方法和技巧，有效解决美工、设计师、摄影师及修图师等图片处理工作者在处理图片时会遇到的大部分问题，并且就后期作图过程中常常遇到的"无从下手""总觉得不好看""无法继续优化"等问题释疑解惑。

本书附带下载资源（扫描实战案例开头的二维码可直接观看，或者扫描"读者服务"部分的二维码可获得下载方法），内容包括本书所有的实战源文件、素材文件和视频文件，读者可以使用这些文件来跟随书中的内容进行学习和操作。

本书适合有一定基础的美工设计师、平面设计师、影楼工作者，以及对图片合成和后期感兴趣的非从业人员阅读。另外，本书所有内容均采用中文版 Photoshop CC 2018 进行编写，但在实际操作中，中文版 Photoshop CC 2018 和中文版 Photoshop CC 2019 没有什么差别。

图书在版编目（CIP）数据

做合成：Photoshop构图+透视+纹理+造型+调色技术修炼 / 李浩编著. -- 北京：电子工业出版社，2020.8

ISBN 978-7-121-39233-7

Ⅰ. ①做… Ⅱ. ①李… Ⅲ. ①图像处理软件 Ⅳ. ①TP391.413

中国版本图书馆CIP数据核字(2020)第126748号

责任编辑：田　蕾　特约编辑：刘红涛
印　　刷：北京捷迅佳彩印刷有限公司
装　　订：北京捷迅佳彩印刷有限公司
出版发行：电子工业出版社
　　　　　北京市海淀区万寿路173信箱　　邮编：100036
开　　本：787×1092　1/16　印张：21.25　　字数：850千字
版　　次：2020 年 8 月第 1 版
印　　次：2022 年 12 月第 8 次印刷
定　　价：128.00元

凡所购买电子工业出版社图书有缺损问题，请向购买书店调换。若书店售缺，请与本社发行部联系，联系及邮购电话：（010）88254888，88258888。

质量投诉请发邮件至 zlts@phei.com.cn，盗版侵权举报请发邮件至dbqq@phei.com.cn。

本书咨询联系方式：（010）88254161～88254167转1897。

案例： 制作海岸概念场景合成海报

案例： 制作森林环境中的火焰

案例赏析

案例：制作床与梦境合成场景

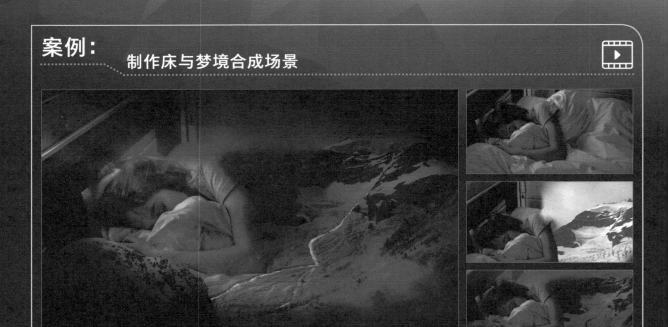

案例：制作春冬视觉对比场景

案例: 制作悬浮立体城堡

案例: 制作棕熊造型

案例：

综合演练之产品场景合成

案例：

制作液体三叉戟

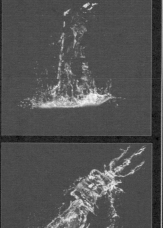

领取PS精品入门教程

PS从入门到提高80集精品教程，供您下载学习

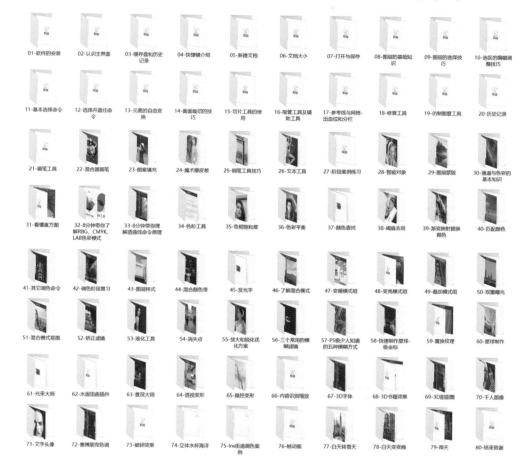

01-软件的安装	02-认识主界面	03-缓存盘和历史记录	04-快捷键介绍	05-新建文档	06-文档大小	07-打开与保存	08-图层的基础知识	09-图层的选择技巧	10-选区的嫡错调整技巧
11-基本选择命令	12-选择并遮住命令	13-元素的自由变换	14-画面裁切的技巧	15-切片工具的使用	16-吸管工具及辅助工具	17-参考线与网格-出血位和分栏	18-修复工具	19-仿制图章工具	20-历史记录
21-画笔工具	22-混合器画笔	23-图案填充	24-魔术橡皮差	25-钢笔工具技巧	26-文本工具	27-阶段案例练习	28-智能对象	29-图层蒙版	30-通道与色彩的基本知识
31-看懂直方图	32-8分钟带你了解RBG、CMYK、LAB色彩模式	33-8分钟带你理解透曲线命令原理	34-色阶工具	35-色相饱和度	36-色彩平衡	37-颜色查找	38-阈值去斑	39-渐变映射替换颜色	40-匹配颜色
41-其它调色命令	42-调色阶段复习	43-图层样式	44-混合颜色带	45-发光字	46-了解混合模式	47-变暗模式组	48-变亮模式组	49-叠加模式组	50-双重曝光
51-混合模式抠图	52-矫正滤镜	53-液化工具	54-消失点	55-放大和脱化优化方案	56-三个常用的模糊滤镜	57-PS极少人知道的五种模糊方式	58-快速制作星球-极坐标	59-置换纹理	60-星球制作
61-光束大师	62-水面扭曲插件	63-景深大师	64-透视变形	65-操控变形	66-内容识别缩放	67-3D字体	68-3D书籍效果	69-3D甜甜圈	70-千人图像
71-文字头像	72-赛博朋克色调	73-破碎效果	74-立体水杯海洋	75-Ins街道调色案例	76-帧动画	77-白天转雪天	78-白天变夜晚	79-雨天	80-结束致谢

获取方法

[扫码关注]

微信公众号：**设计不求人**

终于等到你！图书配套资源「PS精品入门教程」，已经为你准备好啦

本福利包，还有如下内容：
❶ 6G设计资源
❷ 随书练习素材
❸ 随书视频教程

链接：https:▓▓▓▓▓▓▓▓▓
cZcYzQLJlKoHBSOK-DiZA

回复关键词：**做合成**

可领取PS精品入门教程

读 者 服 务

读者在阅读本书的过程中如果遇到问题，可以关注"有艺"公众号，通过公众号与我们取得联系。此外，通过关注"有艺"公众号，您还可以获取更多的新书资讯、书单推荐、优惠活动等相关信息。

扫一扫关注"有艺"

扫码观看全书视频

资源下载方法：关注"有艺"公众号，在"有艺学堂"的"资源下载"中获取下载链接。如果遇到无法下载的情况，可以通过以下三种方式与我们取得联系。

1. 关注"有艺"公众号，通过"读者反馈"功能提交相关信息；
2. 请发邮件至 art@phei.com.cn，邮件标题命名方式：资源下载 + 书名；
3. 读者服务热线：（010）88254161~88254167 转 1897。

投稿、团购合作：请发邮件至 art@phei.com.cn。

前 言

本书结构说明

本书分为 3 篇, 共 13 章。

第 1 篇 (第 1 章~第 4 章): 全面讲解利用 Photoshop 进行合成在前期经常遇到的技术问题, 包括素材寻找、素材整理、灵感寻找, 以及高级抠图、混合模式、元素变形等的应用。

本篇内容是让读者在正式接触合成之前对 Photoshop 使用技巧有一个进阶的认识和了解。

第 2 篇 (第 5 章~第 10 章): 讲解合成的核心技法。此篇内容严格按照创作的流程进行编写, 在帮助读者提高审美的同时梳理创作的流程, 从前期的构图到透视, 再到调色, 每一章前后逻辑环环相扣、相辅相成。

本篇内容是希望读者可以跳出技法本身, 对审美方面的知识进行梳理和系统的学习, 有助于突破当下的瓶颈。

第 3 篇 (第 11 章~第 13 章): 从 3 个领域全流程讲解不同情况下合成的创作方向, 包括: 以人物为主的影视海报的创作思路和注意事项、以产品为主的海报的创作方法和创意表现, 以及以场景为主的概念合成的创作思路和注意事项。

本篇内容希望读者通过案例对合成设计有完整的学习和体验, 更快速地梳理书中的知识内容, 强化学习效果。

强调与说明

本书在编写过程中对一些常见软件操作错误和误区通过技巧提示的方式进行了扩展讲解, 使读者在遇到各种问题时有一定的辨别方法和解决思路。本书在编写上特别看重读者的学习效果, 对一些重大的知识体系都有理论总结。在案例讲解中, 会有思路分享和明确的创作方法引导, 这样可以帮助读者快速理解作者的意图, 以便更加深入地学习, 领会案例的创作思路。

本书是一本系统性极强且以实操教学为主的 Photoshop 合成图书, 不仅强调技术的训练, 还注重思路和审美的培养, 因此, 针对大型案例, 会将重点放在关键知识的详细解说和流程思路的分析上, 案例的完整操作会以教学视频的形式呈现给读者。在学习这些案例的时候, 读者可以灵活运用知识点, 掌握核心流程和思路。在学习教程后, 需要对案例进行实际操作, 做到融会贯通, 进而能够举一反三。关于参数设置和命令选择, 没有严格的规范和标准, 以实际效果为准来进行调整。

作者建议

学好一门技术, 最关键的一点就是在掌握正确方法的前提下多练习。本书将理论和案例融合, 如果想让自己快速上手, 并且独立完成一幅完整的 Photoshop 合成作品, 就一定要脚踏实地地对随书案例进行逐个练习, 待熟练掌握 Photoshop 合成技术之后, 再做到灵活使用、举一反三, 给自己的未来职业规划做一个良好的铺垫。

由于时间和个人编辑经验有限, 难免会有讲解不周全的地方, 望广大读者谅解。如果大家觉得本书对自己有帮助, 或者有什么问题, 欢迎关注微信公众号 "土豆视觉" 进行交流, 可以配合本书的内容参与 "PS 星期天大挑战" 活动来强化学习效果。如果在购买本书之前对 Photoshop 基本操作还不太熟练, 也可以通过公众号进行一些免费的基础学习。

素材使用说明

本书学习资源 (扫描实战案例开头的二维码可直接观看, 或者扫描 "读者服务" 部分的二维码进行下载) 包含书中实战案例的源文件、素材文件, 并附赠精品素材和笔刷。读者在动手操作的时候, 可以先将素材下载到计算机中, 然后根据案例开头表格中的素材路径, 找到对应素材文件。文件夹的位置在案例开头都会特别说明, 请注意查看。

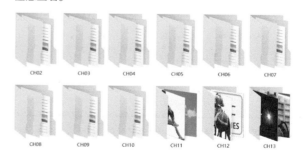

本书案例素材共有 4 种文件格式: .jpeg、.png、.tiff 和 .psd。其中, .jpeg、.png 和 .tiff 这 3 种格式为常见图片格式, 可以使用主流的图片查看器查看, 也可以使用 Photoshop 打开查看, 扩展名为 ".psd" 的文件为 Photoshop 源文件, 需要使用 Photoshop 打开。除此之外, 还有扩展名为 ".abr" 的 Photoshop 画笔文件和扩展名为 ".csh" 的格式文件, 在书中相应的章节都会讲到使用方法, 请读者注意。

视频使用说明

为了方便读者学习 Photoshop 合成技法和思路，本书还配备了相关的演示视频。对于相关的视频位置，在案例开头都有特别说明，请注意查看。

01 讲解并分析这类毛发的抠图问题和特殊性，以及在什么情况下使用画笔抠图。

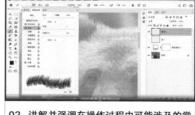

02 讲解并强调在操作过程中可能涉及的常见的错误操作和处理方法，并给出更优方案。

03 展示成品并总结该案例的相关知识，同时提供下一节内容的预告。

本书配套视频均以 1280ppi×720ppi 高清分辨率录制，存储格式为 MP4，使用计算机主流视频播放器均可正常解码播放，也可以使用手机、平板电脑等其他智能设备播放学习。

配套视频包含本书全部案例的详细讲解，讲解结构按照图书内容划分，并再次进行总结和分析，更加有利于读者消化书中内容。

此外，配套视频的讲解语言清晰、思路严谨、节奏感强，并且偶尔分享一些行业相关知识，避免读者在学习过程中遇到瓶颈。

附赠精品素材和笔刷

除了案例必备的素材资源，本书还附赠了笔者平日收集的常用合成精品元素素材，共9大类，多达上千张，如光效素材、火焰素材、金属做旧素材、破碎颗粒素材、墙面做旧素材、天空素材、雪花素材、烟雾素材及雨素材等。

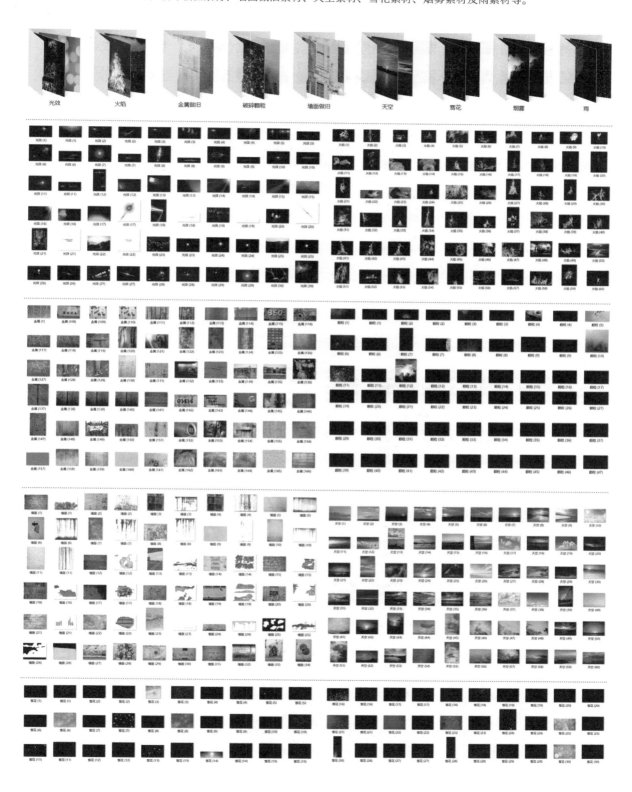

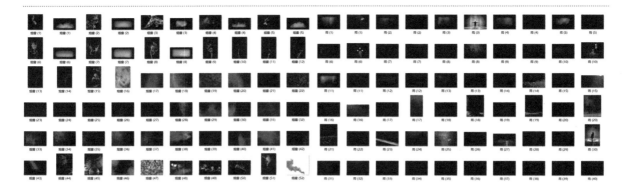

与此同时，本书还附赠常用精品笔刷，共10大类，多达上百款，具体包含光效笔刷、光影笔刷、建筑剪影笔刷、颗粒笔刷、墙面青苔笔刷、树枝剪影笔刷、水墨笔刷、烟雾笔刷、雨笔刷及做旧纹理笔刷等。

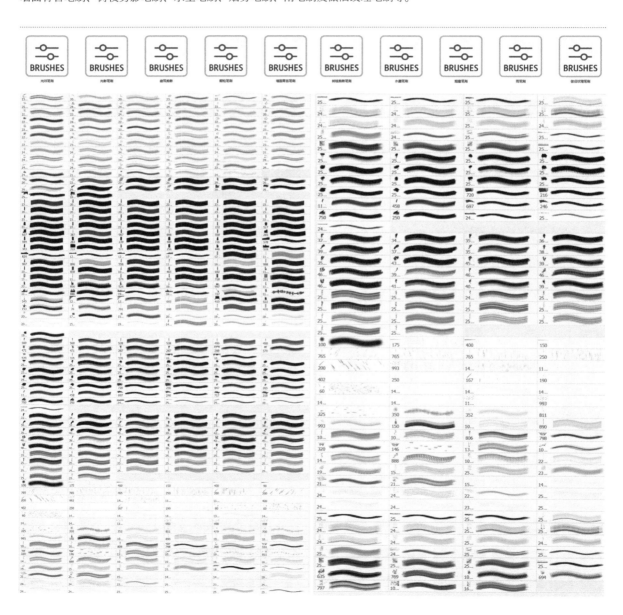

目录

第1篇 Photoshop 合成的基础知识

第 2 篇 Photoshop 合成的核心技法详解

第 3 篇 Photoshop 合成设计的综合演练

Photoshop 合成的基础知识

第 1 章

关于学习本书的一些建议

这是一本关于 Photoshop 合成技术讲解的专业教程。笔者之所以喜欢 Photoshop 合成设计，是因为它能给笔者的生活带来很多乐趣，让设计工作变得更加轻松和有趣。本书从实际工作需求的角度出发，把 Photoshop 合成设计涉及的知识点尽可能完整地罗列出来并加以讲解，旨在让大家全方位地掌握 Photoshop 合成设计的方法与技巧。在具体学习本书内容之前，笔者就 Photoshop 合成设计的学习给大家一些建议。

◎ **需要做的准备工作**　　◎ **正确认识合成设计**　　◎ **学会和素材交朋友**

1.1 需要做的准备工作

"磨刀不误砍柴工",在正式学习 Photoshop 合成技法之前,有必要先对 Photoshop 合成有一个全面的认识,并且做一些必要的学前准备。下面主要从以下两个方面进行讲解。

1.1.1 了解 Photoshop 合成技术的应用领域

Photoshop 合成技术主要有 3 个应用领域。

原画领域

原画一般在游戏、电影领域出现得比较多,在创作过程中,除了利用手绘进行绘制,也有一些原画师采用合成或者部分合成的手法进行创作,这样可以大大提高创作效率。例如,对于一些远景元素,在细节不是特别重要的前提下,可以利用照片进行合成,再利用画笔增加一些笔触感;对于某些表面纹理的绘制,也可以通过合成照片来完成。

如图 1-1 所示为瑞典艺术家 Deiv Calviz 创作的作品 *Dragon Watchers*,作品当中远景的山峰、云层以及建筑都是使用真实照片合成的。

Photoshop 合成技术可以用于原画创作,其很多美学理念也可以运用在原画创作中,如画面构图、色彩、材质、光影等。利用合成的美学理念与技术手法去创作原画,会让作品更具风格和识别性。

如图 1-2 所示为英国原画师 Richard Wright 为一款棋盘类游戏 *Cthulhu: Death May Die* 创作的概念图。该游戏主题偏解密、惊悚和黑暗。图中展示的是一个公路场景,一个巨大的怪兽引发了小镇人们的恐慌,画面当中有爆破的汽车、逃亡的人,以及闪电、乌云等。其中,闪电的光效制作几乎都是通过合成来实现的。

图 1-1

图 1-2

设计领域

在设计中,Photoshop 合成技术的使用范围较广,涉及平面海报、电商海报、电影海报、字体效果的制作,以及展示设计和场景插图的制作等。相对其他艺术领域中的合成技术而言,设计领域中的 Photoshop 合成设计更侧重于产品的表达和信息的传递,通过图片向消费者传达活动、产品宣传等信息。

如图 1-3 所示为巴基斯坦设计师 Fahad Tariq 为百事可乐设计的一组活动视觉海报,主题是"运动"。为了充分凸显产品的特点,设计师用产品的瓶盖、吸管作为创意元素,打造了一个足球赛的画面,给观者一种身临其境的视觉感受。

图 1-3

在实际的设计工作中，Photoshop 合成技术除了可以用于海报的制作，还可以运用到与之相关的一些延展类设计当中。对于平面设计来说，一般主视觉海报做好了，后续的延展设计部分就很好完成了。图 1-4 展示的是与上一案例作品相搭配的一些延展类设计作品。

图 1-4

如图 1-5 所示为秘鲁设计师 Midas Art Studio 创作的几张不同场景的合成海报。在这组海报中，设计师通过人与场景结合的手法表现出了一些令人惊喜的创意效果。

图 1-5

摄影领域

在很早之前，摄影对于大部分行业的人来说，较大的乐趣在于它可以把人们希望保留的瞬间通过镜头定格下来。随着摄影行业的不断发展，以及软件技术的不断提升，许多人开始热衷于利用 Photoshop 合成技术制作更多有趣的摄影画面。

如图 1-6 所示为泰国摄影师 Ekkachai Saelow 利用相机的微缩摄影功能，结合 Photoshop 的合成技术创作的一系列创意类的婚纱摄影作品。

图 1-6

Photoshop 合成技术既可以运用到婚纱摄影作品的创作中，还可以运用到一些广告摄影类作品的创作中。这类广告图片更加注重前期的拍摄，尽量减少后期处理的痕迹，这样可以保证画面看起来更加真实、自然，如图 1-7 所示。

图 1-7

提示

除此之外，Photoshop 合成技术在摄影领域中的应用还包括人物精修、产品精修及生活创意类摄影作品的创作等。

1.1.2 掌握工具核心

在 Photoshop 合成设计中，经常会遇到一个作品需要使用很多工具和命令才能完成制作的情况。Photoshop 中的工具和命令非常多，只需熟悉 Photoshop 合成技术中经常涉及的一些工具和命令即可，不需要做到全盘吸收。

对于 Photoshop 合成技术中经常涉及的一些工具和命令，不要死记硬背，要透彻理解这些工具和命令的原理。

例如，在 Photoshop 中，有一个调色命令，即"黑白"命令 ▣，它的作用主要是对画面进行去色，使其变成黑白效果，如图 1-8 所示。

图 1-8

在实际的设计工作中，如果想利用"黑白"命令控制画面颜色的亮度，只需要将"黑白"调整图层的"混合模式"改为"明度"即可。之后，如果想要对某个颜色进行调查，只需单独调整调色面板中相应颜色的参数即可。这是因为"明度"图层混合模式只会让该图层控制其下面图层的亮度信息，如图 1-9 所示。

综合利用调整图层和图层混合模式，会产生一个新的效果，并且有的时候这个效果会大大出乎人们的意料。在这里，将"黑白"调整图层的"混合模式"改为"差值"，会发现画面变成了夜景效果。之后可以通过控制不同的颜色参数得到非常酷炫的视觉效果，如图 1-10 所示。

图 1-9

图 1-10

1.1.3 找寻创意来源

在日常设计中，很多人都苦恼于缺少想法和灵感。下面介绍 3 个设计灵感与创意来源。

从生活中寻找

想要做出具有真实感的场景作品，离不开对生活的观察。多观察生活中出现的一系列场景，哪怕是一些细微的场景，如下雨时雨水滴落的场景、人不小心触电的场景、水从花洒里洒出来的场景、灯泡突然坏掉的场景……都可以让我们拥有更多灵感，并将其运用到设计当中。

如图 1-11 所示为瑞士的 John Wilhelm 设计的一组作品。John Wilhelm 是一位摄影师，也是一位父亲，他善于用相机捕捉生活中的细节，然后通过精湛的 Photoshop 合成技术将这些细节放大，制作出一个个有趣的画面。

图 1-11

从网站中寻找

随着互联网的不断发展，网络上涌现出越来越多的设计作品发布平台。通过这些平台，可以看到许多设计师的优秀作品，有助于收集不同的灵感，并将其运用到自己的设计当中。下面介绍并推荐一些笔者常用的网站。

Behance：面向全球设计师的社群网站。该网站汇集了大量艺术领域的设计师和摄影师的优秀作品，可以为大家提供较前沿的设计动态和风格，如图 1-12 所示。

图 1-12

Pinterest：受很多艺术家追捧和喜爱的图片收集网站。该网站收集了国际上很多优质的图片，其中包含许多与 Photoshop 后期相关的素材、教程及作品等。同时，通过它可以链接并进入更多的艺术类门户网站、个人网站等。此外，该网站本身的关键词分类和用户喜爱推荐功能也是非常强大的，如图 1-13 所示。

Instagram：一家主打图片展示的社交网站。该网站进驻了很多艺术家，并且他们分享了很多原创作品，使用起来方便、快捷。当你搜索 Photoshop 时，网站会给你推荐很多相关圈子，避免了自我筛选导致的时间浪费，如图 1-14 所示。

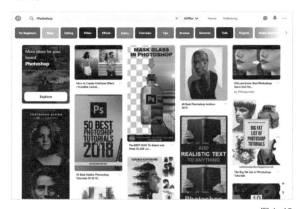

图 1-13

图 1-14

Artstation：一个以展示原画艺术为主的网站。该网站的作品大多是原画作品，质量非常高，构图、色彩都值得大家学习、借鉴并运用到合成设计中，如图 1-15 所示。

提示

　　虽然许多网站上的作品具有很高的参考和学习价值，但是浏览大量的网站也要耗费大量的搜索时间。因此，笔者建议不需要关注太多网站，只保留几个常用的即可。

图 1-15

从临摹中寻找

寻找创意来源还有一个比较可行的方法，那就是临摹。在日常设计中，总会见到许多设计师制作的比较优秀的设计作品，这时候除了可以对这些作品多加欣赏并分析，还可以尝试多动手进行临摹，从而可以对这些作品的创意手法和思路进行吸收与掌握。之后，结合自己的想法并运用到自己的作品中，就可以产生出一些新的作品。

如图 1-16 所示为瑞典摄影师 Erik Johansson 设计的一组超现实作品。这组作品从前期道具准备到拍摄，再到后期合成，都是他亲自完成的，但里面也有些许部分不乏对其他作品的参考和借鉴。

1. 拍摄前期准备工作

2. 进行环境和道具测试

3. 拍摄主体部分

4. 后期素材拼接

5. 完成场景的合成

6. 修饰和完善细节

图 1-16

1.2 正确认识合成设计

对于新手设计师或刚接触 Photoshop 合成技术的人来说，对于 Photoshop 合成技术的认知仅停留在拼图、改图上，并且大多数人追求的都是"炫技"，认为元素越多越好，效果会越震撼。这样会导致一个问题，那就是过度依赖素材，在面对空白画布时无从下手。

1.2.1 合成不是搬运

Photoshop 合成设计主要在于对素材的后期处理。

笔者有一个朋友在面试一份电商美工工作的过程中，曾经被面试官提出了这样一个设计需求：用三个产品和一段文字做一张海报。面对这样的设计需求，朋友的做法是先打开素材网站，下载很多素材，将它们结合、拼凑在一起，以为这样就算制作完成一张海报作品了。从面试官看完之后的反馈结果来看，这样的作品无疑是失败的。在整个设计过程中，这位朋友担任的是一个"搬运工"的角色，只是一味地把素材堆到画面中，并没有具备先处理素材再加以运用的意识。

这个例子告诉大家，Photoshop 合成不是一味地堆积、拼贴素材，而是需要合理地运用现有素材，这样才能有好的作品诞生。在前期练习中，如果觉得处理一张大海报的素材有难度，可以尝试从简单的小场景素材开始处理，再将其运用到设计中。同时，在处理素材的过程中，一定要摆脱直接用 PSD 源文件改稿的习惯，要从头到尾进行处理、设计。

1.2.2 合成只有中点没有终点

学习 Photoshop 合成设计是没有终点的，但在实际学习或工作中，总会遇到设计到一定程度就感觉无法再提升的情况。面对这样的情况，不能想当然地认为设计已经到极限了，而是应该多从自身找问题，敢于质疑自己的作品，并从中发现更多的问题，之后予以优化，让作品效果更理想。

对于合成作品而言，在设计过程中，可以尝试抓住合成的要点，对作品加以检查和分析。这个要点主要包括三个方面。

故事是否完整

对于任何一个作品，都应该赋予它一个完整的故事。把故事说完整有助于帮助人们梳理自己想要什么，指引自己接下来该做什么。在设计过程中，很多初学者可能会因为画面某一处很空而放入一个不恰当的元素，这是"为了解决问题而解决问题"的做法。合理的做法是从故事完整性的角度去考虑，根据故事线索加以思考，再决定画面里还要增加什么素材。这些其实在动手作图之前寻找素材的时候就应该考虑清楚。在设计过程中，如果遇到想法临时枯竭的情况，可以把之前做好的故事板拿出来好好回忆和参考一下，再继续创作。

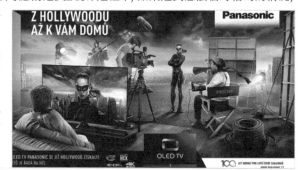

如图 1-17 所示为捷克设计师 Feopatito 为 Panasonic 品牌设计的一张电视产品宣传海报，主要为了凸显电视的高性能。在海报设计之初，设计师就通过手绘将整个画面构想出来，将"家"这个场景和电视里的场景相互融合，以直观地表达产品卖点。画面元素都是从实际拍摄现场提炼的，包括导演、灯光师、录音师、道具等。

图 1-17

重点是否突出

对于合成设计初学者而言，很多人都习惯将尽可能多的元素堆放到画面中，从而达到快速制作出炫酷效果的目的，很少考虑这些元素是否是必须出现的，进而忽略画面核心与重点的体现。虽然合成设计画面往往会包含很多元素，但这并不意味着这些元素是可以随便出现在画面中的，而应该本着"多一个元素有余，少一个元素不足"的设计原则来进行处理。

如图 1-18 所示为埃及设计师 Nabaroski Ad Store 为 AOTW 设计的一组海报。AOTW 是一家广告创意媒体，这次海报主题是"当你的作品在 AOTW 发布时，你会高兴得忘了一切正在发生的事情"，因此里面的重点自然是"发布作品"，表现的内容是"高兴""心无旁骛"等，Nabaroski Ad Store 恰好做到了这一点。

图 1-18

表现力是否更强

这里所说的表现力主要是指需要强调的意图和主题是否被强有力地表现在画面中，具体一点可以指气氛、光阴、色调等，更多的是起到情绪渲染的作用，能够打动并刺激于观者的心。

要控制画面的表现力需要做到两点：首先要考虑的是表现方式是否正确。同样一个主题可以有很多种不同的表现方式，但要选择一个最合适的；其次是对细节的控制，这些在后文都会详细讲解，这里不做过多论述。

如图 1-19 所示为巴西艺术家 Platinum FMD 受 DPZ & T Platinum 委托设计的一组海报，主题是突出森林里面的动物在逐渐消失，通过较直接的视觉对比来警示人们要加强对森林和动物的保护。

图 1-19

1.3 学会和素材交朋友

在一次听讲座的时候，演讲人提到关于他做海报的一个经历。他说，如果完成一个海报需要 10 天时间，他会把其中 4 天时间用来找素材。由此可见，在做设计时素材选择的重要性。

找素材几乎是做合成设计必不可少的一步。在实际的设计工作中，人们可能会因为找到的素材太小而导致精度不够，或找到的素材不是自己想要的等，导致设计不顺，甚至有时候可能因为找不到素材导致改变整个设计创意，不但造成设计时间上的浪费，也会消磨自身对设计的积极性。

下面将针对素材的寻找与利用给大家一些建议。

1.3.1 如何快速查找素材

随着网络技术的不断发展，目前网络上的素材越来越多。即便如此，还是有很多设计师因找不到素材而苦恼。究其原因，可能不是因为素材少，而是设计师缺少寻找素材的方法。

那么，作为设计师应该如何在网上快速地找到自己想要的素材呢？

德国哲学家莱布尼茨曾说过："世上没有两片完全相同的树叶。"同理，在寻找设计素材时，关键不是要找到一模一样的素材，而是要找到能用的素材。

在网上找素材时关键词的选择很重要。在查找素材时，可以通过直接关联的关键词和描述关键词来进行搜索。例如，当寻找一个天空素材的时候，首先想到的自然是直接关联的关键词"天空"，然后通过描述关键词如"蓝天""黄昏""早晨"等来追加搜索，使查找的精准度更高，如图 1-20 所示。

图 1-20

在以上操作过程中，随着关键词的叠加，得到的结果越来越少。从结果来看，以这种方式得到素材很可能局限性太强。因为图库判定的"天空"指的就是天上的云，无非就是不同时间段、不同地方的天空，而追加关键词也只是从结果里面进行更多的过滤。

那么，除此之外，还有其他搜索素材的方法吗？答案是肯定的。在查找素材的时候，可以用一些关联性关键词进行搜索。例如，什么场景摄影师会把天空拍进去？自然是大海、湖边等。虽然利用这些关键词进行搜索会得到很多并不是我们需要的素材，但是也会有更多"惊喜"出现，即很多稀缺但又与天空相关的照片也被同时找到，如图1-21 所示。

图1-21

寻找素材是一个漫长的过程，要求设计师有足够的耐心。合适的素材可以帮助人们省去不少后期处理和调整的麻烦。一般的素材问题在 Photoshop 里面都是可以调整的，但为了让后期操作更加高效，有些素材问题是可以在寻找素材的时候就避免的，例如，透视不对、光影不对等问题。同时，虽然这些问题在后期也可以得到解决，但是 Photoshop 毕竟是平面类软件，每纠正一次，图片的质量就会损失一分。因此，在寻找素材时就能解决的问题，一定不要放到后期来处理。如图 1-22 所示为对素材查找方法进行的总结。

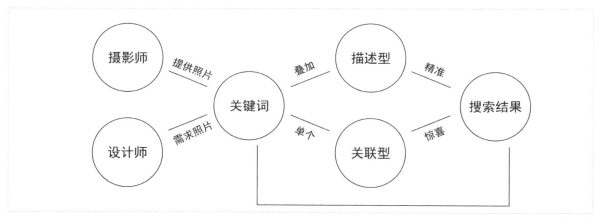

图1-22

1.3.2　素材管理是一门学问

大部分情况下，人们在完成一个项目的设计时都是临时去网上搜索素材的，这样既省事又方便。不过，大家也可以养成分门别类地管理素材的习惯。对于大多数设计师来说，拥有素材库无疑会让设计变得更加高效。

对于素材库的管理,首先要学会对素材进行分类。素材的分类不是一件简单的事情,笔者从 2011 年工作至今,收集的所有素材大小已经将近 320GB,素材数量达 60 万张,几乎每两年就做一次重新整理和分类,查找素材时相当快捷、方便。同时,笔者还有一个习惯,就是将常用的素材进行细分,将不常用的素材进行归类。即使有一些分类不太合理,但只要自己用起来顺手就行了,如图 1-23 所示。

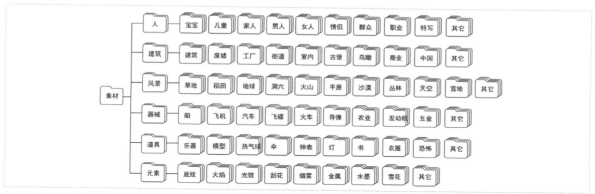

图 1-23

提示

关于素材的分类整理,在前期一般会花费设计师很多时间,并且在使用期间更新一次,就需要重新整理一次,这就意味着设计师要有很大的毅力和耐心。

1.3.3 关于素材的查看

关于素材的查看,首先要说的就是素材的格式。目前,主流位图图片格式包括 JPEG、GIF、PNG、BMP、TIFF 等。这些格式的素材图片在大多数主流看图软件里都可以兼容打开。除此之外,素材图片的格式还包含 RAW(一般扩展名为 .cr2、.nef、.arw)。这些格式的文件一般比较大,常规的看图软件无法兼容,这时可能就需要使用一些其他软件进行查看了。推荐使用 Adobe 自带的一款浏览软件 Bridge 进行查看,如图 1-24 所示。这是一款免费的内容浏览软件,它几乎支持浏览所有 Adobe 软件格式的文件,内部有收藏标注功能,同时支持不同的浏览模式,兼容性很好,非常容易上手。

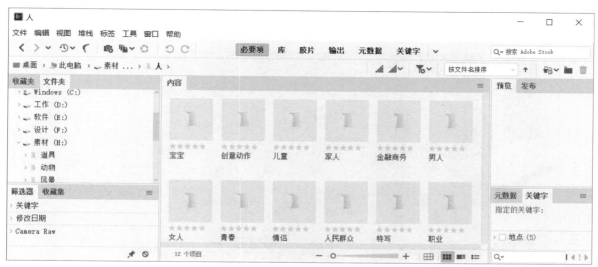

图 1-24

1.3.4 灵活地使用素材

"千里马常有，而伯乐不常有。"在设计工作中，人们对素材的选择总是追求高质感，因此难免会抱怨手里可使用的素材太少。如果大家经常关注一些国外设计师的作品，就会发现他们使用的素材基本上都是非常普通的。实际上，越优秀的作品并非对素材的选择要求越高，大多数优秀的作品其实都是对一些不起眼的素材的合理运用得来的。

如图 1-25 所示为巴西数字艺术家 Alison Koller 创作的一个主题为"BRUGAL 1888"的场景合成作品。他的作品给人第一感觉应该是由一张很有质感的照片直接合成的，而从展示的素材图情况可以看出，这个看似完整、自然的场景其实是由多个单独且不起眼的素材拼合而成的，并且效果惊艳。

图 1-25

在日常设计中，要注意改掉拿到一张素材就直接硬套设计的习惯。画面不同，所需的素材和素材信息的多少也不同。因此，在将素材运用到画面中之前，要本着"弱水三千只取一瓢"的心态，先观察画面到底需要什么样的元素，再选择性地对素材中的元素进行提取和使用。

如图 1-26 所示，这是一张在森林拍摄的自然景观类图片。笔者对图片进行分析之后提取了以下 5 种可使用的元素。其中，编号为 1 和 2 的元素一般会被用在场景的前景；编号为 3 的元素可以作为一个底座，在合成中可以在这个底座上面放上一些饮料、化妆品之类的产品；编号为 4 的元素可以用在青苔效果的表现上；编号为 5 的元素可以用在破碎的树枝效果的制作上，如图 1-26 所示。

图 1-26

Photoshop 合成的基础知识

第 2 章

破解抠图难题

想要完成一个完整的 Photoshop 合成作品，首先要解决的就是软件技术问题。在设计过程中，经常会遇到需要将图片里的单个元素提取出来，将其融入到另外一张图片中的情况，这里涉及的提取操作就是抠图，也叫"去背"。抠图一般是合成设计反复需要解决的问题。本章综合了在实际的合成设计工作中设计师可能会遇到的一些抠图问题，相信大家学习完这章内容后，可以为合成设计打下良好的基础。不过，这里要说明的一点是，抠图的重点并不在"抠"，而在于"修"，因此本章关于抠图案例的演示与操作，不会太过纠结抠图参数的设置和命令的选择，而是着重针对操作流程与方法进行演示。

◎ 基础抠图工具介绍　　◎ 进阶抠图技巧讲解　　◎ 无视抠图规则

2.1 基础抠图工具介绍

抠图之所以有不同的方法，主要受被抠图像本身材质和形态等因素的影响。读者明白这一点，对学习后续所讲解的抠图案例会大有帮助。

在 Photoshop 中，抠图的重点是得到合适的选区，也就是人们常说的"蚂蚁线"。"蚂蚁线"内是活动区域，"蚂蚁线"外是非活动区域。在实际操作中，人们会结合使用"蚂蚁线"和图层蒙版。在图层蒙版中，白色区域为图层显示区域，也就是"蚂蚁线"的活动区域，黑色区域为非显示区域，在画面中为不可见状态。使用图层蒙版的好处就是随时可以调整和提取选区。

本节将介绍一些简单的工具，让大家了解如何解决一些常见的抠图难题，如建筑物的抠取、汽车的抠取、鸡蛋的抠取及图书的抠取等，如图 2-1 所示。

图 2-1

2.1.1 套索工具 / 多边形套索工具

在操作过程中，使用"套索工具" ⟡ 创建选区需要拖动鼠标并单击，一般用于初步创建选区，特点是速度快、使用灵活，但是选区准确度不高。在使用"套索工具" ⟡ 的过程中，当在画布中选择好对象并松开鼠标后，系统会自动生成一个封闭的选区。

> **提示**
>
> 在 Photoshop 中，如果按住 Alt 键的同时按鼠标左键拖动，一般会默认使用"套索工具" ⟡ 绘制选区；如果只是单击，一般会默认使用"多边形套索工具" ⟡ 绘制选区。在合成设计中，掌握这个工具切换技巧，可以提高设计效率。

以图 2-2 为例，将图中的兔子抠取出来。

图 2-2

按 L 键选择"套索工具"◯。由于兔子轮廓边缘大部分是直线，因此这里按快捷键 Shift+L 将工具转换为"多边形套索工具"◹，然后沿着兔子轮廓边缘依次单击每个块面直线的两端完成选取，如图 2-3 所示。如果兔子的轮廓大多是弧形的，可以按住 Alt 键将工具切换为"套索工具"◯，再进行选取操作。

这时候，如果不小心多选择了选区也不要着急返回，可以等选取完毕再进行调整。最终抠图效果如图 2-4 所示。

图 2-3

图 2-4

提示

在多选择了选区的情况下，如果想将多余的选区去掉，可以按住 Alt 键对该区域进行绘制并减选。同理，在少选择了选区的情况下，如果想将缺失的选区加上，可以按住 Shift 键对该区域进行绘制并加选。如果按住快捷键 Shift+Alt 再绘制选区，得到的将是两个选区的交集，如图 2-5 所示。这个技巧对于大部分选择工具来说是通用的，后续不再赘述。

合集

差集

交集

图 2-5

长按"套索工具"◯，还会显示"磁性套索工具"◹。通俗地说，"磁性套索工具"◹是改良版的"套索工具"◯，特点是可以根据鼠标指针的轨迹自动捕捉并吸附在物体的边缘。只是由于它的抠图效果不太理想，在合成设计中一般使用得较少，因此这里不做过多介绍。

2.1.2 快速选择工具

"快速选择工具"◹的操作方法类似于笔刷的使用，在希望选中的对象中涂抹，即可完成对象的选取。这里需要注意的是，在使用"快速选择工具"◹抠取图像时，一般会在工具选项栏中选中"自动增强"复选框，这样得到的抠图结果相对更加理想，不至于让边缘出现白边，如图 2-6 所示。

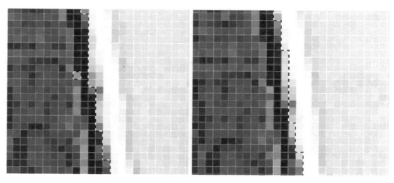

图 2-6

以图 2-7 为例，将图中的雕塑单独抠取出来。

使用"快速选择工具" 可以很快得到想要的选区。整体观察，发现抠图的质量还可以，如图 2-8 所示。

但是，将图片放大查看，就会发现图像边缘的准确度并不高，而且雕塑中间也存在没有抠干净的问题，如图 2-9 所示。针对这种小区域的抠取处理，"快速选择工具" 并不实用。这时候，可以改用"套索工具" 将这些地方处理干净，得到的最终抠图效果如图 2-10 所示。

图 2-7

图 2-8 图 2-9 图 2-10

2.1.3 魔棒工具

使用"魔棒工具" 创建选区，是根据用户选中的颜色，以及它的取样大小和容差值，让软件自行判断相似的颜色作为选区。"魔棒工具" 的使用有别于"快速选择工具" ，一般适合选择颜色单一且连续的背景，并且只能进行单击选择操作，不能进行涂抹操作。

以图 2-11 为例，将图中的热气球抠取出来。

使用"魔棒工具" 单击天空部分。因为天空颜色较纯净，得到天空选区之后再按快捷键 Ctrl+Shift+I 进行反选，就可以得到热气球选区了，操作起来很方便，如图 2-12 所示。得到的最终抠图效果如图 2-13 所示。

图 2-11 图 2-12 图 2-13

提示

对于很多初学者而言，在使用"魔棒工具" 抠图时可能会遇到这样的困惑：当利用"魔棒工具" 得到选区后再反选，很容易混淆哪些区域是被选中的，哪些区域是不被选中的，特别是当画面内容整体都相似，并且不易识别时。面对这样的情况，只需切换到"移动工具" ，然后移动鼠标并观察鼠标指针碰到的地方，如果鼠标指针呈小剪刀状态，就代表这个区域是被选中的活动区域；反之，则是没有被选中的区域。

2.1.4 钢笔工具

"钢笔工具" ⌀ 在处理一些形态较平滑或规整的物体时特别好用，而且抠图质量较高，在一些印刷出版物中较实用。"钢笔工具" ⌀ 主要用于绘制路径，而且这个路径可以被保留，甚至可以作为"矢量蒙版"使用。

以图 2-14 为例，将图中的吉他抠取出来。

选择"钢笔工具" ⌀，在工具选项栏中将"模式"改为"路径"，然后沿着吉他的边缘绘制路径。待得到一个完整的路径后，按快捷键 Ctrl+Enter 将路径载入选区，如图 2-15 所示，得到的最终抠图效果如图 2-16 所示。

图 2-14　　　　　　　　　　图 2-15　　　　　　　　　　　　　　　图 2-16

> **提示**
>
> 练习"钢笔工具" ⌀ 的使用，比较好的方法就是把身边的一些边缘较平滑或规整的物体拍下来，然后试着将其从背景中抠取出来。在抠图时，建议沿着物体边缘往里偏移 1~2 像素，这样可以避免在后期建立选区后物体边缘出现多余的白边。另外，在使用"钢笔工具" ⌀ 操作时，要避免一味地通过单击进行抠图，多采用"单击→拖动→单击→拖动"的方式来进行。

针对"钢笔工具" ⌀ 的使用，还要特别注意以下问题：

- 在使用"钢笔工具" ⌀ 时，尽量在拐角的地方单击落点，如图 2-17 所示。

- 如果遇到尖角，不要使用按住 Alt 键单击锚点的方式（很多初学者都容易犯这个错误）。正确的做法应该是按住 Alt 键拖动手柄来调整路径，如图 2-18 所示。

- 如果单击的位置偏移了，按住 Ctrl 键，待鼠标指针变成白色箭头后，就可以移动这个锚点了，如图 2-19 所示。

- 在操作过程中，避免出现手柄过长甚至超过图形的情况，这会给后面的操作带来很大的麻烦，如图 2-20 所示。

图 2-17　　　　　　　　　图 2-18　　　　　　　　　图 2-19　　　　　　　　图 2-20

■ 当路径绘制完毕后，如果发现中间步骤有路径位置偏移，可以直接在需要更改路径的线段上单击以添加锚点，或者通过按 Ctrl 键拖动锚点来调整路径。如果物体中间为镂空状态，并且需要将中间镂空的部分抠取干净，只需将"钢笔工具"的"操作路径"改为"排除重叠形状"，然后把空心的位置绘制出来即可，如图 2-21 所示。

■ 如果要移动整个路径曲线，可以按住 Ctrl 键单击路径进行移动。如果想要将路径移动并复制一份，可以通过按快捷键 Ctrl+Alt 来完成操作，如图 2-22 所示。

在"路径"面板中双击"工作路径"，就可以保存刚刚绘制的路径。需要注意的是，JPG 格式的图片可以存储刚刚绘制的路径，方便下次使用，如图 2-23 所示。

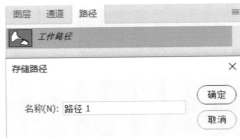

| 图 2-21 | 图 2-22 | 图 2-23 |

在得到路径之后，可以执行"图层 > 矢量蒙版 > 当前路径"菜单命令，给图层添加矢量蒙版，如图 2-24 所示。

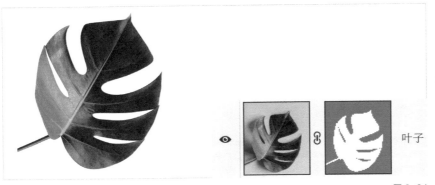

提示

矢量蒙版的优势在于可以随时编辑路径来控制显示区域，并且不会因为放大或缩小而导致抠图边缘变得模糊，在产品抠图中比较实用。

图 2-24

2.1.5 快速蒙版

"快速蒙版"◎ 是一种临时蒙版，它可以在蒙版与选区之间快速切换，允许用户在画布当中用"画笔工具"✔ 通过涂抹的方式来创建并调整选区。

在默认情况下，当进入"快速蒙版"◎ 模式之后，画布中的图像不会有任何改变，如图 2-25 所示。

选择"画笔工具"✔，设置"前景色"为黑色（R:0，G:0，B:0），然后在动物以外的区域涂抹，之后会发现涂抹出来的颜色为红色，这表示当退出"快速蒙版"模式时，红色以外的区域会被选中，如图 2-26 所示。

当再次单击"快速蒙版"按钮◎或按 Q 键时，可以退出"快速蒙版"模式，这时动物的轮廓边缘会出现蚂蚁线。按快捷键 Ctrl+J 将选取的动物复制出来，得到最终的抠图效果，如图 2-27 所示。这时观察抠图结果，会看到动物毛发边缘是带有模糊效果的，这一点是前面介绍的几个工具不能做到的。

| 图 2-25 | 图 2-26 | 图 2-27 |

　　在实际操作中，可以通过双击"快速蒙版"按钮  打开"快速蒙版选项"对话框，在其中修改相关设置。在默认情况下，蒙版区域用不透明度为 50% 的红色来显示，如图 2-28 所示。进入"快速蒙版"模式后，画笔如果带透明度，那么画出来的区域也是带有透明度的选区。在"快速蒙版"模式下，也可以使用"正常"模式下的一些调色工具和滤镜工具。

图 2-28

　　为了让大家对以上介绍的几个抠图工具有更清晰的认识和了解。这里笔者根据自身经验把抠图中可能遇到的几种情况，以及与之相对且适合的抠图工具都进行了分类与说明，仅供参考，如表 2-1 所示。

表 2-1

形态	工具	实例
物体边缘平滑、内部完整	钢笔工具、套索工具	乐器、人、汽车
主体和背景色调反差大、轮廓复杂	快速选择工具、魔棒工具	雕塑、建筑、天空
主体边缘模糊、局部有不透明度	快速蒙版	动物翅膀、水珠

2.2 进阶抠图技巧讲解

　　在实际的合成设计工作中，人们常常会遇到一些如玻璃杯、婚纱、火焰、发丝等图像元素的抠取。这些图像元素的抠取相比上一节案例中所讲的元素的抠取复杂得多，与此同时，也会用到一些相对更进阶的工具或命令，如色彩范围、选择并遮住、通道、图层混合模式、画笔工具等。在抠图操作中，这些工具或命令可以为设计师提供更大的发挥空间，尤其是对色彩的"容差"控制。

　　在图像显示中，可以通过色彩的容差来选择某一特定范围的颜色进行抠图。在通道中，也可以通过控制灰度的容差来控制图像的不透明度。只要可以控制容差的范围，就表示可以快速地提取一些透明的、形状复杂但颜色统一的元素。

2.2.1 利用"色彩范围"命令抠图

　　对于抠图操作而言，"色彩范围"可以说是升级版的"魔棒工具"，它可以全局化地选择相似的颜色，不仅可以控制容差，还可以直接提取高光或阴影区域。相对"魔棒工具"的使用，"色彩范围"的应用范围更广。

　　以图 2-29 为例，抠取图中的天空并替换。

图 2-29

打开"色彩范围"对话框，软件会自动切换到"吸管工具" 状态。按住 Shift 键，在画面中单击天空的蓝色区域和白色区域，可以快速选中天空，之后单击"确定"按钮，即可得到天空选区，如图 2-30 所示。

图 2-30

由于在之前的操作过程中选择了天空的白色，所以在此色彩范围里的白色沙滩和房屋也会被选中。这个时候可以按住 Alt 键使用"套索工具" 选中沙滩和房屋区域，即可将沙滩和房屋排除在外。之后，按快捷键 Ctrl+Shift+I 对选区进行反选，然后按快捷键 Ctrl+J 将树林和沙滩复制一层，再在下方放置一张天空素材，最终的效果还是令人满意的，如图 2-31 所示。在后面的案例中，会大量使用"色彩范围"命令处理天空的抠图操作。

图 2-31

提示

在使用"色彩范围"抠取图像时，可以借助 Shift 键使"吸管工具" 变成 的样式来添加选择。同时，也可以借助 Alt 键使"吸管工具"变成 的样式来排除选择，或者直接单击"色彩范围"对话框中不同的"吸管工具" ，让选择变得更加灵活。

除了可以在画面中选取颜色，也可以直接在"色彩范围"对话框的黑白预览窗口中通过单击来选取颜色。当然，如果想在画布中实时预览选择的结果，可以在"选区预览"下拉列表中选择不同的选项，这里选择的是"黑色杂边"选项，如图 2-32 所示。

图 2-32

在"色彩范围"对话框中，还有两个非常实用的功能选项，一个是"本地化颜色簇"复选框，另一个是"选择"下拉列表。

从图 2-33 中可以看到，当选中"本地化颜色簇"复选框之后，选区的白色会变少，那是因为选择更加精准了。如果采用这个模式，一般需要更多的颜色采样。

图 2-33

在日常抠图中，当遇到需要精准选中一些高光或阴影等特殊情况时，可以直接在"色彩范围"对话框中的"选择"下拉列表中通过选择"高光"选项来完成，如图 2-34 所示。

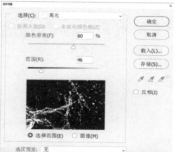

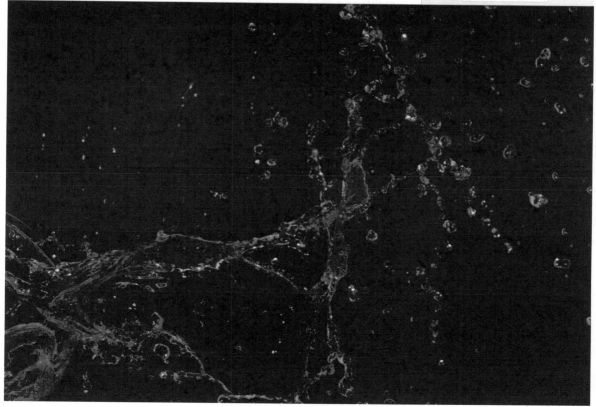

图 2-34

案例：使用"色彩范围"命令抠取液体

案例位置	案例文件 >CH02>01> 案例：使用"色彩范围"抠取液体.psd
视频位置	视频文件 >CH02>01
实用指数	★★★★☆
技术掌握	有色液体透明度区域抠图的技法和注意事项

本案例演示的是如何使用"色彩范围"命令抠取有色液体。在操作过程中，"色彩范围"命令支持用户通过"容差"来定义透明元素的过渡区域，很好地帮助用户选中液体，并完成抠图。案例完成前后的效果对比如图 2-35 所示。

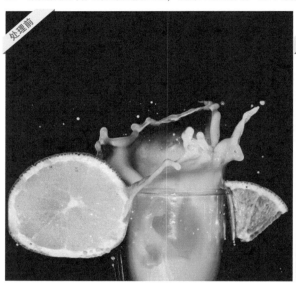
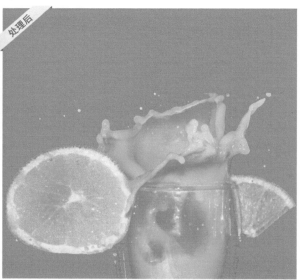

图 2-35

操作步骤

01 打开素材文件"橙汁.jpg"，如图2-36所示。

02 执行"选择>色彩范围"菜单命令，在打开的"色彩范围"对话框的"选择"下拉列表中选择"阴影"选项，并对"颜色容差"和"范围"进行适当调整，如图2-37所示，最后单击"确定"按钮，得到想要的选区。

03 选中"背景"图层，然后按住Alt键单击"添加图层蒙版"按钮 ▢ ，为其添加黑色图层蒙版。在"图层"面板中新建空白图层，并填充为红色(R:203，G:141，B:141)，如图2-38所示。

04 仔细观察橙汁上面的透明区域，隐约可见半透明的黑色，使画面看起来有点脏。在"橙汁"图层上面新建空白图层并创建剪贴蒙版，然后设置图层的"混合模式"为"变亮"、"不透明度"值为"80%"。选择"画笔工具" ✐ ，修改"前景色"为黄色(R:236，G:222，B:91)，在黑色透明区域进行适当涂抹，得到的最终抠图效果如图2-39所示。

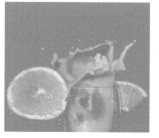

图 2-36　　　　　　　　图 2-37　　　　　　　　图 2-38　　　　　　　　图 2-39

扫 码 观 看 视 频

案例：使用"色彩范围"命令抠取婚纱

案例位置	案例文件 >CH02>02> 案例：使用"色彩范围"命令抠取婚纱 .psd
视频位置	视频文件 >CH02>02
实用指数	★ ★ ★ ☆ ☆
技术掌握	有色婚纱抠图的技法和注意事项

本案例演示的是如何使用"色彩范围"命令抠取婚纱。婚纱抠图难点主要在于材质的多层性和环境对婚纱的影响。婚纱的材料主要是缎、蕾丝、纱等，有的婚纱由多层材料叠加在一起，因此有的地方透光，有的地方却不透光。特别是在婚纱本身不是白色而是带有其他颜色的情况下，对抠图的要求更高。案例处理前后的效果对比如图 2-40 所示。

图 2-40

操作步骤

01 打开素材文件"模特.jpg"，观察图片可知，婚纱与背景都是红色的，并且颜色非常接近，看似抠图难度较大。仔细观察画面，可以发现婚纱透明的地方比较透光，红色相对比较亮，这一点可以作为解决抠图问题的一个突破口，如图2-41所示。

02 打开"路径"面板，选中存储的路径，按快捷键Ctrl+Enter创建选区，然后按快捷键Ctrl+J复制选区，并在下方新建一个黄色（R:241,G:242,B:130）的纯色图层，如图2-42所示。

03 执行"选择>色彩范围"菜单命令，用"吸管工具" 🖊 单击婚纱深红色的区域并调整颜色容差，得到选区后，添加图层蒙版，如图2-43所示。

图 2-41 图 2-42 图 2-43

04 选择"画笔工具" ✐ ，设置"前景色"为白色(R:255,G:255,B:255)，然后在模特图层蒙版中对模特部分和婚纱较厚的部分进行涂抹，使其显示，如图2-44所示。

05 经过上一步操作，婚纱的透明度已经出来了，接下来处理模特偏色的问题。在模特图层上方新建"曲线"调整图层并创建剪贴蒙版，然后分别对"绿"通道和"蓝"通道进行调色，如图2-45所示。在这里，可以尝试通过更换几种不同的底色来检查最终的结果，效果如图2-46所示。

图 2-44

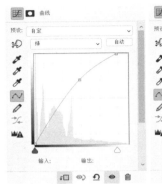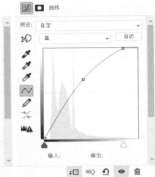

图 2-45

图 2-46

2.2.2 利用"选择并遮住"命令抠图

"选择并遮住"是一个智能化识别抠图工具，随着 Photoshop 版本的升级，其算法不断更新，名称也在不断变化，从最开始的"抽出"到"调整边缘"，再到现在的"选择并遮住"。该命令在不同阶段的使用方法大体差不多，效果也较理想，常常被运用在毛发的抠取上面。对于很多初学设计的设计师而言，毛发是比较难抠的元素之一。其难点主要在于发丝部分的抠取。发丝通常都很细，几乎和背景融合在一起，这样容易导致发丝被抠取之后还会带有原本背景的颜色，或者部分细节丢失，利用"选择并遮住"命令抠取发丝则可以避免这些问题。"选择并遮住"的"调整边缘画笔工具" ✐ 会自动识别并分离主体和背景，使抠取的发丝非常干净，如图 2-47 所示。

图 2-47

案例：使用"选择并遮住"抠取毛发

案例位置	案例文件 >CH02>03> 案例：使用"选择并遮住"抠取毛发 .psd
视频位置	视频文件 >CH02>03
实用指数	★ ★ ★ ★ ☆
技术掌握	简单背景下抠取头发的技法和注意事项

　　本案例演示的是如何使用"选择并遮住"功能抠取毛发。本案例中毛发的抠取有两个难点：一个是毛发本身非常凌乱，另一个是马尾部的毛发边缘还带有虚化模糊的效果。同时，图片中的毛发颜色比较亮，背景颜色比较暗，使用"选择并遮住"进行抠取可以解决这两个问题。不过在抠取的过程中会发现，当将毛发直接抠取出来时，会发现毛发边缘颜色有些奇怪，需要再对边缘进行修饰。案例处理前后的效果对比如图 2-48 所示。

图 2-48

操作步骤

01 打开素材文件"白马.jpg"，如图2-49所示。

02 使用"钢笔工具" ✐ 选取白马和人物，对于发丝部分的选取，不需要细化勾勒，只需简单包围住即可，如图2-50所示。

03 按快捷键Ctrl+Enter创建选区，选中"选框工具" ⬚ ，在工具选项栏中单击"选择并遮住"按钮，进入编辑界面，然后在"属性"面板中将"视图模式"改为"叠加"，这样未选中的部分会显示为红色，并且为非活动区域，如图2-51所示。

图 2-49　　　　　　　　　　图 2-50　　　　　　　　　　图 2-51

04 在右边工具栏中选择"调整边缘画笔工具" ✍ ，将"画笔预设"的大小设为100，然后沿着发丝进行涂抹，涂抹的时候可以适当往发丝外面和里面涂一点。之后将"视图模式"改为"黑白"，方便观察并调整"全局调整"参数，最后单击"确定"按钮，如图2-52所示。

图 2-52

提示

使用"选择并遮住"命令一般有两种方式，一种是选中"选框工具" □、"套索工具" ⊙. 或"快速选择工具" ⚡，然后在工具选项栏中单击"选择并遮住"按钮 ⚡，即可进入编辑窗口（一般创建选区的时候使用）；另一种是在图层蒙版上单击鼠标右键，选择"选择并遮住"命令，一般在调整图层蒙版的时候使用。

05 按住Alt键进入蒙版，放大图像后观察细节，可以发现发丝某些地方抠得并不干净。选择"套索工具" ⊙.，在工具选项栏中设置"羽化"值为10像素，然后选中发丝抠取不干净的地方，如图2-53所示。

06 按快捷键Ctrl+M打开"曲线"对话框，将黑色滑块平行往右拖动，在确保白色区域不变暗的情况下，灰色区域消失变黑，之后再用同样的方法处理其他地方，如图2-54所示。

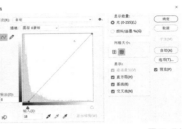

图 2-53　　　　　　　　　　　　　　　　　　　　　　图 2-54

07 单击图层名称，退出图层蒙版为了方便观察，在该图层下面新建一个青色（R:118,G:238,B:239）纯色图层，再观察画面，会发现发丝部分还存在很多黑边，如图2-55所示。

08 在发丝图层上方新建图层并创建剪贴蒙版，选择"画笔工具" ✍，在工具选项栏中的"画笔预设"选取器中设置画笔类型为"柔边圆"，然后在按住Alt键的同时吸取黑边附近的黄色发丝，再在黑边的位置涂抹，涂抹后的效果如图2-56所示。

图 2-55　　　　　　　　　　　　　　　　　　　　　　图 2-56

提示

面对发丝存在黑边的情况，有的时候可以在"选择并遮住"里面选中"净化颜色"复选框进行处理，会有一定的效果，但笔者更推荐用手动绘制的方法来解决这类问题。同时，在涂抹的过程中，有的时候会不小心涂抹到非黑边的发丝区域，这时候可以利用蒙版将这部分区域隐藏。

09 之后，还可以通过更换不同的底色来检查抠图的结果，如图2-57所示。

图 2-57

"选择并遮住"命令虽然使用起来非常方便，可以将一些虚化的边和细小的边分离，但是也有不足的地方。例如，对于发丝的颜色和背景颜色非常接近的情况，抠图的结果往往会不尽如人意。这时候该怎么办呢？大家可以继续往下学习并寻找答案。

2.2.3 利用通道抠图

通道，一般理解为颜色通道。在合成设计中，当使用不同的色彩模式时，在"通道"面板中会出现不同的颜色通道，在颜色通道里面只有黑、白两种颜色，白色越多，代表在画面中该通道的颜色信息越多。

除了颜色通道，还有一个通道就是 Alpha 通道。它同样为黑、白、灰显示，一般用来保存和编辑选区。

提示

通道允许用户通过按住 Ctrl 键并用鼠标单击缩览图来获得通道灰度图中的白色（R:255，G:255，B:255）作为选区。但是在操作过程中需要注意的是，如果画面中的白色不是绝对的白色，即色值不是（R:255，G:255，B:255），那么得到的选区就是带透明度的选区。换句话说，在通道中，绝对的白色区域会被选中，而绝对的黑色区域不会被选中，白色和黑色之间的区域会有透明度的选择。

除了 Alpha 通道，还有一种临时通道，那就是蒙版。当选中图层蒙版的时候，"通道"面板中会出现一个和图层蒙版一模一样的通道图层。蒙版和通道一样，也是只有黑、白两色。其中，白色代表显示，黑色代表不显示（类似于人们所说的"遮罩"）。在这里，同样可以通过按住 Ctrl 键并用鼠标单击图层蒙版缩览图的方式，将白色选中并作为选区。蒙版只是临时通道，如果不选择蒙版，"通道"面板中就不会出现蒙版通道。

利用通道抠图，就是利用了以上特点，在"通道"面板中将主体区域分离出来变为"白色"，将背景区域变为"黑色"，从而快速得到选区。

案例：使用通道抠取树林

案例位置	案例文件 >CH02>04> 案例：使用通道抠取树林 .psd
视频位置	视频文件 >CH02>04
实用指数	★★★★☆
技术掌握	复杂背景下树林抠图技法和注意事项

扫 码 观 看 视 频

本案例演示的是如何使用通道抠取复杂的树林。这张图片在之前的 2.2.1 一节中有示例分析。使用"色彩范围"命令抠取这张图片时只能通过"吸管工具"和"容差"来控制选区，而通道可以通过调色控制选区。案例处理前后的效果对比如图 2-58 所示。

图 2-58

操作步骤

01 打开素材文件"沙滩.jpg",如图2-59所示。

02 进入"通道"面板,分别单击R、G、B这3个通道,通过观察发现,在蓝色(B)通道中,主体(树)和背景(天空)亮度对比最大,如图2-60所示。选中B通道,然后单击鼠标右键,并在弹出的快捷菜单中选择"复制通道"命令,得到"蓝 拷贝"通道图层。

红色通道(R)　　　　绿色通道(G)　　　　蓝色通道(B)

图 2-59　　　　　　　　　　　　　　　　　　　　　　　　　　　　　　图 2-60

03 选中之前复制的"蓝 拷贝"通道图层,执行"图像>调整>色阶"菜单命令,然后适当调整"色阶"参数,直至把天空变成绝对的白色,树林变成绝对的黑色。再用"套索工具" 单独选中沙滩和房屋部分,将其填充为"黑色"即可。最后,通过按住Ctrl键并用鼠标单击"蓝 拷贝"通道图层缩览图,将白色(R:255,G:255,B:255)选中并作为选区,如图2-61所示。

04 得到选区后,按快捷键Ctrl+Shift+I反向选择,然后给图层添加图层蒙版,完成抠图。为了方便观察,这里在沙滩图层下方添加了白色图层,得到的最终抠图效果如图2-62所示。

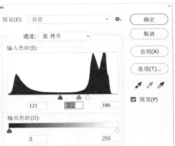

图 2-61　　　　　　　　　　　　　　　　　　　　　　图 2-62

　　蒙版的临时通道作用主要在于保存和修改选区,而 Alpha 通道的作用主要在于提取选区,因此在日常抠图工作中,一般利用Alpha通道去提取想要的物体,得到选区后可以把这个选区保存在图层蒙版中,以便后续修改和利用。

提示

　　在使用通道或"色彩范围"命令抠图的时候,常常会遇到抠图之后主体边缘有"白边"的问题,需要进行修复。修复的方法一般有以下两个,大家可以有选择地使用。

　　方法一:收缩删除。因为"白边"问题往往是主体边缘1~2像素的颜色不对,所以只需对边缘的1~2像素进行删除即可。具体操作:按住 Ctrl 键并单击抠取的主体图层蒙版,得到抠图的选区,执行"选择 > 修改 > 收缩"菜单命令,根据实际情况设置收缩参数,

并单击"确定"按钮。得到收缩优化的选区之后,只需将原来的图层蒙版删除,重新添加图层蒙版即可,或者直接选中蒙版,执行"滤镜>其他>最小值"菜单命令,设置合适的参数,将白色选区往里缩一定的范围,达到收缩删除的效果,如图 2-63 所示。

图 2-63

方法二：替换颜色。通过收缩并删除的办法解决"白边"问题，如果主体本身某些区域非常细小，就会丢失太多纹理，破坏抠图的效果，如图 2-64 所示的树叶边缘。这时就可以使用替换颜色的办法来解决"白边"问题。具体操作：在抠好的主体图层上方创建新图层并创建剪贴蒙版，选择"仿制图章工具"，然后在按住 Alt 键的同时单击正常颜色区域，并且沿着"白边"进行涂抹。这个方法效果较好，只是相对比较麻烦，如图 2-64 所示。

图 2-64

案例：使用通道抠取毛发

扫 码 观 看 视 频

案例位置	案例文件 >CH02>05> 案例：使用通道抠取毛发 .psd
视频位置	视频文件 >CH02>05
实用指数	★ ★ ★ ★ ★
技术掌握	复杂背景下毛发抠图的技法和注意事项

本案例演示的是如何使用通道抠取毛发。这个案例相比上一个案例抠图难度有所提高，通过对这个案例的学习，读者可以更清楚地了解通道操作的灵活性。案例处理前后的效果对比如图 2-65 所示。

图 2-65

操作步骤

01 打开素材文件"模特.jpg"，进入"通道"面板，分别观察R、G、B不同通道的明暗关系，并且找到发丝与背景层次最明显的通道，如图2-66所示。

图 2-66

02 通过观察，发现"蓝"通道的发丝与背景的颜色层次最明显。因此选中"蓝"通道，单击鼠标右键，在弹出的快捷菜单中选择"复制通道"命令，复制通道，并将复制的通道命名为"抠图"，之后按快捷键Ctrl+I对通道颜色进行反相处理，如图2-67所示。

03 在通道中，模特发丝的上、下两部分颜色是完全相反的（上部分是黑色，下部分是白色）。此时要有一定的判断方向，是两者都保留还是只保留白色，这里只保留白色。按快捷键Ctrl+M打开"曲线"对话框并进行整体调色，如图2-68所示。

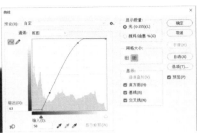

图 2-67　　　　　　　　　　　　　　　　　　　　　　　　　　图 2-68

04 发丝部分还存在灰色区域，需要进行处理。选择"加深工具" ，在工具选项栏中设置"范围"为"中间调"、"曝光"值为30%，涂抹灰色区域，如图2-69所示。

05 继续选择"加深工具" ，在工具选项栏中将"曝光"值提高到40%，在发丝上的部分灰色区域进行涂抹，让黑色的发丝细节消失，如图2-70所示。

06 使用"画笔工具" 将模特的左边部分和右边部分统一涂抹成黑色，然后将头发内部涂抹成白色，如图2-71所示。

图 2-69　　　　　　　　　　　　图 2-70　　　　　　　　　　　　图 2-71

07 进入"路径"面板，选中存储的路径。按快捷键Ctrl+Enter得到选区，并将选区填充为白色（R:255，G:255，B:255），如图2-72所示。

08 按住Ctrl键，单击"抠图"通道缩览图并创建选区。回到"图层"面板，选中模特图层，单击"添加图层蒙版"按钮 ，在模特图层下方新建一个青色（R:118，G:238，B:239）纯色图层，如图2-73所示。

09 观察处理后的画面，整体来看抠图还算干净，但是发丝的细节相对丢了不少。在最上方新建一个空白图层，选择"画笔工具" ，设置"大小"值为1像素、"不透明度"值为60%，按住Alt键的同时用"吸管工具"吸取发丝较亮部位，绘制一些发丝，如图2-74所示。

图 2-72　　　　　　　　　　　　　　　　图 2-73　　　　　　　　　　　　图 2-74

10 在这里，可以通过替换几种不同的底色来检验抠图效果，如图2-75所示。

图 2-75

> **提示**
>
> 在蒙版中，使用"减淡工具" 🖌️ 可以让灰色区域变亮，使用"加深工具" 🖌️ 可以让灰色区域变暗，对于云朵、细线、发丝的抠取等特别适用。在物体轮廓特别复杂但整体又特别细致的情况下，如果使用"画笔工具" 🖌️ 是很难针对灰度信息进行涂抹的，一不小心就会破坏之前抠好的轮廓区域。但"减淡工具" 🖌️ 和"加深工具" 🖌️ 却可以保证轮廓基本不被影响的情况下，对"阴影""中间调""高光"范围的灰色进行局部控制。

2.2.4 利用图层混合模式抠图

图层混合模式对于抠图来说有一个非常便利之处，那就是可以快速地让图层中的"黑色"和"白色"消失，以达到抠图的目的。

这里以"火焰"的抠取为例进行介绍。一般火焰素材大多是在黑色背景下拍摄的，因此图片的背景是黑色的，主体的火焰是黄色的。只要将火焰素材的图层混合模式改为"滤色"，就可以快速地让素材中的黑色消失，只留下火焰，从而达到抠图的目的，如图 2-76 所示。

图 2-76

当然，使用图层混合模式进行抠图，并不是只有黑色背景的素材才能使用这种方法，只要背景比主体暗，借助调色工具来辅助抠图，基本上都可以完成。

案例： 使用图层混合模式抠取婚纱

扫 码 观 看 视 频

案例位置	案例文件 >CH02>06> 案例：使用图层混合模式抠取婚纱.psd
视频位置	视频文件 >CH02>06
实用指数	★★★★☆
技术掌握	白色婚纱抠图的技法和注意事项

本案例演示的是如何使用图层混合模式抠取白色婚纱。抠取白色婚纱的思路和前边讲到的抠取火焰的思路比较接近，只是在抠取婚纱时免不了人物的抠取。因此，在具体抠取时，一般会将人物单独抠出来，再将婚纱单独抠出来并进行处理。案例处理前后的效果对比如图 2-77 所示。

图 2-77

操作步骤

01 打开素材文件"模特.jpg"，进入"路径"面板，选中存储的路径，按快捷键Ctrl+Enter创建选区，并按快捷键Ctrl+J将其复制出来，将图层命名为"模特"，如图2-78所示。

02 选中"背景"图层，使用"快速选择工具"✎，将婚纱部分选中并按快捷键Ctrl+J将其复制出来，将图层命名为"婚纱"，在"背景"图层上方新建一个青色(R:118,G:238,B:239)纯色图层，如图2-79所示。

03 选中"婚纱"图层并修改图层的"混合模式"为"滤色"，效果如图2-80所示。

图 2-78

图 2-79

图 2-80

04 观察处理后的画面，发现婚纱部分太亮，并且缺少层次。在"婚纱"图层上方新建"曲线"调整图层，并创建剪贴蒙版，让婚纱变暗的同时，增加对比度，如图2-81所示。

05 现在婚纱的层次出来了，但是颜色保留了原本蓝色湖面的颜色。在"婚纱"图层上方新建"色相/饱和度"调整图层并创建剪贴蒙版，降低婚纱的饱和度，如图2-82所示。

图 2-81

图 2-82

06 继续观察画面，发现婚纱部分看起来还是太亮且缺少明度层次。这时可以将"婚纱"图层复制一层放在"模特"图层下方，并将图层命名为"婚纱2"，然后设置图层的"混合模式"为"正常"。之后按快捷键Ctrl+U将复制的婚纱图层的饱和度降低，如图2-83所示。

07 选中"婚纱2"图层，然后在按住Alt键的同时单击"添加图层蒙版"按钮 ▢ ，选择"画笔工具" ✐ ，设置"硬度"值为0、"不透明度"值为20%、"流量"值为100%。设置"前景色"为白色（R:255，G:255，B:255），然后涂抹婚纱比较厚及带有蕾丝边的地方，最后将图层的"不透明度"值改为50%，效果如图2-84所示。

图 2-83

图 2-84

08 这里通过替换几种不同的底色来检验抠图效果，如图2-85所示。

图 2-85

> **提示**
>
> "滤色"模式可以很好地让白色婚纱以外的颜色消失，但容易造成婚纱过于明亮，需要后期进行调色校正。除此之外，还有一个问题是需要提前预判的。如果原图中透明婚纱的背景层次丰富、明暗轮廓清晰，在执行"滤色"命令的时候，背景中的明暗轮廓可能会被保留，如图2-86所示。针对这种情况，一般需要提前把背景的层次抹去，如图2-87所示。

图 2-86

图 2-87

通过图层混合模式中的"滤色"模式抠取的婚纱往往具有独特的效果，但是如果婚纱是有颜色的甚至颜色很重，则这个模式所能起的作用将失效，它会让婚纱的颜色看起来特别奇怪，这时建议使用2.2.1一节所讲到的"色彩范围"命令进行操作。

案例：使用图层混合模式抠取玻璃杯

扫码观看视频

案例位置	案例文件 >CH02>07> 案例：使用图层混合模式抠取玻璃杯.psd
视频位置	视频文件 >CH02>07
实用指数	★ ★ ★ ★ ☆
技术掌握	纯色背景下玻璃杯抠图的技法和注意事项

玻璃本身具有透明、反射的特点，如果是在纯色的背景下拍摄的，抠图相对比较简单，只需利用图层混合模式将背景中的颜色去掉，然后将反射效果制作出来即可。案例处理前后的效果对比如图 2-88 所示。

图 2-88

操作步骤

01 打开素材文件"玻璃杯.psd"，如图2-89所示。

02 选择"玻璃杯"图层，然后设置图层的"混合模式"为"正片叠底"，并在此图层下方新建一个青色（ R:118,G:238,B:239)纯色图层，如图2-90所示。

03 复制"玻璃杯"图层，然后将图层命名为"玻璃杯1"，设置图层的"混合模式"为"正常"。执行"选择>色彩范围"菜单命令，在打开的对话框中，在"选择"下拉列表选择"高光"选项，并适当调整"颜色容差"和"范围"值，最后单击"确定"按钮，得到想要的选区，如图2-91所示。

图 2-89　　　　　　　　图 2-90　　　　　　　　　　　　　　　图 2-91

04 选中"玻璃杯1"图层并添加图层蒙版，然后设置图层的"混合模式"为"叠加"、"不透明度"值为60%，如图2-92所示。

05 再复制一个"玻璃杯"图层，然后放置在所有图层的上方，设置图层的"混合模式"为"滤色"，并在按住Alt键的同时单击"添加图层蒙版"按钮 🔲，接着选择"画笔工具" ✎，设置"前景色"为白色（R:255,G:255,B:255）、"不透明度"值为30%。将红酒部分和玻璃杯的高光部分在蒙版中涂抹成白色（R:255,G:255,B:255），使玻璃杯整体看起来更加通透，如图2-93所示。

图 2-92　　　　　　　　　　　　　　　图 2-93

06 这里通过替换几种不同的底色来检验抠图效果，如图2-94所示。

图 2-94

提示

玻璃材质的抠图相对其他半透明材质来说是比较复杂的，不仅要将它的外形抠出来，还需要模拟出光的折射和反射效果。下面对与玻璃材质相关的一些实用的物理现象进行了总结，如表2-2所示。

表 2-2

折射	反射	焦散	菲涅尔效应
光由一个介质传播到另一个介质时，传播方向发生改变，产生扭曲变形现象	光在到达两个介质的分界面时，有一部分光会反射回去	光穿过透明介质，发生漫折射现象，类似波光粼粼的效果	人的视线如果与曲面垂直，反射效果较弱；反之，则越强

利用图层混合模式抠图虽然非常方便，但一般而言需要对素材进行后期调整。另外，利用图层混合模式抠图对于具有极端颜色的素材并不适用，例如，需要在白色背景中将白色婚纱抠取出来的情况。这时，如果对图片使用"滤色"混合模式进行操作，婚纱会完全消失。

2.2.5 利用"混合颜色带"抠图

"混合颜色带"是一个常用的高级抠图工具，它是基于图层中的颜色通道，对图像颜色进行显示或隐藏控制的工具。

"混合颜色带"默认是灰色，即只考虑图层颜色中的明度关系，让不同明度的黑白颜色显示或不显示。同时，"混合颜色带"有"本图层"和"下一图层"之分。将拖动"本图层"的黑色滑块到 80，代表本图层 0~80 明度区域的颜色信息被隐藏；当按住 Alt 键拆分黑色滑块并继续往右滑动到 120，代表本图层 0~80 明度区域的颜色被隐藏，同时 80~120 明度区域的颜色被渐变隐藏，即以不同的透明度过渡显示。白色滑块也是同样的道理，将白色滑块往左拖动到 205，代表 205~255 明度区域的颜色都被隐藏。如果将"下一图层"的黑色滑块往右拖动到 80，代表本图层以下图层 0~80 明度区域的颜色被显示出来；当按住 Alt 键拆分黑色滑块并继续往右拖动到 120，代表本图层 0~80 明度区域的颜色被显示出来，同时 80~120 明度区域的颜色被渐变隐藏，即以不同的透明度过渡显示，如图 2-95 所示。

图 2-95

综上所述，"混合颜色带"可以很好地区分图片中明、暗两个颜色区域，实现对亮部信息或暗部信息的抠取。这个方法对于云朵、婚纱、火等对象的抠取是非常有效的。

案例：使用"混合颜色带"抠取冰块

案例位置	案例文件 >CH02>08> 案例：使用"混合颜色带"抠取冰块 .psd
视频位置	视频文件 >CH02>08
实用指数	★ ★ ★ ☆ ☆
技术掌握	使用"混合颜色带"抠取冰块的技法和注意事项

　　在商业海报中经常会看到冰块的运用，如产品海报利用冰块来突出产品冰爽的感觉、悬疑海报利用冰块来制造真相破冰而出的视觉画面……冰块的抠取相比其他物体的抠取更复杂。冰块表面有大量划痕，里面会有气泡，并且在抠取的时候需要考虑到冰块的厚度与物体的显示问题。针对冰块的抠取，这里推荐使用"混合颜色带"。案例处理前后的效果对比如图 2-96 所示。

图 2-96

操作步骤

01 打开素材文件"冰块.psd"。复制"冰块"图层并将复制的图层置于"冰块"图层上方，然后将其命名为"冰块1"，如图2-97所示。

02 为了方便观察，先将"冰块1"图层隐藏，然后在其下方新建一个青色(R:118，G:238，B:239)纯色图层。选中"冰块"图层，双击图层打开"图层样式"对话框，在"混合选项"右边找到"混合颜色带"，并将"本图层"的白色滑块往左边拖动，拖动到合适的位置后，按住Alt键的同时单击白色滑块将它拆分并继续拖动，如图2-98所示。

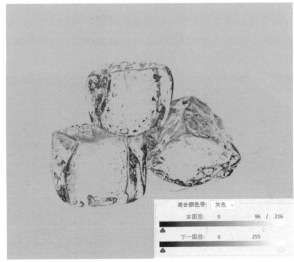

图 2-97

图 2-98

03 为了方便观察，先将"冰块"图层隐藏，让"冰块1"图层可见。选中"冰块1"图层，双击图层打开"图层样式"对话框，在"混合选项"右边找到"混合颜色带"，并将"本图层"的黑色滑块往右边拖动，之后使用与上一步相同的方法进行操作，如图2-99所示。

04 在这里，可以通过替换几种不同的底色来见检验抠图效果，如图2-100所示。

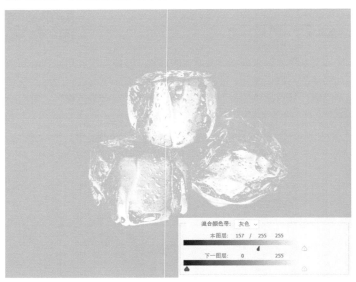

图 2-99   图 2-100

提示

这里需要注意的是，冰块本身有反射性，又有透明度，因此要根据环境对最终抠图的效果进行适当调整。例如，针对红色背景下的冰块，应当对冰块深色部分调色，改变色相为红色。在黑色背景下，只需保留深色部分图层的"不透明度"值为30%即可。

案例：使用"混合颜色带"抠取云朵

案例位置	案例文件 >CH02>09> 案例：使用混合颜色带抠取云朵 .psd
视频位置	视频文件 >CH02>09
实用指数	★★★★☆
技术掌握	使用"混合颜色带"抠取云朵的技法和注意事项

扫 码 观 看 视 频

在很多大型场景合成设计项目中，往往会遇到往天空里添加云朵素材或制作烟雾氛围效果的情况。其中，云朵的抠图难点主要在于云层边缘的细节处理，它的形状、形态非常漂亮。如果丢失了这些细节，也就失去了云朵抠图的意义。但在大多数情况下，要尽量选择前景与背景反差较大的素材图片，利用"混合颜色带"抠图就特别方便。案例处理前后的效果对比如图 2-101 所示。

图 2-101

操作步骤

01 打开素材文件"云朵.jpg",复制"云朵"图层并将复制的图层命名为"云朵1",然后暂时将其隐藏。为了抠图时方便观察,在该图层下方新建一个蓝色(R:0,G:191,B:246)纯色图层,如图2-102所示。

02 双击"云朵"图层打开"图层样式"对话框,在"混合选项"右边找到"混合颜色带",并将"本图层"的黑色滑块往右边拖动,直至蓝天逐渐消失,然后按住Alt键拆分黑色滑块并将其拖到最右边。显示"混合颜色带"中的"蓝"通道,然后将"蓝"通道下的黑色滑块往右边拖动,如图2-103所示。

图 2-102   图 2-103

03 观察处理后的画面,发现云朵的深色部分消失了,看起来不自然。显示"云朵1"图层并将其选中,然后按住Alt键添加图层蒙版。选择"画笔工具" ✐ ,设置"前景色"为白色(R:255,G:255,B:255)、"不透明度"值为20%,之后将云朵的深色部分在蒙版中涂抹成白色,如图2-104所示。

04 继续观察处理后的画面,发现深色部分看起来不自然。在"云层1"上方创建"曲线"调整图层并创建剪贴蒙版,让云层变亮的同时减少红色,如图2-105所示。

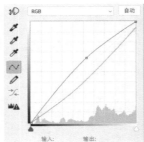

图 2-104   图 2-105

05 在这里,可以通过替换几种不同的底色来检验抠图效果,如图2-106所示。

图 2-106

> **提示**
>
> 虽然"混合颜色带"控制起来非常方便,但是它的使用弊端也非常明显,那就是抠图的效果不会像蒙版抠图那样可以被保存。在操作过程中,一旦改变"本图层"或"下一图层"的颜色信息,"混合颜色带"的效果也会跟着改变,这是大家需要注意的。如果想保留抠图效果,并且"混合颜色带"是通过控制"本图层"滑块抠图的,可以选中该图层,单击鼠标右键,然后在弹出的快捷菜单中选择"转换为智能对象"命令,如图2-107所示。

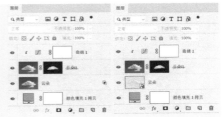

图 2-107

2.2.6 使用"画笔工具"抠图

在合成设计中，使用 Photoshop 抠图比较基本的工具是"画笔工具" ✐。如果操作得当，使用"画笔工具" ✐抠图可以得到非常好的抠图效果。如果设计师熟练使用手绘板，抠图效果可能会更佳，适用于棕熊的毛发或毛衣毛边的抠取等。

案例：使用"画笔工具"抠取毛发

案例位置	案例文件 >CH02>10> 案例：使用"画笔工具"抠取毛发 .psd
视频位置	视频文件 >CH02>10
实用指数	★★★★★
技术掌握	使用"画笔工具"抠取毛发的技法和注意事项

扫码观看视频

关于毛发的抠取前边已经介绍了"选择并遮住"和"通道"这两个工具。但这两个工具并不能满足所有类型毛发的抠取。例如，在背景与毛发本身颜色非常接近的情况下，这两个工具则可能失效。这个时候就需要运用"画笔工具" ✐了。当然，在使用"画笔工具" ✐抠取毛发时，首先需要选择或制作合适的画笔，关于绘制毛发的画笔的制作在本案例中会有讲解。案例处理前后的效果对比如图 2-108 所示。

图 2-108

操作步骤

01 打开素材文件"熊.jpg"，可以看到熊的毛发是比较复杂的，而且与环境颜色比较接近。与此同时，熊的毛发边缘比较模糊，如图2-109所示。

02 新建空白图层，使用"钢笔工具" ✐勾勒出3条毛发路径并填充"黑色"(R:0,G:0,B:0)，如图2-110所示。

03 选择绘制毛发的空白图层，执行"编辑>定义画笔预设"命令，然后在弹出的"画笔名称"对话框中设置"名称"为"毛发"，如图2-111所示。

图 2-109　　　　　　　　　　图 2-110　　　　　　　　　　图 2-111

04 单击"画笔工具"选项栏中的"切换画笔"按钮，并设置相关参数，最后单击右下角的"创建新画笔"按钮，将画笔命名为"熊毛发"，如图2-112所示。

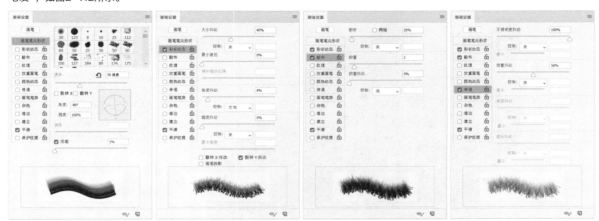

图 2-112

05 选择"套索工具"，沿着熊毛发边缘往里一点的位置进行选择，如图2-113所示。

06 得到选区后，选择熊图层并添加图层蒙版。为了方便观察，在"图层"面板最下方创建新图层，并填充青色（R:150，G:223，B:253），如图2-114所示。

07 选择"画笔工具"，在工具选项栏中选择"熊毛发"画笔，设置"前景色"为白色（R:255，G:255，B:255）、"不透明度"值为"100%"、"流量"值为"100%"。选择熊图层并添加图层蒙版，在蒙版当中使用"画笔工具"从熊的左下方开始由下往上涂抹。在涂抹的过程中只能够顺时针涂抹，并且画笔的大小要根据熊毛发的实际情况来设定，并且可以反复多次涂抹，如图2-115所示。

图 2-113　　　　　　　　　　　图 2-114　　　　　　　　　　　图 2-115

08 按住Alt键并单击图层蒙版，可以观察到熊的毛发效果是非常干净、清晰的，如图2-116所示。

09 为了模拟出毛发模糊的效果，选择蒙版，执行"滤镜>模糊>高斯模糊"菜单命令，在弹出的对话框中设置"半径"为"2.0像素"，如图2-117所示。

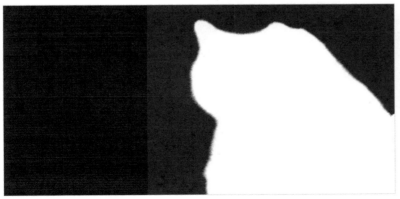 

图 2-116　　　　　　　　　　　图 2-117

10 在这里，可以通过替换几种不同的底色来检验抠图效果，如图2-118所示。

图 2-118

提示

"画笔设置"面板中有一个比较重要的参数——形状动态→角度抖动→控制→方向。这个参数设置可以辅助绘制一些毛发，它的作用就是在不借助手绘板的情况下，画笔的方向会随着绘制方向的改变而改变，如图2-119所示。需要注意的是，在绘制的过程中，只能顺时针绘制，如果逆时针绘制，画笔的方向则完全是朝内的，这也是本案例第07步必须保持顺时针涂抹的原因，如图2-120所示。

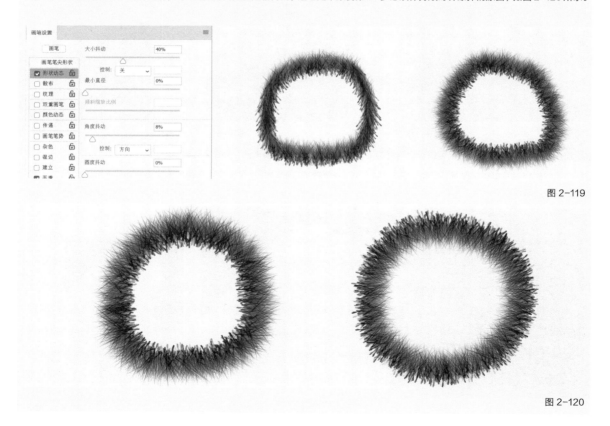

图 2-119

图 2-120

案例：使用"画笔工具"抠取云朵

扫 码 观 看 视 频

案例位置	案例文件 >CH02>11> 案例：使用"画笔工具"抠取云朵.psd
视频位置	视频文件 >CH02>11
实用指数	★ ★ ★ ★ ☆
技术掌握	复杂背景下云朵抠图的技法和注意事项

　　前文介绍了如何使用"混合颜色带"抠取云朵，但是抠取与背景颜色区别不大的云朵，如果依然使用"混合颜色带"，得到的效果很可能会不理想。这个时候可以利用"画笔工具" ✐ 进行处理。案例处理前后的效果对比如图2-121所示。

图 2-121

操作步骤

01 打开素材文件"天空.psd"，如图2-122所示。

02 选中"画笔工具" ✐ ，在"画笔工具"的选项栏中单击右上角的"设置"按钮，导入"云.abr"画笔，如图2-123所示。

03 选择"天空"图层并添加图层蒙版，选择"画笔工具" ✐ ，在工具选项栏中切换画笔为之前加载的云画笔，设置"前景色"为"黑色"（R:0,G:0,B:0）、"不透明度"值为"100%"，然后沿着云的边缘进行涂抹，涂抹的时候注意以少量多次的方式进行，避免一笔画完，如图2-124所示。

图 2-122

图 2-123

图 2-124

04 为了精准控制，按住Alt键的同时单击"天空"图层的蒙版，进入蒙版后，使用"套索工具" ◯ 将天空背景部分选择出来并填充"黑色"（R:0,G:0,B:0），如图2-125所示。

05 单击"图层"面板并退出图层蒙版，得到的最终抠图效果如图2-126所示。

图 2-125

图 2-126

在使用"画笔工具" ✐ 抠图的过程中，用特殊纹理的笔刷对如云、草、石头等这种非透明、有纹理且连续的对象进行抠图特别有效，但处理边缘不连续的对象如树叶、火、水等则较为吃力。

以上是对 6 种不同抠图技巧的讲解。当然，这并不意味着这些方法能够适用于所有情况。古人有云："水因地而制流，兵因敌而制胜。故兵无常势，水无常形。能因敌变化而取胜者，谓之神。"在实际工作中，设计师所面对的抠图情况错综复杂，手中的素材也是千姿百态的，要想将图片中的元素理想地抠取出来，首先要分析素材本身的特点，然后再选择合适的手法进行处理。

下表对以上几种抠图工具和命令的使用特性进行了总结，仅供参考，如表 2-3 所示。

表 2-3

抠图工具 / 命令	基本介绍	优点和缺点
色彩范围	可将画面中某一区域的颜色选中，可以单独提取高光、阴影、单色等，适用于水、婚纱、玻璃等对象的抠取	**优点：** 可控性高、适合处理复杂的图片 **缺点：** 画面中容易出现噪点，后期需要再次处理
选择并遮住	适用于主体与背景颜色差异大，主题形状特别复杂且带有透明度的对象的抠取，如发丝、羽毛等	**优点：** 使用方法简单，效果较好 **缺点：** 常常伴随白边问题出现，需要后期修饰
通道	抠取的对象主体和背景的颜色有细微差异即可，适用于图形复杂、边缘有虚有实、有透明度等物体的抠取，如婚纱、毛发等	**优点：** 非常灵活，适用于绝大多数的抠图情况 **缺点：** 比较复杂，需要多次对黑白关系进行修饰，容易出现白边问题
图层混合模式	素材是在深色或亮色背景下拍摄的，一般使用"正片叠底""滤色"图层混合模式，让图片中的深色、亮色消失，适用于水、火、玻璃等对象的抠取	**优点：** 方便、快捷，适合处理复杂的图片 **缺点：** 抠图元素颜色、层次受新环境的影响较大，极端情况下不适用，比如当火焰要用于白色背景时等
混合颜色带	可根据本图层或下一图层的颜色明度对某一特定明度区域的颜色进行显示或不显示，适用于云、玻璃、水、火等对象的抠取	**优点：** 直观、快捷，适合处理复杂的图片 **缺点：** 对颜色容差要求较高，无法局部控制显示
画笔抠图	利用特殊纹理笔刷去控制相应的图像，适用于草地、云层等对象的抠取	**优点：** 可控性高、效果好 **缺点：** 无法处理复杂的图形，对设计师技能要求较高

2.3 无视抠图规则

学习了前面的内容之后，相信大家了解了各种抠图对象都适合使用哪些工具和命令。除此之外，大家也可以无视抠图规则来进行抠图。

2.3.1 抠图始于蒙版

无论使用哪种方法进行抠图，最终都可以体现在图层蒙版上，即图层蒙版中用白色显示主体区域，用黑色显示主体之外的背景区域。对于蒙版的使用，可以在得到选区后，添加图层蒙版进行控制，也可以直接在图层蒙版里进行控制。这个方法对于抠取带有不透明度的纯色背景尤其有效，也是一个非常取巧的抠图思路，下面通过一个案例来进行演示。

案例：使用图层蒙版抠取火焰

扫码观看视频

案例位置	案例文件 >CH02>12> 案例：使用图层蒙版抠取火焰 .psd
视频位置	视频文件 >CH02>12
实用指数	★ ★ ★ ★ ☆
技术掌握	火焰高级抠取的技法和注意事项

前面已经演示了如何使用图层混合模式抠取火焰——在深色的背景下使用混合模式抠图非常方便，但是如果背景当中有亮色，火焰看起来像是半透明的，就不那么好处理了。这时较好的解决办法是借助图层蒙版来进行抠图，步骤虽然稍多，但最终效果比较理想。案例处理前后的效果对比如图 2-127 所示。

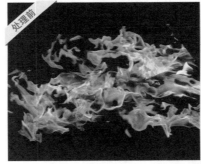

图 2-127

操作步骤

01 打开素材文件"火焰.jpg"。为了方便观察，在"图层"面板最下方创建新图层，并填充"蓝色"（R:49,G:114,B:200），如图2-128所示。

02 选中"火焰"图层，按快捷键Ctrl+A进行全选，然后按快捷键Ctrl+C进行复制并添加图层蒙版。之后在按住Alt键的同时单击"创建图层蒙版"按钮 ◻️，在蒙版里按快捷键Ctrl+Shift+V，将复制的火焰原位粘贴到蒙版中，如图2-129所示。

03 单击图层缩览图，即可退出蒙版显示状态，得到的效果如图2-130所示。

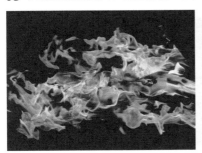
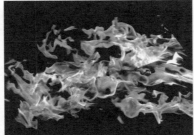

图 2-128   图 2-129   图 2-130

04 观察画面，发现火焰看起来不够炽热，需要进行处理。选中火焰，然后按快捷键Ctrl+J复制火焰图层，可以发现火焰的颜色恢复正常了，如图2-131所示。

05 火焰半透明的区域看起来仍然有黑色，让画面显得很脏。这时，可以将两个火焰图层进行编组，然后在图层组上方创建"曲线"调整图层，在"红"通道里将左边的黑色滑块往上拖动，如图2-132所示。

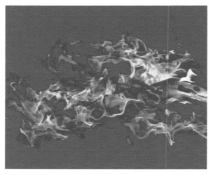
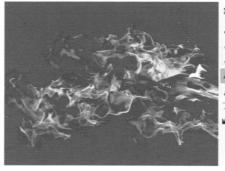
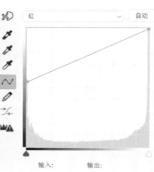

图 2-131

图 2-132

06 在这里，可以通过替换几种不同的底色来检验抠图效果，如图2-133所示。

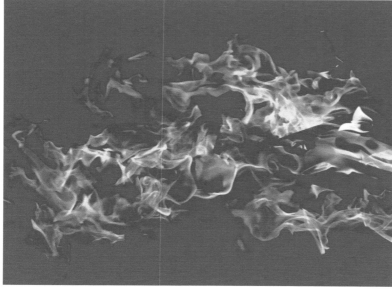

图 2-133

2.3.2 先分析再下手

针对合成设计所需的素材，首先要对其进行分析，主要涉及以下 3 个方面。

主体与背景关系分析：需要关注抠图的主体与背景环境颜色的明度差、色相差，例如，背景是纯色的，还是层次复杂的环境；主体轮廓是清晰的还是模糊的等。

主体本身材质特点分析：针对主体本身的材质特点，需要注意：抠图的主体是单一材质还是混合材质；材质与环境是否有密切联系，如反射、透明等；材质本身的不透明度、纹理样式、虚实等情况。

主体与新环境的融合分析：新环境是纯色背景还是复杂背景、主体是作为主元素使用还是作为辅助装饰元素使用、新环境的光影和原背景中的光影是否一致等。

除上述分析，还要分析素材本身存在的问题，如素材像素太低、素材曝光有问题、主体轮廓与背景完全融合等。虽然在合成设计中这些素材也不是完全不可以使用，但很明显这些问题是减分的。

案例：使用自由方式抠取帆船

扫 码 观 看 视 频

案例位置	案例文件 >CH02>13> 案例：使用自由方式抠取帆船 .psd
视频位置	视频文件 >CH02>13
实用指数	★★★★★
技术掌握	使用自由方式抠取帆船的技法和注意事项

本案例演示如何自由抠取图片中的帆船。帆船是比较难抠取的元素之一，它不仅有非常细小的线，还可能有与背景融合的颜色，不确定性较强。遇到这样的抠图对象，只能选择自由方式进行抠取。如果船体不作为近景使用，一般情况下，通过这种方式抠图的结果是可以接受的。案例处理前后的效果对比如图 2-134 所示。

图 2-134

操作步骤

01 打开素材文件"船.jpg"。观察画面，可以发现图片中帆船本身的外轮廓比较复杂，并且船身上有很多细小的线，如图2-135所示。

02 由于船之外的颜色几乎都是蓝色，所以可以选择"色彩范围"命令进行抠图。同时，也可以进入"通道"面板观察不同通道下的明暗关系。因为在结果差不多的情况下，相对而言利用通道抠图的质量和可控性更好，如图2-136所示。

图 2-135

图 2-136

03 本例素材图片"蓝"通道的背景明暗层次更加明显。将"蓝"通道复制一层，然后按快捷键Ctrl+M调出"曲线"对话框，通过调节曲线拉开船与背景的明暗关系。这里并没有让效果一次性到位，因为船帆部分和船身部分需要在后续单独进行处理，这样可以较好地保留细节，如图2-137所示。

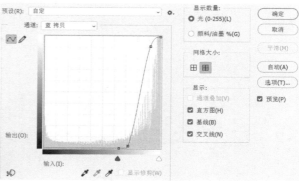

图 2-137

04 使用"套索工具"☉选择船身部分，然后按快捷键Ctrl+M调出"曲线"对话框，将黑场滑块往右拖动，增加画面对比度，同时让白色变得更白，如图2-138所示。

05 按快捷键Ctrl+I将画面颜色进行反相处理。使用"钢笔工具"∅勾勒帆船主体部分，然后为其填充白色(R:255,G:255,B:255)，如图2-139所示。

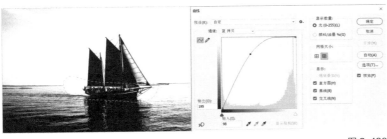

图 2-138

图 2-139

06 使用"钢笔工具"∅勾勒背景区域，然后为其填充黑色(R:0,G:0,B:0)，以此解决抠图时出现的一些问题，如图2-140所示。

07 按住Alt键的同时单击"蓝 拷贝"通道的缩览图，得到选区。返回"图层"面板，选择"船"图层，然后单击"图层"面板下方的"创建图层蒙版"按钮，在"图层"面板最下方新建一个空白图层，其填充为蓝色(R:118,G:229,B:245)，以此来观察抠图的结果，如图2-141所示。

08 在"船"图层上方新建空白图层并创建剪贴蒙版，选择"画笔工具"∕，设置"前景色"为灰色(R:107,G:107,B:107)、"不透明度"值为"100%"、"流量"值为"100%"，然后在空白图层中沿着船的绳索区域进行涂抹，让原本若隐若现的绳索变得更加厚重，如图2-142所示。

图 2-140

图 2-141

图 2-142

09 这里可以通过替换几种不同的底色来检验抠图效果，如图2-143所示。

图 2-143

第 3 章

图层混合模式之谜

在 Photoshop 合成设计中，可以通过调整素材颜色、纹理统一来达到"融图"的效果，在这个过程中，会用到很多工具和命令。其中，图层混合模式是一个比较直接、快速且有针对性的工具。灵活运用图层混合模式进行创作，会大大增加对画面效果的把控力。本章主要结合案例对图层混合模式的六大模式组进行系统讲解，帮助大家理解不同模式组之间的差异及特点。希望大家通过学习本章内容，可以清楚地掌握混合模式的运用规律和使用技巧，做出理想的合成设计。

◎ 认识图层混合模式　　◎ 混合模式的强化表现

3.1 认识图层混合模式

图层混合模式，顾名思义，就是将图层与图层按照某种算法进行混合。在大多数情况下，无须抠图就可以直接将两张或多张照片直接混合在一起变为一张作品。

从感知角度来说，在微观上，图层混合模式的混合原理就是将两个像素混合，得到变暗或变亮的结果；在宏观上，图层混合模式的混合原理就是保留图像本身的纹理样式，对对比度进行改变，使图像变亮或变暗。从软件操作角度来说，利用图层混合模式制作的效果是根据相应的计算公式得到的。在实际操作中，想要真正理解图层混合模式的算法或规则，就需要理解黑色（0）、白色（255）和中性灰（128）之间的明度关系，如图 3-1 所示，它们在图层混合模式中发挥了重要作用，本章的案例中将会有大量的讲解。

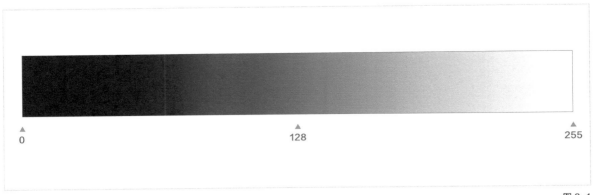

图 3-1

假设光的三原色，即红光、绿光和蓝光照在同一片区域，则会变成白色的光，这种颜色叠加变亮的混合模式叫作加色混合模式，Photoshop 中"滤色"混合模式的操作原理即如此。如果在绘画过程中，将青色、品红、黄色颜料混合在一起，最终的颜色是黑色，这种颜色叠加变暗的混合模式叫作减色混合模式，效果和 Photoshop 中"正片叠底"混合模式的效果是一致的，如图 3-2 所示。

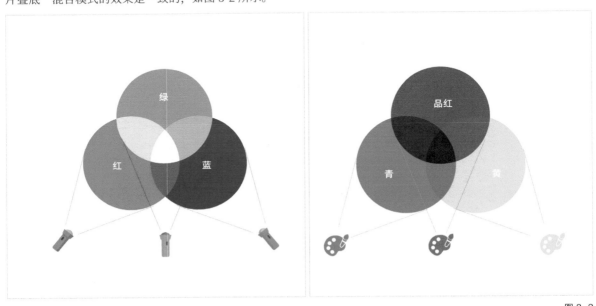

图 3-2

图像的颜色与利用混合模式的算法得到的结果有着密切的关系。混合模式的算法比较简单，在操作前有一定的预判性，但也可能出现诸多意外。利用图层混合模式可以产生千变万化的效果，因此在具体操作之前，能不能提前预估到混合之后的结果，以及是否能够真正理解同是变暗效果，它们之间的区别在哪里，是至关重要的，如图3-3所示。

混合色图层	基色图层	正常模式	变暗模式
正片叠底模式	颜色加深模式	线性加深模式	深色模式
变亮模式	滤色模式	颜色减淡模式	线性减淡模式
浅色模式	叠加模式	柔光模式	强光模式
亮光模式	线性光模式	点光模式	实色混色模式
插值模式	排除模式	减去模式	划分模式
色相模式	饱和度模式	颜色模式	明度模式

图 3-3

要理解混合模式的算法和区别，需要先知道什么是"基色""混合色""结果色"，如图 3-4 所示。这 3 个概念会一直伴随着我们的学习。

基色： 指原始图像的颜色，可以是一层或多层混合的图像颜色。

混合色： 指基色上一层的颜色，用于混合基色图层图像的颜色。

结果色： 指最后将混合色和基色通过某种混合模式进行混合得到的颜色，也是一种临时的颜色，会随着基色和混合色的改变而改变。

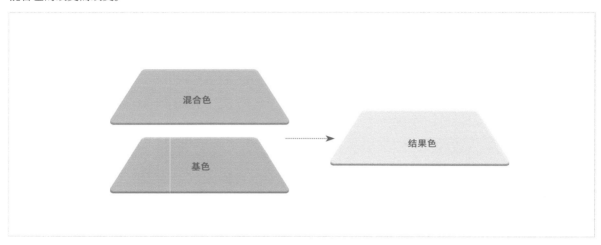

图 3-4

在实际工作中，图层混合模式经常用于制作纹理贴图，或者作为辅助调色技巧来使用。想要完全掌握它的使用技巧与规律，既要理性地理解，也要感性地认知。

在 Photoshop 中，图层混合模式被大体分为了 6 类，包括基础模式组、变暗模式组、变亮模式组、叠加模式组、差集模式组和颜色模式组，共 27 种，如图 3-5 所示。

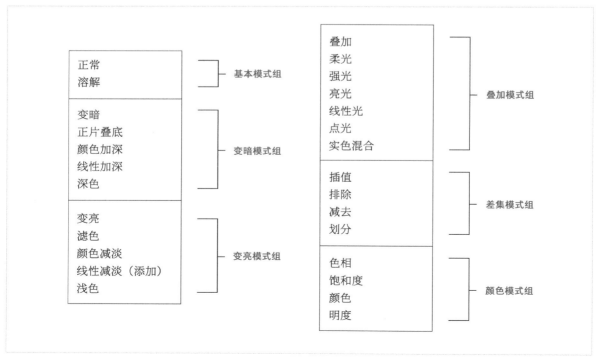

图 3-5

　　在日常工作中，常用的图层混合模式有"正常""正片叠底""滤色""叠加"4 种。当然，这并不是说其他混合模式不重要，只是相对而言，这 4 种模式在使用过程中是较柔和可预测的。掌握了这 4 种混合模式之后，再使用其他的混合模式，可大大增加操作的预判性，如图 3-6 所示。

图 3-6

　　除了以上介绍的图层混合模式，"画笔工具"还有一些可以使用的混合模式，即"背后"和"清除"。"背后"模式指在使用"画笔工具"涂抹的时候只会在空白区域，即类似在图层下面涂抹，不会破坏主体；"清除"模式类似"橡皮擦工具"，这个很好理解，这里不过多描述。除此之外，如果是在 Lab 色彩模式下使用图层混合模式，"变暗""变亮""颜色减淡""颜色加深""差值"等都是无法使用的，需要特别注意。

3.1.1　变暗 / 变亮模式组

下面介绍变暗 / 变亮模式组中的混合模式。

变暗模式组

"正常"和"溶解"混合模式

在任何情况下打开一张图片，其图层混合模式都默认为"正常"。"正常"是较基础也是较简单的混合模式，图像效果所见即所得。

除此之外，还有"溶解"混合模式。一般情况下，当将一张图片由"正常"更换到"溶解"混合模式后，会发现图片没有任何变化。但在进行该操作的同时改变混合色图层的不透明度，画面当中会出现非常多的噪点，这说明

"溶解"是通过不透明度来控制基色和混合色是显示还是不显示的，并且这种控制是随机的。下面通过一组图片（如图 3-7 所示）进行测试，可以看到，在使用"溶解"混合模式的情况下，图层的"不透明度"值在 100%、70%、40% 之间变化，随着"不透明度"值越来越低，噪点也越来越多，直至图层完全透明。

"不透明度"值为 100% 的效果

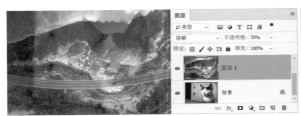

"不透明度"值为 70% 的效果

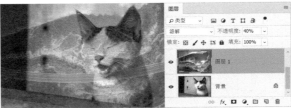

"不透明度"值为 40% 的效果　　　　图 3-7

"变暗"混合模式

"变暗"混合模式是变暗模式组中的第 1 个混合模式，其混合原理可以这样理解：通过对比每个通道的颜色信息，只留下基色或混合色中最暗的颜色作为结果色，白色完全被替换。相对而言，"变暗"模式具有非常刚正的性格，它只认可"谁最暗保留谁"的结果论，其结果是两个图层混合在一起有比较明显的边缘感和分割化，如图 3-8 所示。

从图中可以看到，混合色图层中亮部颜色信息被替换成基色图层中更暗的颜色信息。原因是"变暗"混合模式只会做"二选一"的选择，在这里只会保留更暗的区域。混合色图层的颜色只要比基色图层颜色亮就会被替换，这会让图片中的动物部分失去高光，让动物看起来没有精神。但是这种混合模式对动物的毛发表现来说是非常有利的，因为动物毛发本身就是黑色的，基本上不会被替换，看起来比较完整，即使背景中有更暗的颜色信息，也不会让毛发边缘看起来特别奇怪。

从基色图层的角度来看，基色图层中亮部颜色信息（天空高光部分）基本都被替换成混合色图层中较暗的背景色了。因为两者颜色非常接近，所以看起来不算太突兀，只是背景整体也变平了。

图 3-8

之后，如果想让背景中的天空变得更亮，只需要将混合色图层的背景变得更亮，并且确保亮度超过基色图层中的天空部分，让背景当中的天空显示出来就可以了，如图 3-9 所示。

如果想将动物身上丢失的高光信息找回来，可以复制"动物"，将"混合模式"改为"正常"，再利用蒙版将动物原本的高光涂抹回来即可，如图 3-10 所示。

图 3-9　　　　　　　　　　　　　　　　　　　　　　图 3-10

总的来说，"变暗"混合模式只会做"谁更暗"这种选择题，所以，改变基色图层和混合色图层的图层顺序，对结果是没有影响的。同时，由于其像素之间只存在替换关系，对画面整体而言，并没有太大的对比度改变和结果的改变。基于此，"变暗"模式会有 3 个很直观的预判效果：（1）两者颜色进行比较，只保留更暗的；（2）画面整体会变暗，高光消失，但不会对画面对比度产生太大影响；（3）即使改变基色图层和混合色图层的顺序，混合的结果也不会改变。

"正片叠底"混合模式

"正片叠底"混合模式是变暗模式组中的第 2 个混合模式，也是最常用的一种混合模式。其混合原理可以这样理解：通过对比每个通道的颜色信息，将基色图层和混合色图层的颜色信息进行混合，让画面更暗。这里要注意的是，"变暗"和"正片叠底"混合模式的区别是，"变暗"混合模式是颜色的替换，而"正片叠底"混合模式是整体的颜色混合，如图 3-11 所示。

图 3-11

在操作过程中，"正片叠底"混合模式虽然让画面整体变暗了，但同时也保存了基色图层和混合色图层的颜色和明暗关系，让两者产生共存的视觉特效。之所以如此，是因为"正片叠底"混合模式是对除白色外的所有颜色进行混合，图像整体的纹理样式几乎都会被保留。例如，图 3-11 中"天空"图层中的云朵层次非常明显，而"海滩"图层中天空部分的颜色对比较弱，并且颜色比较柔和。在这个情况下，会保留大部分"天空"图层的纹理层次，如图 3-12 所示。

图 3-12

同样一张图片，如果选择"正片叠底"混合模式，会发现效果和之前演示的效果看起来不太一样，这是因为"正片叠底"是变暗的混合模式。如果在基色图层纹理明暗关系本身很明显且已经很暗的情况下再选择"正片叠底"混合模式，就很难看到预期的效果了。虽然混合模式的算法没有改变，但是视觉上看起来层次弱化了很多，因为白色的云层基本上会被压成黑色，对比层次自然就出不来了，如图3-13所示。

图 3-13

如果想要做出比较理想的"正片叠底"效果，一般情况下，最好让基色图层画面偏亮，并且纹理层次最好与混合色图层错开。

既然"正片叠底"混合模式可以让画面整体变暗，如果将这个图片的颜色进行反相处理，再让这个进行颜色反相的图像，作用于原始图像进行"正片叠底"操作，就等于只针对高光区域进行了变暗处理，最后的结果色中还保留的亮部信息自然就是原始画面的中间调了，提取中间调区域对于调色是非常重要的，如图3-14所示。

图 3-14

案例：利用灰度选区提亮画面

案例位置	案例文件 >CH03>01> 案例：利用灰度选区提亮画面 .psd
视频位置	视频文件 >CH03>01
实用指数	★ ★ ★ ★ ☆
技术掌握	利用灰度选区提亮画面的技法和注意事项

在 Photoshop 合成设计中，提亮画面是一种比较基本的调色手段，一般而言，人们会选择使用"曲线"命令进行控制，但实际上，常常会遇到调整过度导致画面过曝的情况。本案例将介绍如何利用选区来控制调整的强度，有效地避免调色过程中画面过曝的情况。案例处理前后的效果对比如图3-15所示。

图 3-15

操作步骤

01 打开素材文件"车.jpg",如图3-16所示。

02 进入"通道"面板,将"蓝"通道拖至"通道"面板下方的"新建通道"按钮 上,复制"蓝"通道。选中复制的"蓝 拷贝"通道,然后执行"编辑>应用图像"菜单命令,在打开的"计算"对话框中,在"源1"和"源2"的"通道"下拉列表中分别选择"蓝 拷贝"通道,然后在"混合"下拉列表中选择"正片叠底"选项,并选中"源2"通道的"反相"复选框,最后单击"确定"按钮,如图3-17所示。

图 3-16

图 3-17

03 按住Ctrl键的同时单击新创建的"Alpha 1"通道缩览图,得到一个选区,这时候会出现提示:"警告:任何像素都不大于50%选择。选区边将不可见。"单击"确定"按钮即可,如图3-18所示。

04 回到"图层"面板并新建一个"曲线"调整图层,然后调整曲线让画面整体变亮。虽然整体变亮,但由于蒙版控制了效果范围,因此这个操作只针对汽车中间调进行提亮,这样可以避免画面过曝,并且不影响暗部的细节,如图3-19所示。

图 3-18

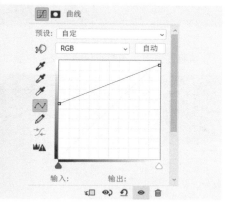

图 3-19

总的来说,"正片叠底"是一种变暗,它和"变暗"混合模式一样,改变基色图层和混合色图层的图层顺序,对结果是没有影响的。使用"正片叠底"有 3 个很直观的效果可以预判到:(1)画面整体变暗,同时保留基色图层和混合色图层的纹理与对比度;(2)在明度高、层次柔和的基色图层下会得到较好的结果;(3)基色图层和混合色图层交换位置,不会影响混合结果。针对后面两点,需要额外补充的是,交换基色图层和混合色图层的位置,虽然对结果没有影响,但一般会选择较亮的图层作为基色图层。

"颜色加深"混合模式

相对而言，"颜色加深"是结果最难预测的一个混合模式，其混合原理可以这样理解：增加对比度，使画面整体变暗，并保留基色图层中的绝对亮部信息。这样的描述听起来可能没法完全理解，但从这个描述里面可以发现 3 个"线索"：变暗、对比度和基色图层亮部。后两个"线索"几乎和前面介绍的"变暗"混合模式有很大出入，其色调的变化效果，有点类似"色阶"调色命令中将左边的黑色滑块往右边拖动，越黑的地方越容易失去细节，甚至直接变成黑色，而白色的地方不受影响，如图 3-20 所示。

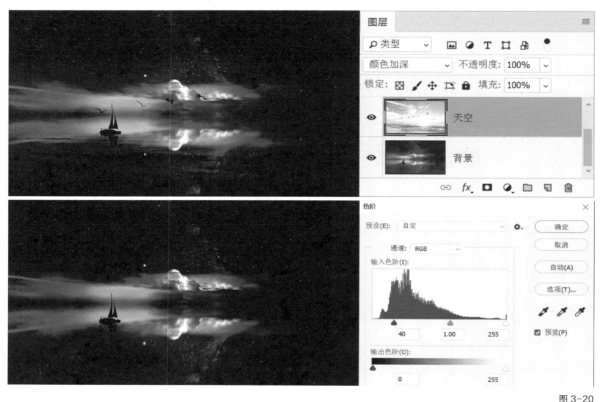

图 3-20

当将基色图层和混合色图层交换位置以后，会发现最终结果有很大的区别，如图 3-21 所示。

图 3-21

在实际工作中，笔者很少在整个图层大面积使用"颜色加深"图层混合模式，它的效果相对而言太过强烈。具体表现在除了对比度，颜色的饱和度也比较难控制，一不小心颜色还会溢出来。但有些调色，笔者也会利用"颜色加深"混合模式，具体操作是利用"画笔工具"将局部压暗。相对"正片叠底"混合模式的使用而言，这样的操作不会对亮部信息造成太大的破坏，同时，适当地增加饱和度也会让画面产生较好的效果，如图 3-22 所示。

"颜色加深"的效果　　　　　　　　　　　"正片叠底"的效果　　　　　　图 3-22

在某些情况下，也可以利用"颜色加深"混合模式完成一些特殊效果的制作。

案例：利用"颜色加深"混合模式提取线稿

扫 码 观 看 视 频

案例位置	案例文件 >CH03>02> 案例：利用"颜色加深"混合模式提取线稿 .psd
视频位置	视频文件 >CH03>02
实用指数	★★★★☆
技术掌握	利用"颜色加深"混合模式提取线稿的技法和注意事项

在实际工作中，尤其是在一些摄影作品的后期合成中，有的时候需要将一张实拍照片转化为白描效果。这时，除了使用"画笔工具"绘制线稿，得到白描效果，还可以利用"颜色加深"混合模式来快速提取照片的线稿，完成白描效果的制作。案例处理前后的效果对比如图 3-23 所示。

图 3-23

操作步骤

01 打开素材文件"夜景.jpg"，如图3-24所示。

02 复制"夜景"图层，然后执行"滤镜>其他>高反差保留"菜单命令，在打开的对话框中设置"半径"为"2像素"，效果如图3-25所示。

03 复制灰色图层，并设置图层的"混合模式"为"颜色加深"，得到彩边描线效果，如图3-26所示。

图 3-24　　　　　　　　　　　图 3-25　　　　　　　　　　　图 3-26

04 按快捷键Ctrl+Shift+Alt+E合并所有可见图层，然后按快捷键Ctrl+I对颜色进行反相处理，再按快捷键Ctrl+U将画面饱和度降到最低，之后可以得到一张白底黑线的素描图，如图3-27所示。

05 打开素材文件"手.png"，将该素材放在夜景文件中，缩放并移到合适的位置，如图3-28所示。

图 3-27   图 3-28

06 用"钢笔工具" ⌀ 选中手素材中的纸张区域，并创建选区，如图3-29所示。

07 选择前面完成的素材效果(素描图)图层，然后单击"图层"面板下方的"创建图层蒙版"按钮 ▢ ，将素描图图层拖到手所在图层上面并创建剪贴蒙版，得到线稿效果，如图3-30所示。

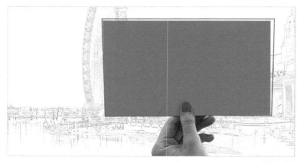

图 3-29   图 3-30

　　总的来说，使用"颜色加深"混合模式有 3 个很直观的效果可以预判到：(1)画面整体变暗，对比度和饱和度都会大大增强; (2)混合之后的结果和基色图层有直接关系; (3)交换基色图层和混合色图层的位置,会影响混合结果。

"线性加深"混合模式

　　"线性加深"混合模式的算法比较简单，其结果和"正片叠底"非常接近，只是相对而言，"正片叠底"过渡柔和，类似于曲线过渡。而"线性加深"过渡比较硬，类似于直线过渡。所以，一般而言，人们较常使用"正片叠底"混合模式来处理图片，因为它能保留更多的细节。但在某些特殊的情况下，如果想让画面变暗的同时适当增加饱和度，依然可以利用"线性加深"混合模式来处理图片，如图 3-31 所示。

图 3-31

"深色"混合模式

　　"深色"混合模式是变暗模式组中的最后一个混合模式，它的混合结果和"变暗"的混合结果非常接近，但是更加激进。其混合原理可以这样理解：针对颜色通道进行对比，选择最暗的那个。而"变暗"模式则是通过对比每个通道的颜色信息，只留下基色图层或混合色图层中最暗的颜色作为结果色，白色完全被替换。从以上分析可以得知，

"深色"混合模式针对的是颜色总和,所以结果色颜色没有改变,只有替换。而"变暗"混合模式存在色彩的混合。在这里,以"正片叠底"为例来进行比较,如图 3-32 所示。

图 3-32

变暗模式组里的 6 个混合模式虽然各有差异,但大家应该有了一些直观感受,无论使用哪个混合模式,最终的结果都是画面变暗,区别主要在于结果的对比度、饱和度及纹理的保留程度。

变亮模式组

变亮模式组相对"变暗"模式组中的混合模式,混合的结果刚好是相反的,这一点大家需要提前了解。"变亮"是变亮模式组中的第 1 个混合模式功能。其混合原理可以这样理解:通过对比每个通道的颜色信息,只留下基色图层或混合色图层中最亮的颜色作为结果色,黑色完全被替换。所以,变亮模式组就是让画面变亮并且黑色完全消失的混合模式。只是相对而言,"变亮"和"变暗"混合模式一样具有非常刚正的性格,它只认可"谁最亮保留谁"的结果论。由此导致的结果就是两个图层混合在一起有比较明显的边缘感和分割化,如图 3-33 所示。

图 3-33

总的来说,"变亮"模式只会做"谁更亮"这种选择题,所以关于谁是基色图层,谁是混合色图层,对结果是没有影响的。同时,由于像素之间只存在替换关系,所以对画面整体而言,并没有太大的对比度改变和结果的改变。"变亮"混合模式有 3 个很直观的预判效果:(1)两者颜色进行比较,只保留更亮的;(2)画面整体会变亮,黑色消失,但是对画面的对比度不会有太大影响;(3)即使改变基色图层和混合色图层的顺序,混合的结果也不会改变。

"滤色"混合模式

"滤色"混合模式会让画面整体变亮,混合色图层的亮度关系和基色图层的亮度关系并存。其混合原理可以这样理解:通过对比每个通道的颜色信息,将基色图层和混合色图层的颜色信息进行变亮混合,画面更亮,黑色不参与。也可以说,"滤色"是变亮效果"强强联手"的混合模式。在实际运用中,应当尽量选择比较灰或明暗关系明显的素材,否则很容易出现惨白的结果,亮部的所有细节全部变成白色,如图3-34 所示。

图 3-34

"滤色"是四大常用混合模式之一。之所以这么频繁地使用它,是因为它同"正片叠底"一样,过渡非常柔和。只要避免素材本身选择不恰当的因素,基本上可以利用它完成很多画面效果的处理,如雪景、雨天、夜晚、火焰等的制作。

案例：利用"滤色"混合模式制作雪景效果

案例位置	案例文件 >CH03>03> 案例：利用"滤色"混合模式制作雪景效果 .psd
视频位置	视频文件 >CH03>03
实用指数	★ ★ ★ ★ ☆
技术掌握	利用"滤色"混合模式制作雪景效果的技法和注意事项

在制作特殊气候环境的时候，需要对画面的色调进行调整，并且添加一些装饰性元素等。在这个过程中，选择合适的混合模式尤为重要。通过这个案例，可以简单、快速地改变环境，同时增加环境氛围。案例处理前后的效果对比如图 3-35 所示。

图 3-35

操作步骤

01 打开素材文件"女人.jpg"，如图3-36所示。

02 打开素材文件"雪景.jpg"，如图3-37所示。

03 将雪景素材复制到人物设计文件中，然后设置图层的"混合模式"为"滤色"，效果如图3-38所示。

图 3-36　　　　　　　　　　　　图 3-37　　　　　　　　　　　　图 3-38

04 将雪景图层暂时隐藏，然后使用"快速选择工具" ，选取人物并建立一个选区，如图3-39所示。

05 选择雪景图层，然后按住Alt键单击"图层"面板下方的"创建图层蒙版"按钮 ，如图3-40所示。

图 3-39　　　　　　　　　　　　　　　　　　　　　图 3-40

06 观察画面，会发现人物与背景不是太融合。选择"画笔工具"✒，修改"前景色"为黑色"（R:0,G:0,B:0）、"硬度"值为"0"、"不透明度"值为"30%"，然后在雪景图层的蒙版下方进行适当涂抹，让原图背景显现得更清晰一些，如图3-41所示。

07 打开素材文件"雪花.jpg"，然后将雪花素材复制到设计文件中，并设置图层的"混合模式"为"滤色"，如图3-42所示。

图 3-41

图 3-42

"颜色减淡"混合模式

"颜色加深"效果有点类似于在"色阶"调色面板里将左边黑色滑块往右边拖动的效果。同理，"颜色减淡"类似于在"色阶"调色面板将右边白色滑块往左边拖动的效果，越亮的地方受影响越大，也越容易直接变成白色。其混合原理可以这样理解：增加对比度来使画面整体变亮，并保留基色图层中的绝对暗部信息，如图 3-43 所示。

图 3-43

"颜色减淡"混合模式不仅会让画面亮色溢出，而且会增加画面的饱和度。在日常的设计工作中，笔者通常会利用该混合模式的这个特点制作一些光照效果，其效果相对"滤色"混合模式的效果而言更好看。当然，在实际操作中，可以通过极小的不透明度去控制照亮程度，因为它的效果确实太强烈了。

如图 3-44 所示，为了提亮图片中演唱会现场人群头部的高光，这里使用"画笔工具"✒给画面添加了一些黄色。针对同一种需求，如果这时候使用"滤色"混合模式，画面则会呈现出非常平的效果，这和预期相差太大。因为"滤色"混合模式融合了基色图层和混合色图层的亮度，所以整体都变亮了，即使在绘制的时候足够小心，很明显的高光效果也不会是我们所需要的。在"颜色减淡"混合模式下，可以大胆地在人物的头顶区域进行涂抹，如此最终的结果不会对黑色区域产生影响，而是会让头发的高光区域提亮并且依然保持了清晰度和对比度，甚至溢出的饱和度效果也是非常理想的。

图 3-44

"线性减淡"混合模式

"线性减淡"的效果就像在"颜色减淡"效果之上再进一步将黑色提亮，让画面整体变亮，并增加对比度和饱和度。当然，如果从算法来判断，就是通过对比每个通道的颜色信息，将基色图层和混合色图层相加，直接输出为"结果色"的，所以除了绝对的黑色，基本上都会增加。例如，用 50% 的灰度混合 50% 灰度，"结果色"就是白色。在日常工作中，一般会用它配合滤镜或调色工具使用，应用领域相对较少，这里就不过多解释了，如图 3-45 所示。

图 3-45

"浅色"混合模式

"浅色"混合模式是最后一个加入变亮模式组的成员，它的混合原理可以这样理解：通过对比混合色图层和基色图层所有通道颜色的总和，保留更亮的那一个。所以它不会产生新的颜色，只是通过比较留下更亮的颜色，如图 3-46 所示。

图 3-46

总的来说，在选择变暗模式组或变亮模式组中的混合模式时，会优先选择"正片叠底"和"滤色"这两个混合模式。这两个混合模式的过渡是相对柔和的，也是比较好控制的，其他的混合模式在特殊的情况下也可以使用，只是就笔者而言，通常会通过"正片叠底"结合调色工具去实现想要到的混合效果，这样的操作更加高效。单纯从"混合"角度而言，如果需要做出很好的效果，对素材本身要求非常高。基于此，笔者更愿意把时间花在调色上。当然，在学习阶段，如果可以了解每一组混合模式的特点及使用技巧，对后面的工作也会起到事半功倍的效果。

> **提示**
>
> 不同混合模式的效果有强弱之分，如果最终效果特别强，可以通过不透明度来控制它。需要注意的是，可以通过"不透明度"和"填充"来控制图层的显示。如果使用的是"正片叠底"或"滤色"混合模式，调整"不透明度"或"填充"，效果是一样的。例如，使用"颜色加深"和"减色减淡"这两种模式，效果会有一定的差别，并且最主要的区别是色彩溢出。这里以"颜色减淡"为例，当改变混合色图层的"不透明度"值为"50%"，或者"填充"值为"50%"时，可以发现调整图层"填充"值相比调整图层的"不透明度"值会让之前溢出的颜色更快消失，如图 3-47 所示。

"不透明度"值为 100%、"填充"值为 100%　　"不透明度"值为 50%、"填充"值为 100%　　"不透明度"值为 100%、"填充"值为 50%

图 3-47

3.1.2 画面去灰

前面介绍了变暗 / 变亮模式组，它们分别针对画面的亮部、暗部进行控制，但是叠加模式组的功能表现更强大，它能通过混合模式将"变亮"和"变暗"都表现出来，也就是人们所说的画面去灰。这里的灰指的是 50% 中性灰，任何一个叠加模式组里的混合模式都可以将 50% 中性灰排除，颜色离这个灰度越近，变亮、变暗效果越弱；颜色离这个灰度越远，效果自然就越强，如图 3-48 所示。

 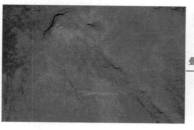 

图 3-48

通过图 3-48 可以看到，两张图片通过"叠加"混合之后完美地融合成一张图片。从最后的结果看，可以发现混合色图层中图片左边黑色的信息在最后的结果中保留较多，右边白色的墙面保留的信息较少，只是提亮了基色图层的图片纹理。当调整混合色图层中图片的亮部信息时，通过"曲线"命令让它右边亮部墙面变暗，降低到接近 50% 中性灰的程度，再来对比一下前后的区别，会发现白色墙面通过"叠加"混合模式几乎直接变成透明的了，如图 3-49 所示。

 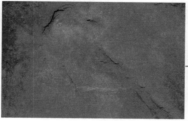 

图 3-49

"叠加"混合模式可以理解为"正片叠底"和"滤色"结合的混合模式，它保留了"基色"的明度层次，又保留了"结果色"的明度层次，当"基色"比 50% 中性灰亮时，则以"滤色"方式混合，若比 50% 中性灰暗，则以"正片叠底"方式混合。听起来似乎很简单，但它又是区别于"正片叠底"和"滤色"混合模式的。因为在"正片叠底"和"滤色"混合模式中，调换基色图层和混合色图层结果是不受影响的。对于"叠加"混合模式而言，它是基于基色图层的混合模式，是利用混合色图层的颜色信息往基色图层上叠加颜色，其结果更多的是反映基色图层的色彩纹理，保留的更多的是基色图层的明暗层次，如图 3-50 所示。

图 3-50

从图 3-50 可以发现，当"墙面"图层在下方时，是作为基色图层混合的，最后混合的结果是墙面纹理比较清晰。当"墙面"图层在上方作为混合色图层时，墙面纹理比较柔和。

如果觉得"叠加"混合模式效果太过强烈，可以选择"柔光"混合模式。从名字上就可以判断，"柔光"混合模式效果相对比较柔和，不会出现特别突兀的结果。例如，在给人像磨皮的时候倾向于选择"柔光"模式，但是并不能将"柔光"混合模式理解为减少不透明度的"叠加"模式，两者的效果看起来确实差不多，但也有区别。首先，"柔光"混合模式是基于"混合色"的模式，"叠加"混合模式是基于"基色"的模式，只是因为"柔光"混合模式的效果太弱，一般很难察觉，但可以通过复制多层混合色图层发现区别，如图 3-51 所示。

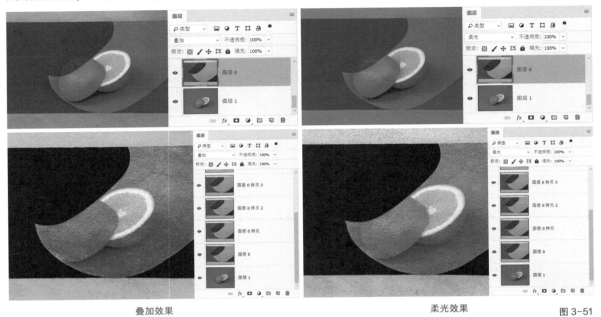

叠加效果   柔光效果   图 3-51

在实际工作中，"叠加"和"柔光"除了像上文运用在图案纹理的叠加上，还可以作为辅助用于调色和融图。

案例：利用"叠加"混合模式统一色调

案例位置	案例文件 >CH03>04> 案例：利用"叠加"混合模式统一色调 .psd
视频位置	视频文件 >CH03>04
实用指数	★ ★ ★ ★ ☆
技术掌握	利用"叠加"混合模式统一色调的技法和注意事项

本案例演示的是如何使用"叠加"混合模式统一新加入元素的色调。在合成设计中，常常会遇到当将新的元素融入到一个画面中时，出现很多不融合的情况，这时使用"叠加"混合模式进行处理，不仅效果好，而且非常方便。案例处理前后的效果对比如图 3-52 所示。

图 3-52

操作步骤

01 新建一个文档，打开素材文件"山.jpg"，自动生成"背景"图层，然后将其另存为"大鲨合成"，以PSD格式保存，如图3-53所示。

02 按快捷键Ctrl+J复制"背景"图层，将其命名为"图层1"，然后执行"滤镜>模糊>高斯模糊"菜单命令，在打开的对话框中设置"半径"为"5像素"，效果如图3-54所示。

图 3-53   图 3-54

03 选择"图层1"并添加图层蒙版，然后选择"渐变工具" ，在工具选项栏中单击"线性渐变"按钮 ，设置"工具预设"为"前景色到透明度" 的渐变效果，并设置"前景色"为黑色"(R:0,G:0,B:0)，之后在蒙版中从右下方往上拖动拉出渐变，如图3-55所示。

04 打开素材文件"鲨鱼.png"，然后将鲨鱼复制并粘贴到"大鲨合成"设计文件的最上方，并将图层命名为"鲨鱼"，如图3-56所示。

图 3-55   图 3-56

05 将"背景"图层复制到"鲨鱼"图层的上方并创建剪贴蒙版，设置图层的"混合模式"为"叠加"。执行"滤镜>模糊>高斯模糊"菜单命令，在打开的对话框中设置"半径"为70像素"，如图3-57所示。

06 在最上方新建"曲线"调整图层并创建剪贴蒙版，然后适当调整曲线，降低鲨鱼与画面的对比度，如图3-58所示。

 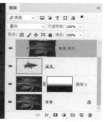

07 打开素材文件"山峰.jpg"，将山峰复制并粘贴到"大鲨合成"设计文件"鲨鱼"图层的下方，然后将图层重命名为"山峰"，设置图层的"混合模式"为"正片叠底"，如图3-59所示。

图 3-57

 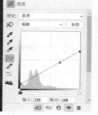 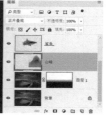

图 3-58   图 3-59

提示

在使用"叠加"混合模式统一色调之前，先进行"高斯模糊"，这是为了去除图像纹理，避免颜色中有太多纹理重叠的细节。

08 在"山峰"图层上方新建"曲线"调整图层并创建剪贴蒙版，然后适当调整曲线，让山峰的亮部更亮，天空部分完全消失，如图3-60所示。

09 选择"山峰"图层并添加图层蒙版，选择"渐变工具" ，在工具选项栏中设置"模式"为"线性渐变"、"工具预设"为"前景色到透明度渐变" （后文中如无特别强调，默认都是这个渐变色，不再重复提醒），并确定"前景色"为"黑色"（R:0,G:0,B:0）。之后在蒙版中从右下方往上拖动拉出渐变，如图3-61所示。

图 3-60　　　　　　　　　　　　　　　　　　　　　图 3-61

10 打开素材文件"烟雾.jpg"，然后将烟雾复制并粘贴到"大鲨合成"设计文件图层的最上方，再缩放到合适的大小，同时将图层重命名为"烟雾"，如图3-62所示。

11 选择"烟雾"图层，按住Alt键的同时单击"图层"面板下方的"创建图层蒙版"按钮 ，选择"画笔工具" ，修改"前景色"为"白色"（R:255,G:255,B:255）、"不透明度"值为"20%"。之后在图层蒙版中进行适当涂抹，让烟雾在鲨鱼下方显示出来，如图3-63所示。

图 3-62　　　　　　　　　　　　　　　　　　　　　图 3-63

12 打开素材文件"灯.jpg"，然后使用"选框工具" 将车灯选中，并按快捷键Ctrl+C复制车灯，如图3-64所示。

13 回到"大鲨合成"设计文件，将复制的车灯粘贴到所有图层上方，然后设置图层的"混合模式"为"滤色"，并将图层重命名为"光"，如图3-65所示。

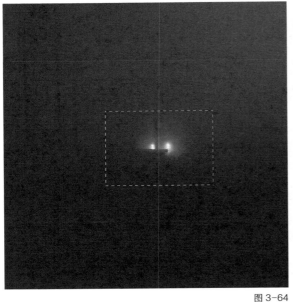

图 3-64　　　　　　　　　　　　　　　　　　　　　图 3-65

14 选择"光"图层，按快捷键Ctrl+M执行"曲线"命令，然后适当调整曲线，让黑色变得更黑，如图3-66所示。

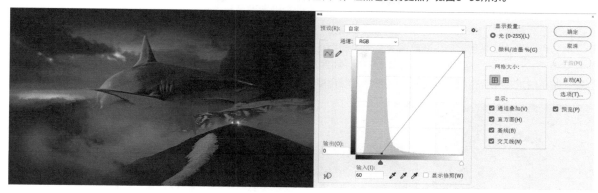

图 3-66

15 打开素材文件"鸟.jpg"，将整个图层复制到"大鲨合成"设计文件中，并置于"鲨鱼"图层的下方，同时设置图层的"混合模式"为"正片叠底"，最后缩放到合适的大小，如图3-67所示。

16 在最上方新建一个"曲线"调整图层，然后适当调整曲线，让画面整体变暗。选择"画笔工具" ，修改"前景色"为"黑色"（R:0，G:0,B:0）、"不透明度"值为"30%"，然后在蒙版中适当涂抹，给画面四周添加一些暗影效果，如图3-68所示。

图 3-67

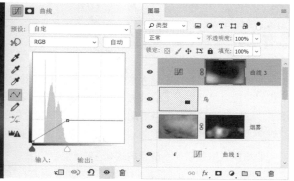

图 3-68

提示

"叠加"和"柔光"混合模式经常被用来做画面颜色的调和处理，使一个元素快速融入一个新背景。在上一个案例中，大家应该注意到我们复制了一层背景并对其进行了高斯模糊处理，这样就可以只保留画面大的色调了，然后将图层的"混合模式"改为"叠加"，让鲨鱼得到自然融入。当然，也可以选择"柔光"，只是因为这里需要更加强烈的变暗效果，所以"柔光"相对太柔和了。除此之外，还可以利用"叠加"和"柔光"混合模式降低画面的对比度，只需要将原图复制一层，然后按快捷键 Ctrl+I 对颜色进行反相处理，最后设置图层的"混合模式"为"叠加"或"柔光"即可，如图 3-69 所示。

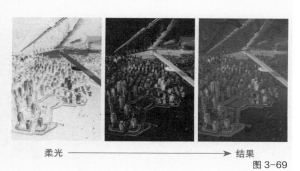

柔光 ——————▶ 结果

图 3-69

除了"叠加""柔光",叠加模式组其他混合模式效果比较强烈,一般在特殊的情况下才会使用。当然,它们之间存在很多联系,掌握其中的规律和特点有助于大家更加熟练地进行运用。

如果已经掌握了"叠加"混合模式,那么"强光"混合模式就比较好理解了。只需知道"强光"混合模式是基于"混合色"使"结果色"产生变暗或变亮效果的即可,它与"叠加"混合模式的区别就是混合色图层与基色图层位置交换。下面用一个苹果图片给大家演示一下,如图 3-70 所示。首先确定混合色图层的"混合模式"为"叠加",当交换基色图层和混合色图层位置时,只需将"混合模式"由"叠加"变为"强光",效果是一模一样的。

图 3-70

如果说"叠加"是"正片叠底"和"滤色"混合模式的产物,那么"亮光"就是"颜色加深"和"颜色减淡"混合模式的产物。"颜色加深"和"颜色减淡"混合模式最大的特点就是强对比,并且最终的结果是变亮或变暗取决于混合色图层的颜色,如果混合色图层的颜色比 50% 中性灰亮,则最终结果提亮,反之,则变暗。"亮光"也是基于"混合色"的混合模式,它在叠加模式组里是色彩饱和度递增最强烈的一个混合模式。同时大家要留意的是,"颜色加深""颜色减淡"通过改变"不透明度""填充"这两个值的效果是不一样的,"亮光"也继承了这一特点,如图 3-71 所示。

图 3-71

通过上面的学习,相信大家已经发现叠加模式组各种混合模式的混合规律了,它们都继承了变暗模式组和变亮模式组的特点。所以,"线性光"自然继承了"线性加深"和"线性减淡"特点的混合模式,而"点光"则是继承了"深色"和"浅色"特点的混合模式。只要将之前的变暗模式组和变亮模式组理解了,再融入"50% 中性灰"的概念,对于每种混合模式的效果大家都会有一定的预判性。

叠加模式组最后一个混合模式是"实色混合",它是一种较极端的叠加混合模式。当"基色"和"混合色"相加混合之后达到最大值 255 的时候,"结果色"是白色,反之,"结果色"为黑色。因此,基本上,"实色混合"的通道信息只有黑白两种颜色,呈现出来的画面轮廓边缘特别明显,并且只会出现 8 种颜色,即红、绿、蓝、青、品红、黄、黑、白。这里找了一张图片,将原图复制一层并将图层"混合模式"改为"实色混合",可以看到最终效果,如图 3-72 所示。

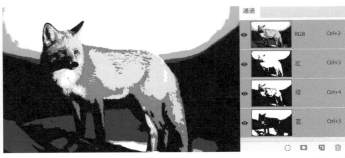

图 3-72

3.1.3 其他模式

前面介绍了变暗模式组里的"正片叠底"、变亮模式组里的"滤色"、叠加模式组里的"叠加"和"柔光"混合模式。这 4 个混合模式基本上可以完成关于"混合模式"90% 以上的工作，剩下的差值模式组在实际工作中一般用于完成非常特殊的效果，这并非本书的目的，也容易给大家造成困扰，因此不过多介绍。在颜色模式组中可以看到色彩的 3 大属性标签，即色相、饱和度和明度。除此之外，还有颜色混合模式，这 4 个标签解释如下。

色相混合模式：保留基色图层的饱和度和明度，色相被混合色图层的色相替换。

饱和度混合模式：保留基色图层的色相和明度，饱和度被混合色图层的饱和度替换。

明度混合模式：保留基色图层的饱和度和色相，明度被混合色图层的明度替换。

颜色混合模式：保留基色图层的明度，色相和饱和度被混合色图层的色相和饱和度替换。

这里将一张蜥蜴素材和彩灯素材进行"颜色混合"，可以很清晰地反映出每一种混合模式的特征和区别，如图 3-73 所示。

正常模式

色相模式

饱和度模式

颜色模式

明度模式

图 3-73

可能有人疑惑：为什么使用"色相"模式后，蜥蜴看起来变化不大？这是因为色相和饱和度有密切关系，这个案例中蜥蜴身体皮肤表面的颜色饱和度不高，所以即使在改变色相的情况下，也看不出太大的变化，如果想要"色相"模式有很大变化，只需单独增加蜥蜴皮肤颜色的饱和度，如图 3-74 所示。

图 3-74

案例：利用"颜色"混合模式快速融图

扫 码 观 看 视 频

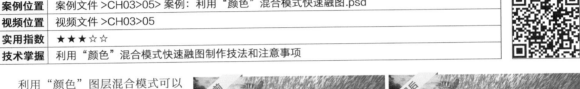

案例位置	案例文件 >CH03>05> 案例：利用"颜色"混合模式快速融图.psd
视频位置	视频文件 >CH03>05
实用指数	★★★☆☆
技术掌握	利用"颜色"混合模式快速融图制作技法和注意事项

利用"颜色"图层混合模式可以快速地将元素的色调进行统一，相比于利用调色命令控制，它更加直观且有针对性。案例处理前后的效果对比如图 3-75 所示。

图 3-75

操作步骤

01 打开素材文件"海底.jpg"，自动生成"背景"图层，如图3-76所示。

02 打开素材文件"乌龟.png"，并将乌龟素材复制到"海底"设计文件中，将其图层命名为"乌龟"，如图3-77所示。

03 将"乌龟"图层复制一层并创建剪贴蒙版，然后按快捷键Ctrl+I对颜色进行反相处理，然后设置图层的"混合模式"为"柔光"、"不透明度"值为"60%"，以降低海龟与画面整体的对比度，如图3-78所示。

图 3-76   图 3-77   图 3-78

04 选择"背景"图层，然后按快捷键Ctrl+J复制一层，并将复制的图层拖至"图层"面板最上方，然后创建剪贴蒙版。执行"滤镜>模糊>高斯模糊"菜单命令，然后在打开的对话框中设置"半径"为"80像素"，并修改图层的"混合模式"为"颜色"、"不透明度"值为"70%"，如图3-79所示。

05 观察画面，经过上一步操作之后，乌龟已经可以和海洋自然融入了，但是乌龟本身的颜色有丢失，需要进行处理。选择"画笔工具" ，修改"前景色"为"黑色"(R:0,G:0,B:0)、"不透明度"值为"30%"，之后在复制的海洋图层蒙版中进行适当涂抹，让乌龟头部的部分颜色得到还原，如图3-80所示。

图 3-79   图 3-80

可以说，通过"颜色"混合模式可以实现"基色"和"混合色"色彩属性的统一，以此达到画面融合的目的。其中，还可以利用颜色模式组中几种不同的混合模式相互进行组合来实现某种结果，例如，将结果色图层复制两层，其中一层的"混合模式"为"色相"，另一层的"混合模式"为"饱和度"。这样就代表了基色图层的颜色除了"明度"，都被混合色图层的替换了，并且这个最后的结果其实就是"颜色"混合模式的结果。

混合模式是 Photoshop 合成设计一个重要的知识点，掌握它可以帮助我们实现很多的纹理制作、色调控制等。当然，任何一个单一的命令在 Photoshop 中都很难发挥重大作用，要灵活运用各个命令的特点，只有相互结合使用才能做出更出色的效果。

3.2 混合模式的强化表现

使用混合模式可以产生千万种效果，但是对于设计师而言，主要有两个功能：一个是纹理强化，另一个是颜色强化。只要清楚这两点，在操作练习中会更加有目的性，操作或练习效率相对也会提高很多。

3.2.1 纹理强化

所谓纹理强化，指的是增强画面中某些元素的表现力，例如清晰与模糊、干净与破旧、安全与毁灭等。纹理强化是通过将一个素材混合到另一个素材当中，让它的特征变得更加明显，或者赋予它新的纹理特征。所谓颜色强化，指的是强化天气、光影、氛围等特点，一般用于画面最后的调色阶段，作为辅助调色技术。

仔细观察生活周边，可以看到很多我们习以为常、朝夕相伴的物品、人、植物等，它们各自的形态皆有不同，有的大，有的小，有的复杂，有的简单。但如果盯着某一个东西看，必定能看到更多平时看不到的东西，例如，当我们盯着窗外的一棵树看时，可能会看到树上还有叶子、鸟、树枝等；如果盯着树上的叶子看，可以看到叶子的颜色、叶子的叶脉、叶子破了个洞、叶子上有水珠等；如果盯着叶子上面的水珠看，可以看到水珠的形状、水珠的大小甚至自己的倒影等。而这些特点是很难被拍摄记录下来的，这时候就需要进行纹理强化处理了，将一些存在但不明显的特征放大，或者将素材当中丢失的纹理细节找回来。

案例：利用混合模式丰富场景的纹理特征

扫码观看视频

案例位置	案例文件 >CH03>06> 案例：利用混合模式丰富场景的纹理特征.psd
视频位置	视频文件 >CH03>06
实用指数	★★★★★
技术掌握	利用混合模式丰富场景纹理特征的技法和注意事项

本案例演示的是如何使用混合模式丰富场景的纹理特征。Photoshop 作为一款平面软件，提供了混合模式，利用这些功能可以像使用三维软件制作材质贴图一样为有造型的物体添加纹理细节。案例处理前后的效果对比如图3-81所示。

图 3-81

操作步骤

01 打开素材文件"街道.jpg"，自动生成"背景"图层，然后将文件另存为"街道合成.psd"。观察图片，发现街道看起来有点单调，需要一定的故事情节，将更多的细节展现给观众，如图3-82所示。

02 打开素材文件"天空.jpg"，并将其复制到"街道合成"文件中，然后设置图层的"混合模式"为"强光"，并将图层命名为"天空"。按快捷键Ctrl+T对天空进行自由变换操作，将天空缩放并移动到合适的位置，如图3-83所示。

图 3-82

03 将"天空"图层暂时隐藏，选择"背景"图层，执行"选择>色彩范围"菜单命令，用"吸管工具"吸取背景天空的颜色，并单击"确定"按钮，如图3-84所示。

图 3-83

图 3-84

04 得到选区后，打开"天空"图层，单击"图层"面板下方的"创建图层蒙版"按钮，给图层创建一个蒙版。观察图片，发现在抠图的时候天空处理得不够干净，使用"套索工具"选取天空以外的区域，然后在蒙版中使用"画笔工具"将选区涂抹成黑色，如图3-85所示。

05 继续观察画面，发现天空看起来过于明亮了。在天空上方新建一个"曲线"调整图层，将天空部分压暗。然后使用"多边形套索工具"选取除天空以外的区域，并在蒙版中填充为"黑色"（R:0,G:0,B:0），如图3-86所示。

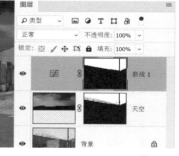

图 3-85

图 3-86

06 打开素材文件"地面纹理.jpg"，使用"选框工具"选取裂痕部分，然后复制并粘贴到"街道合成"文件的最上方，并将图层重命名为"裂痕"。按快捷键Ctrl+T对裂痕进行变形操作，使其与地面透视保持一致，如图3-87所示。

07 设置"裂痕"图层的"混合模式"为"正片叠底"，效果如图3-88所示。

08 在"裂痕"图层上方新建"曲线"调整图层，然后拖动白色滑块，让画面亮部更亮，直至"裂痕"的边框全部消失，如图3-89所示。

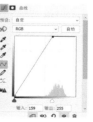

图 3-87

图 3-88

图 3-89

09 使用同样的方法在地面其他地方制作地面裂痕，如图3-90所示。

10 选取地面中的第2条裂痕，然后单击"图层"面板下方的"创建图层蒙版"按钮 ▣，给裂痕图层添加蒙版。选择"画笔工具"✐，修改"前景色"改为"黑色"（R:0,G:0,B:0），然后在蒙版中将街道石头区域涂抹成黑色，这样裂痕就在石头后面了，如图3-91所示。

11 打开素材文件"地面纹理1.jpg"，使用"选框工具"▢选取裂痕，然后复制并粘贴到"街道合成"文件的最上方，将图层重命名为"裂痕3"。按快捷键Ctrl+T对裂痕进行适当的变形调整，使其与地面透视保持一致，如图3-92所示。

图 3-90

图 3-91

图 3-92

12 设置"裂痕3"图层的"混合模式"为"正片叠底"，并在其上方创建"曲线"调整图层，然后适当调整曲线，让裂痕的亮部区域变得更亮，直至边框消失，如图3-93所示。

13 在"裂痕3"图层中创建一个图层蒙版，然后使用"画笔工具"✐将街道石头部分的裂痕在蒙版中涂抹成黑色，如图3-94所示。

14 打开素材文件"地面纹理3.jpg"，将整个图片复制并粘贴到街道文件的最上方，然后将图层重命名为"地面纹理"。按快捷键Ctrl+T对"地面纹理"进行适当变形，使其与地面透视保持一致，如图3-95所示。

图 3-93

图 3-94

图 3-95

15 设置"地面纹理"图层的"混合模式"为"正片叠底"，效果如图3-96所示。

16 在"地面纹理"图层上方创建"曲线"调整图层并创建剪贴蒙版，让"地面纹理"亮部更亮，直至边框消失，如图3-97所示。

图 3-96

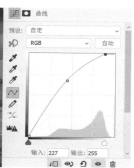
图 3-97

提示

在进行纹理叠加的过程中，随着叠加的纹理图层越来越多，很容易出现画面变脏的情况。因此，在叠加的过程中要注意对同一效果纹理的方向和强度进行控制。例如，在该案例中，会将裂缝表现为统一从左侧往右侧开裂的效果，避免杂乱。

17 选择"地面纹理"图层，单击"图层"面板下方的"创建图层蒙版"按钮■，给图层添加蒙版。使用"画笔工具"将街道石头部分的纹理在蒙版中涂抹成黑色，如图3-98所示。

18 打开素材文件"墙面文字.jpg"，然后将整个图片复制并粘贴到街道文件的最上方，将图层重命名为"文字"。按快捷键Ctrl+T对"文字"进行变形调整，使其与正面的墙面透视保持一致，如图3-99所示。

图 3-98　　　　　　　　　　　　　　　　　　　　　　图 3-99

19 修改"文字"图层的"混合模式"为"正片叠底"，在其图层上方创建"曲线"调整图层，让文字的亮部更亮，直至边框消失，如图3-100所示。

20 打开素材文件"墙面涂鸦.jpg"，用"多边形套索工具"⚐选取涂鸦部分，然后复制并粘贴到"街道合成"文件的最上方，同时将其所在图层重命名为"涂鸦"。按快捷键Ctrl+T对"涂鸦"进行变形调整，使其与右边的墙面透视保持一致，如图3-101所示。

图 3-100　　　　　　　　　　　　　　　　　　　　　　图 3-101

21 使用"魔棒工具"⚐选取"涂鸦"图层中的白色，然后按Delete键将白色删除，并设置"涂鸦"图层的"混合模式"为"叠加"，效果如图3-102所示。

22 观察画面，可以发现涂鸦的颜色太过艳丽了，并且路灯的柱子应该被完整地显示出来。选中"涂鸦"图层，按快捷键Ctrl+U打开"色相/饱和度"对话框，设置"饱和度"值为"-70"。使用"多边形套索工具"⚐将街道中的路灯柱子和后面绿色的箱子选中并创建选区。按住Alt键的同时单击"图层"面板下方的"创建图层蒙版"按钮■，给图层添加蒙版，效果如图3-103所示。

23 打开素材文件"墙面纹理1.jpg"，将整个图片复制并粘贴到"街道合成"文件中，然后将图层重命名为"纹理"。按快捷键Ctrl+T对"纹理"进行变形调整，使其与正面的墙面透视保持一致，如图3-104所示。

图 3-102　　　　　　　　　　　　图 3-103　　　　　　　　　　　　图 3-104

24 修改"纹理"图层的"混合模式"为"正片叠底"，效果如图3-105所示。

25 打开素材文件"墙藤.jpg"，将整个图片复制并粘贴到"街道合成"文件中，然后将图层重命名为"墙藤"。按快捷键Ctrl+T对"墙藤"进行变形调整，使其与正面的墙面透视保持一致，如图3-106所示。

26 设置"墙藤"图层的"混合模式"为"正片叠底"，然后在"图层"面板最上方创建"曲线"调整图层，让"墙藤"的亮部更亮，直至边框消失，效果如图3-307所示。

图 3-105

图 3-106

图 3-107

27 选择"墙藤"图层，按快捷键Ctrl+U打开"色相/饱和度"对话框，设置"饱和度"值为"-50"，效果如图3-108所示。

28 打开素材文件"爬山虎.jpg"，执行"选择>色彩范围"菜单命令，用"吸管工具"吸取绿色植物，得到一部分选区，如图3-109所示。

图 3-108

图 3-109

29 按快捷键Ctrl+C复制选区，然后回到"街道合成"文件，将复制的元素粘贴到文件的最上方，并将图层重命名为"绿植"，效果如图3-110所示。

30 选择"绿植"图层，按快捷键Ctrl+T对其进行变形调整，使其与左边的墙面透视保持一致，效果如图3-111所示。

31 在"绿植"图层上方创建"曲线"调整图层并创建剪贴蒙版，然后适当调整曲线，让"绿植"整体变暗，效果如图3-112所示。

图 3-110

图 3-111

图 3-112

32 选择"绿植"图层并创建图层蒙版，选择"画笔工具"，在蒙版中将绿植在地面的区域和石头区域涂抹成黑色，效果如图3-113所示。

33 打开素材文件"墙面纹理1.jpg"，将整个素材复制并粘贴到"街道合成"文件的最上方，然后将图层重命名为"纹理2"。按快捷键Ctrl+T对纹理进行变形调整，使其与右侧墙面完整贴合，效果如图3-114所示。

图 3-113

图 3-114

34 设置"纹理2"图层的"混合模式"为"叠加"。在"纹理2"图层上方创建"曲线"调整图层并创建剪贴蒙版，然后调整曲线，让素材亮部变暗，凸显正面的墙面，让画面更具层次感，效果如图3-115所示。

35 选择"纹理2"图层，单击"图层"面板下方的"创建图层蒙版"按钮 ■，给图层添加蒙版。选择"画笔工具" ✐，修改"前景色"为"黑色"（R:0,G:0,B:0），然后将路灯和箱子在"纹理2"图层蒙版中涂抹成黑色，如图3-116所示。

36 打开素材文件"警示牌.png"，将素材复制并粘贴到"街道合成"文件的最上方，并将图层重命名为"纹理2"，同时将其移动到灯杆旁边，如图3-117所示。

图 3-115

图 3-116

图 3-117

37 打开素材文件"箱器.png"，将素材复制并粘贴到"街道合成"文件的最上方，然后将图层重命名为"箱器"，并将它移动到正面墙左侧门附近，如图3-118所示。

38 对比观察处理前后的图片效果，会发现，经过处理之后，场景中的细节丰富了很多，并且更具故事性，如图3-319所示。

图 3-118

> **提示**
>
> 纹理制作最重要的两点是统一性和故事感。在这个案例中，如果需要让场景呈现出做旧的感觉，就需要将所有元素都做旧，不能出现只有局部做旧的情况；如果需要让场景呈现故事感，则可以在场景中添加人物、特殊的符号或文字等。

处理前

处理后

图 3-119

纹理强化是 Photoshop 合成操作中非常重要的一项技能，它可以使合成元素的质量和画面的画质有一个较大的提升，无论是平面设计师、数字绘景师、CG 原画师，还是三维设计师，都需要多加练习。更多纹理相关的知识可查看第 7 章内容。

3.2.2 颜色强化

颜色强化其实辅助的是调色，其主要功能包含两个方面：一个是对大环境的光和色调进行调整和渲染，另一个是对元素的融图进行辅助。针对大环境的光和色调的调整与渲染，一般使用变亮模式组里的混合模式进行处理。

案例：利用混合模式强化画面的色调特征

扫 码 观 看 视 频

案例位置	案例文件 >CH03>07> 案例：利用混合模式强化画面的色调特征.psd
视频位置	视频文件 >CH03>07
实用指数	★★★★☆
技术掌握	利用混合模式强化画面色调的技法和注意事项

本案例演示的是如何使用混合模式强化画面的色调。这个案例不仅对前面利用混合模式使色调统一的知识进行了复习，还对混合模式使用的更多技巧进行了更多的讲解。案例处理前后的效果对比如图 3-120 所示。

图 3-120

操作步骤

01 打开素材文件"海岸.jpg"，如图3-121所示。

02 打开素材文件"天空.jpg"，将其复制并粘贴到海岸文件中，然后将图层重命名为"天空"。按快捷键Ctrl+T对天空进行缩放并移动到合适的位置，然后设置图层的"混合模式"为"正片叠底"，效果如图3-122所示。

03 双击"天空"图层打开"图层样式"对话框，找到"混合颜色带"并控制"下一层"的黑色滑块，让画面右侧的山体更清晰地显示出来，如图3-123所示。

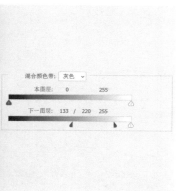

图 3-121   图 3-122   图 3-123

04 将"天空"图层复制一层，设置图层的"混合模式"为"正常"，然后单击"图层"面板下方的"创建图层蒙版"按钮 □ ，给图层添加蒙版。选择"画笔工具" ✔ ，修改"前景色"为"白色"（R:255,G:255,B:255），然后在蒙版中对天空中偏蓝色的区域进行涂抹，如图3-124所示。

05 新建空白图层，选择"画笔工具" ✔ ，修改"前景色"为"红色"（R:218,G:160,B:130）、"不透明度"值为"20%"，然后在天空消失线左边的高光部分进行涂抹，注意范围需要稍微大一点。更改"前景色"为"黄色"（R:239,G:221,B:137）、"不透明度"值为"20%"，在天空偏红色的区域进行涂抹，作为画面的高光部分，将图层命名为"高光"，如图3-125所示。

06 设置"高光"图层的"混合模式"为"强光"、"不透明度"值为"70%"，如图3-126所示。

图 3-124　　　　　　　　　　　　图 3-125　　　　　　　　　　　　图 3-126

07 新建空白图层，选择"画笔工具" ✔ ，修改"前景色"为"蓝色"（R:61,G:84,B:98）、"不透明度"值为"20%"，然后在画面的右上角涂抹几笔，并设置图层的"混合模式"为"正片叠底"，以将右上角压暗，如图3-127所示。

08 观察画面，发现画面整体对比度太过强烈，按快捷键Ctrl+Alt+Shift+E合并，所有可见图层，同时将合并的图层命名为"柔光"。按快捷键Ctrl+I对颜色进行反相处理，并修改图层的"混合模式"为"柔光"、"不透明度"值为"70%"，效果如图3-128所示。

09 在降低对比度的同时，高光部分丢失了细节。双击"柔光"图层打开"图层样式"对话框，找到"混合颜色带"，并控制"下一图层"的白色滑块，让高光出现，如图3-129所示。

图 3-127　　　　　　　　　　　　图 3-128　　　　　　　　　　　　图 3-129

案例：利用混合模式统一画面色调来融图

案例位置	案例文件 >CH03>08> 案例：利用混合模式统一画面色调来融图 .psd
视频位置	视频文件 >CH03>08
实用指数	★★★★★
技术掌握	利用混合模式统一画面色调来融图的技法和注意事项

扫码观看视频

本案例演示的是如何利用混合模式融图。就如前面说的，颜色的强化还有融图的作用。一般来说，判断一个元素是否融图，最常见的标准就是透视、光与色调是否一致。其中，色调是特别考验设计师调色能力的一个因素。处理前后的图片效果对比如图 3-130 所示。

处理前

处理后

图 3-130

操作步骤

01 打开素材文件"背景 .jpg"，如图 3-131所示。

02 打开素材文件"汽车.psd"，然后把汽车图层复制并粘贴到背景文件右下角的位置，如图3-132所示。

03 观察汽车和人物在画面中的效果，发现汽车与人物的对比度太强，色调和背景完全不融合。将汽车图层复制一层并创建剪贴蒙版，然后选中复制的汽车图层，按快捷键Ctrl+I对颜色进行反相处理，再设置图层的"混合模式"为"柔光"、"不透明度"值为"80%"，效果如图3-133所示。

图 3-131

图 3-132

04 将背景图层复制一层放至"图层"面板的最上方并创建剪贴蒙版，然后执行"滤镜>模糊>高斯模糊"菜单命令，在打开的对话框中设置"半径"为"200"，并修改图层的"混合模式"为"颜色"、"不透明度"值为"30%"。按快捷键Ctrl+J将制作好的图层复制一层，修改图层的"混合模式"为"柔光"、"不透明度"值为"70%"，效果如图3-134所示。

图 3-133

图 3-134

> **提示**
>
> 在控制图像颜色强度的变化时，有时候并不需要一味地调整颜色的色值或者参数。如果能通过调整图层的不透明度或图层混合模式来进行控制，则会大大提高效率。

05 在"图层"面板最上方新建空白图层并创建剪贴蒙版，选择"画笔工具" ✎ ，设置"不透明度"值为"30%"。按住Alt键的同时单击背景中最亮的颜色，在人物左侧涂抹一层高光，并设置图层的"混合模式"为"叠加"，效果如图3-135所示。

06 在"图层"面板最上方新建空白图层，选择"画笔工具" ✎ ，修改"前景色"为"亮黄色"（R:247,G:227,B:204）、"不透明度"值为"30%"，然后在人物的皮肤部位进行涂抹，并设置图层的"混合模式"为"滤色"。之后如果觉得效果太强烈，可以通过调整图层的"不透明度"来进行控制，如图3-136所示。

图 3-135

图 3-136

07 打开素材文件"雪花.jpg"，将整个素材复制并粘贴到背景文件的最上方，然后设置图层的"混合模式"为"滤色"、"不透明度"值为"60%"，效果如图3-137所示。

> **提示**
>
> 不可否认的是，图层混合模式对于小强度地更改颜色和色调确实非常有效，尤其是过渡效果让人感觉特别舒服。如果是大强度地更改颜色和色调，图层混合模式确实不如调色命令，它可能造成的问题就是颜色会失去层次，并且过于统一。虽然调色命令是主流的调色方法，但是若要真正掌握它，要求设计师对色彩理论有比较透彻的了解。学习本来就是一个融会贯通的过程，明白混合模式对于"颜色强调"的作用之后，就可以在合适的时候使用这个技巧。

图 3-137

第 **1** 篇

Photoshop 合成的基础知识

第 **4** 章

元素变形的操作技巧

在日常的设计工作中，很多设计师经常会遇到素材角度不对、造型不好看或太小 / 太大等问题，而这些问题都可以通过 Photoshop 的变形功能来完成。本章主要讲解元素变形的操作技巧。

◎ 常规变形技巧　　◎ 透视变形技巧　　◎ 特殊变形技巧

4.1 常规变形技巧

常规变形一般包含自由变换和内容识别缩放。在进行常规变形操作时，在多选图层或选择编组图层的情况下，"自由变换"里面除了"变形"命令都是可以正常使用的。

4.1.1 自由变换

"自由变换"（快捷键 Ctrl+T）是"编辑"菜单下的一个变形命令，这个命令非常方便，通过与 Ctrl、Shift 及 Alt 等按键结合使用，可以完成大多数常规变形操作，如图 4-1 所示。

执行"编辑 > 自由变换"菜单命令或按快捷键 Ctrl+T

在所选对象的最外围出现一个方形边框，通过控制边框的 4 个端点和 4 条边的中点来进行变形。如果没有出现边框，可执行"视图 > 显示"菜单命令。

单击并拖动边框的 4 个端点可以进行"缩放"

鼠标指针由▲变成⬩，并且在按住 Shift 键同时拖动对象可以进行等比例缩放；按住 ALt 键的同时拖动鼠标，对象以参考点为中心缩放（默认是图形正中心）；按住 Shift 和 Alt 键拖动鼠标就会以参考点为中心进行等比例缩放。

在边框外围拖动圆形可实现"旋转"变形

鼠标指针由▲变成↱。按住 Shift 键的同时旋转对象，对象会以 15°的倍数旋转。在默认情况下，以画面中心即默认参考点位置为中心进行旋转。

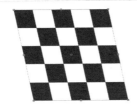

同时按住 Shift 和 Ctrl 键，单击 4 条边的中点，可实现"斜切"变形

同时按住 Shift 和 Ctrl 键并拖动鼠标，可实现斜切变形，同时按住 Shift、Ctrl 和 Alt 键拖动鼠标，可实现以参考点为中心的斜切变形。

按住 Ctrl 键单击边框的 4 个点，实现"扭曲"变形

按住 Shift 键的同时拖动端点，变形方向被锁定在水平或垂直方向；按住 Alt 键的同时拖动对象，对象会以参考点为中心变形，同时按住 Shift 和 Alt 键拖动对象，对象的变形方向被锁定在水平和垂直方向，并且以参考点为中心。

同时按住 Ctrl 和 Alt 键单击 4 个端点，实现"透视"变形

左右拖动鼠标会在水平方向透视变形，上下拖动鼠标会在垂直方向透视变形。

图 4-1

> **提示**
>
> 在 Photoshop CC 2019 中，自由变换的快捷键有调整，在操作中大家注意一下就行了。在进行自由变换的时候，参考点特别重要。一般情况下，参考点在外框的中心点，此时可以通过选择并拖动鼠标确认参考点的位置，或者按住 Alt 键在画面中单击，确认参考点的位置。参考点的位置会影响旋转、缩放等很多变形效果，在操作中一定要注意。此外，在进行自由变换的时候，在没确定操作之前，只要释放鼠标，就可以对其他变形效果进行操作。

案例：使用基础变换制作路面文字效果

案例位置	实例文件 >CH04>01> 案例：使用基础变换制作路面文字效果.psd
视频位置	案例文件 >CH04>01
实用指数	★ ★ ★ ★ ☆
技术掌握	使用基础变换制作路面文字效果的技法和注意事项

扫码观看视频

　　Photoshop 合成设计还要处理一些透视问题，在这个过程中，最基本的处理方法就是利用"自由变换"实现透视变形。下面利用简单的自由变换命令制作自然的路面文字效果。图片处理前后效果对比如图 4-2 所示。

图 4-2

操作步骤

01 打开素材文件"公路.jpg"，如图4-3所示。

02 使用"文本工具"T在画面中心单击并输入文字"加油 一路前行"，设置"颜色"为"白色"（R:255,G:255,B:255），如图4-4所示。

03 选中"文字"图层，在图层上单击鼠标右键，在弹出的快捷菜单中选择"栅格化文字"命令。之后按快捷键Ctrl+T执行"自由变换"命令，对文字进行"透视"变形，让文字贴合路面的透视效果，如图4-5所示。

图 4-3　　　　　　　　　　　图 4-4　　　　　　　　　　　图 4-5

04 确定变形效果后，为了让文字更好地融入地面，选择"文字"图层，调整图层的"混合模式"为"叠加"，效果如图4-6所示。

05 双击"文字"图层，打开"图层样式"对话框，找到"混合颜色带"，调整"下一图层"的黑色滑块，使文字与路面自然贴合，最终效果如图4-7所示。

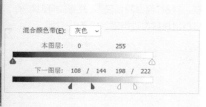

图 4-6　　　　　　　　　　　　　　　　　　　　　　　图 4-7

提示

　　这里需要注意的一点是，在选择单个图层且有选区被激活的情况下进行自由变换操作，是只针对该图层、该选区的图像进行编辑的。在任何情况下，只要对多个图层或图层组进行编辑，都会默认对所有图像一起进行编辑。

案例：使用连续变形制作星轨效果

案例位置	实例文件 >CH04>02> 案例：使用连续变形制作星轨效果 .psd
视频位置	案例文件 >CH04>02
实用指数	★ ★ ★ ☆ ☆
技术掌握	使用连续变形制作星轨效果的技法和注意事项

扫 码 观 看 视 频

在常规变形操作中，可以借用一定的技巧完成一些非常不错的视觉效果。例如，在 Photoshop 中执行"编辑 > 变换 > 再次"菜单命令（快捷键 Shift+Ctrl+T），可以重复上一次执行的变形命令，并且和"旋转"结合使用可以制作出星轨效果。图片处理前后效果对比如图 4-8 所示。

图 4-8

操作步骤

01 打开素材文件"星空.jpg"，如图4-9所示。

02 将素材复制一层，然后设置复制图层的"混合模式"为"亮光"，接着快捷键Ctrl+T执行"自由变换"命令，在按住Alt键的同时单击画面左下角，设置旋转中心，在上方的工具选项栏中设置"设置旋转"为0.1，按Enter键确认操作，效果如图4-10所示。

03 按快捷键Shift+Ctrl+Alt+T执行"再次"命令，并重复此命令70次左右，得到如图4-11所示的效果。

图 4-9　　　　　　　　　　　图 4-10　　　　　　　　　　　图 4-11

04 将变形的星空素材复制到画面的最上方，然后双击图层打开"图层样式"对话框，找到"混合颜色带"，并将"本图层"的白色滑块往左边拖动，如图4-12所示。

图 4-12

在常规变形操作中，还有一个重要的操作，那就是"自由变换"中的"变形"操作，也有人称它为"九宫格变形"命令。该命令可以满足人们制作一些更加复杂的变形效果，如图 4-13 所示。

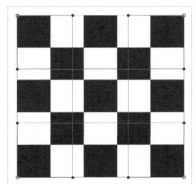

按快捷键 Ctrl+T，然后单击鼠标右键，选择"变形"命令

出现一个九宫格网格，可以通过控制所有的控制点、线、面完成变形操作。

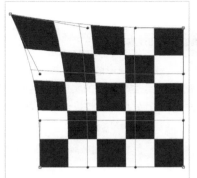

控制点

控制其中一个点的时候，会出现拉伸的曲线变形效果，而其他的控制区域不会受影响。

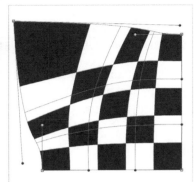

控制手柄

拖动控制手柄，可以改变曲线的形状，从而达到变形的效果。

控制交叉点

网格内还有 4 个交叉点，也可以对其进行控制。在控制交叉点的时候，可以看到外边缘已经被外围的 4 个点和 8 个手柄锁定。

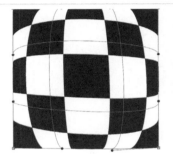

控制面

网格内被分割的 9 个面也可以单独控制，当改变它的时候，附近的点、手柄、交叉点都会跟着变化。

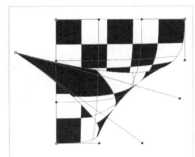

翻卷变形

假设图层为一张纸，可以让图像像纸一样翻卷，纸背面的内容和正面的内容是一样的。

图 4-13

提示

针对"变形"操作，除了可以手动控制网格进行变形，还可以通过"变形"选项栏中预置的形状进行控制，如"扇形""弧形""凸起"等。当选择了某一个预置形状后，只要重新设置为"自定义"，就可以在预置的形状之上控制变形了，如图 4-14 所示。

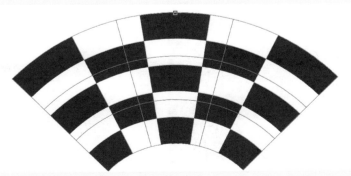

图 4-14

案例: 使用九宫格变形制作弧形场景

扫码观看视频

案例位置	案例文件 >CH04>03> 案例: 使用九宫格变形制作弧形场景.psd
视频位置	视频文件 >CH04>03
实用指数	★★★★☆
技术掌握	使用九宫格变形制作弧形场景的技法和注意事项

在众多 Photoshop 合成作品中，经常可以看到球形的画面，其中一个创作思路就是利用"九宫格变形"对地面进行变形，从而制作出球面效果。本案例除了演示变形工具的实用性，更多的是希望大家在操作中充分发挥变形工具的作用，而不是将其理解为一个单纯的命令。图片处理前后效果对比如图 4-15 所示。

图 4-15

操作步骤

01 在Photoshop中新建画布，设置"名称"为"球形草地"、"宽度"为"2600像素"、"高度"为"1640像素"、"分辨率"为"72像素/英寸"、"颜色模式"为"RGB，8位"。之后打开素材文件"草地1.jpg"，如图4-16所示。

02 将素材拖到"球形草地"文件中，并将素材图层命名为"草地1"。按快捷键Ctrl+T执行"自由变换"命令，然后单击鼠标右键，在弹出的快捷菜单中选择"变形"命令，并在工具选项栏中设置"变形"为"扇形"、"弯曲"值为50，设置完成后将素材整体缩放到画布右下角的位置，如图4-17所示。

03 使用"快速选择工具" ⟨ᐟ选取"草地1"图层的天空和远山部分并建立选区，然后在按住Alt键的同时单击"图层"面板下方的"添加图层蒙版"按钮 ▢，给图层添加蒙版，效果如图4-18所示。

图 4-16　　　　　　　　　　图 4-17　　　　　　　　　　图 4-18

04 打开素材文件"草地1.jpg",如图4-19所示。

05 将草地素材拖到"球形草地"文件中,然后将素材图层命名为"草地2"。按快捷键Ctrl+T执行"自由变换"命令,然后单击鼠标右键,在弹出的快捷菜单中选择"变形"命令,并在工具选项栏中设置"变形"为"扇形"、"弯曲"值为-50,并将素材整体缩放到画布左上角的位置,如图4-20所示。

06 使用"快速选择工具" ✐,选取"草地2"图层中的天空和远山部分并建立选区,然后在按住Alt键的同时单击"图层"面板下方的"添加图层蒙版"按钮 ▢,给图层添加蒙版,效果如图4-21所示。

图 4-19　　　　　　　　　　图 4-20　　　　　　　　　　图 4-21

07 打开素材文件"天空.jpg",如图4-22所示。

08 将天空素材拖到"球形草地"文件中,并将天空素材图层置于所有图层的下方,同时将其命名为"天空"。之后按快捷键Ctrl+T执行"自由变换"命令,将天空素材缩放到合适的大小并放在画布中的合适位置,如图4-23所示。

09 选择"草地1"图层,单击"创建新图层"按钮 ▯,在该图层上方创建新图层,并创建剪贴蒙版。将新图层命名为"草地1高光",并设置图层的"混合模式"为"叠加"。选择"画笔工具",设置"前景色"为"灰色"(R:199,G:185,B:184)、"不透明度"值为20%,之后在"草地1"的左边区域涂抹出一些高光,如图4-24所示。

图 4-22　　　　　　　　　　图 4-23　　　　　　　　　　图 4-24

10 选择"草地2"图层,在该图层上方创建新图层并创建剪贴蒙版,将新图层命名为"草地2高光",并设置图层的"混合模式"为"叠加"。选择"画笔工具",同样设置"前景色"为"灰色"(R:199,G:185,B:184)、"不透明度"值为20%,之后在"草地1"的右边区域涂抹出一些高光,如图4-25所示。

11 继续选择"草地2"图层,在该图层上方创建新图层并创建剪贴蒙版,将新图层命名为"草地2阴影",并设置图层的"混合模式"为"叠加"。选择"画笔工具",设置"前景色"为"墨绿色"(R:39,G:50,B:35)、"不透明度"值为30%,之后在"草地2"左边区域涂抹出一些阴影,并使其与"草地1"右下角的颜色接近,如图4-26所示。

12 打开素材文件"家庭.jpg"。使用"快速选择工具" ✐,分别选取图片中的3个人物,然后按快捷键Ctrl+J将3个人物单独复制出来,如图4-27所示。

图 4-25　　　　　　　　　　图 4-26　　　　　　　　　　图 4-27

13 将3个人物粘贴到"球形草地"文件中，然后快捷键Ctrl+T将人物等比例缩小并放置在右下角球形草地的路上，如图4-28所示。

14 在人物下方新建空白图层，并将图层命名为"人物阴影"，然后设置图层的"混合模式"为"正片叠底"。选择"画笔工具"✐，修改"前景色"为"绿色"（R:58,G:59,B:46）、"不透明度"值为20%，然后在每个人物的脚下绘制一些阴影。这里假设光线是从左往右照射的，所以阴影也从左往右绘制。之后将3个人物所在的图层和阴影图层全部选中，按快捷键Ctrl+G进行编组，并将组命名为"人物"，如图4-29所示。

15 打开素材CH04/03/长颈鹿.jpg。打开"路径"面板，然后选中存储的路径，按快捷键Ctrl+Enter创建选区，如图4-30所示。

图 4-28   图 4-29   图 4-30

16 回到"球形草地"文件中，按快捷键Ctrl+V进行粘贴，并将图层重命名为"长颈鹿"。按快捷键Ctrl+T对长颈鹿进行缩放并移动到右下角的草地中，如图4-31所示。

17 在"长颈鹿"图层上方创建新图层并将图层命名为"长颈鹿阴影"，然后设置图层的"混合模式"为"正片叠底"。选择"画笔工具"✐，修改"前景色"为"黑色"（R:58,G:59,B:46）、"不透明度"值为"20%"，之后在长颈鹿脚下适当涂抹出一些阴影，如图4-32所示。

18 在"长颈鹿"图层上方创建新图层并将图层命名为"长颈鹿高光"，然后设置图层的"混合模式"为"强光"。选择"画笔工具"✐，修改"前景色"为"亮红色"（R:233,G:202,B:187）、"不透明度"值为"20%"，之后在长颈鹿身体部分涂抹出一些高光，使其看起来与背景融合得更好，如图4-33所示。

图 4-31   图 4-32   图 4-33

19 打开素材文件"树1.png"，然后将该素材复制并粘贴到"球形草地"文件中，同时将素材所在图层置于所有图层的上方，并将图层命名为"树1"。按快捷键Ctrl+T对树进行缩放并移动到右下角路的一边，如图4-34所示。

20 选中"树1"图层，然后按快捷键Ctrl+J复制一层。按快捷键Ctrl+T 将复制的树移动并缩放到路的左侧，注意近大远小的关系。按快捷键Ctrl+L执行"色阶"命令，在打开的对话框中适当调整色阶参数，使复制的树对比度降低，以更好地融入到远景的天空中，如图4-35所示。

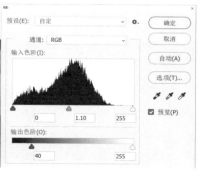

图 4-34   图 4-35

21 打开素材文件"树1.png"，然后将该素材复制并粘贴到"球形草地"文件中，同时将素材所在图层置于所有图层的上方，并将图层重命名为"树2"。按快捷键Ctrl+T对树进行缩放并移动到左下角建筑物的前方，如图4-36所示。

22 选中"树2"图层，然后按快捷键Ctrl+L执行"色阶"命令，在打开的对话框中调整色阶参数，使树整体的对比度和亮度降低，如图4-37所示。

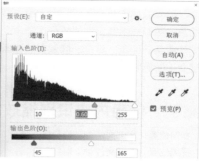

图 4-36

图 4-37

23 打开素材文件"马群.png"，然后将该素材复制并粘贴到"球形草地"文件中，同时将素材所在图层置于所有图层的上方，并将图层重命名为"马群"。按快捷键Ctrl+T对马群进行缩放并移动到左上角的草地上，如图4-38所示。

24 在"马群"图层上方创建新图层并将其命名为"马群高光"。选择"画笔工具"，修改"前景色"为"黄色"（R:187,G:179,B:88）、"不透明度"值为100%，之后在长颈鹿的身体部分涂抹出一些高光，使其与背景看起来更加融合，最后设置图层的"不透明度"值为30%，效果如图4-39所示。

25 打开素材文件"木栏.png"，然后将该素材复制并粘贴到"球形草地"文件中，同时将素材所在图层置于所有图层的上方，并将图层重命名为"木栏"。按快捷键Ctrl+T对木栏进行缩放并移至马群右侧，如图4-40所示。

图 4-38

图 4-39

图 4-40

26 打开素材文件"热气球1.png"，然后按快捷键Ctrl+T将"热气球1"缩放并移动到天空的右上角。按快捷键Ctrl+L执行"色阶"命令，在打开的对话框中调整色阶参数，让热气球整体的对比度降低，并将亮度提高，如图4-41所示。

27 打开素材"鸟.jpg"，然后将该素材复制并粘贴到"球形草地"文件中，同时将素材所在图层置于所有图层的上方，并将图层重命名为"鸟"，接着设置图层的"混合模式"为"正片叠底"。按快捷键Ctrl+T将鸟缩放并移动到天空的右上角，最后设置图层的"不透明度"值为60%，如图4-42所示。

28 打开素材文件"光效.jpg"，然后将该素材复制并粘贴到"球形草地"文件中，同时将素材所在图层置于所有图层的上方，并设置图层的"混合模式"为"滤色"，效果如图4-43所示。

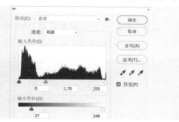

图 4-41

图 4-42

图 4-43

常规变形操作在设计师手上也能发挥巨大的作用。适当地改变形状可以让人耳目一新，而且可以有效地避免一些图片版权问题。不过需要特别注意的是，变形操作会损失图片质量，所以一般情况下不建议过度改变形状，主要还是根据场景的需求改变元素的大致形态，如根据风的方向改变火苗的方向等。

4.1.2 内容识别缩放

随着版本的更新，Photoshop 在内容识别的算法上越来越智能化。在常规变形之外诞生了一个新的智能变形缩放命令——内容识别缩放。这个命令可以有效地完成局部缩放，或者说是具有保护意识的缩放命令。只需在图像中选中某一区域，将这一区域存储在通道中，当执行"编辑 > 内容识别缩放"菜单命令的时候，会保护这一区域不受变形的影响。

案例：使用内容识别缩放制作场景

扫码观看视频

案例位置	案例文件 >CH04>04> 案例：使用内容识别缩放制作场景.psd
视频位置	视频文件 >CH04>04
实用指数	★ ★ ★ ☆ ☆
技术掌握	使用内容识别缩放制作场景的技法和注意事项

在变形操作过程中，利用"内容识别缩放"命令可以让图像局部不受变形的影响，从而制作出非常多有意思的作品，也可以辅助人们对场景进行缩放。图片处理前后效果对比如图 4-44 所示。

图 4-44

操作步骤

01 打开素材文件"儿童.psd"，然后选中素材所在图层，按快捷键Ctrl+T执行"自由变换"命令，适当调整整个图层的大小，如图4-45所示。

02 复制"背景"图层，然后使用"快速选择工具" ![icon] 将图中的两个小孩选中，单击鼠标右键，在弹出的快捷菜单中选择"存储选区"命令，在打开的对话框中设置选区的"名称"为"保护区域"，并单击"确定"按钮，如图4-46所示。

图 4-45

图 4-46

03 执行"编辑>内容识别缩放"菜单命令。在工具选项栏中设置"保护"为"保护区域"，以确保之前选区内的内容不受变形操作的影响，如图4-47所示。

图 4-47

提示

　　在进行内容识别缩放操作时，画面有可能会产生锯齿边缘，并且一般会在像素反差较大的位置出现。当遇到这类问题的时候，可以通过"污点修复画笔工具" ⊘ 适当涂抹锯齿边缘将其消除。同时，利用"内容识别缩放"命令也可以制作一些诙谐的画面效果。例如，在下面这张儿童图片中，将人物的头部作为保护区域，可以通过高度的拉伸制作出大人头小身材、小人头大身材等效果，如图4-48所示。

压扁　　　　　　　　　　　　　　　　正常　　　　　　　　　　　　　　　　拉高

图 4-48

4.2 透视变形技巧

　　在 Photoshop 中，有几个针对性解决透视问题的变形命令，它不仅可以有效地帮助人们处理单个物体的透视问题，而且可以进行场景整体的畸变校正等。

4.2.1 变换透视变形

　　对初学者而言，透视问题往往较容易出现在两个物体前后关系、上下关系的变化上。针对这个问题，可以先从最基本的叠盒子操作开始，与此同时，可以有效地训练大家处理三维空间中物体的能力，如图4-49所示。

　　在叠盒子的过程中，无论把盒子放在上方、左侧还是后面，盒子的位置、大小和方向都不对。其中，右图就是笔者的一位学生用自己的办法完成的结果，基本上只有一些小问题，如图4-50所示。

图 4-49　　　　　　　　　　　　　　　　　　　　　　　　　　　　　　　　　　　图 4-50

针对这个问题，比较推荐的办法是"拆面"，也就是将立方体的 3 个面拆开，然后按快捷键 Ctrl+T 执行"自由变换"命令，利用"斜切""扭曲"等操作一个面一个面地处理透视变形的问题。这样控制起来相对比较直观，也可以避免互相影响的问题，如图 4-51 所示。

图 4-51

拆面单独控制透视的方法应用的领域非常多，例如，汽车无法和街道在同一透视上、拼合建筑物的时候透视方向不对等。在这里需要单独提一下的是，"自由变换"命令的关键在于"自由"。就笔者看来，"自由"的概念并不是指提供了足够多的变形命令，让设计师可以完成任意变形操作。如果是这样，那么它应该叫作"Transform Toolbox"，而不是"Free Transform"了。在这里，笔者认为"自由"的概念是"不限制"，这一点大家需要好好思考。

4.2.2 操控透视

透视变形操作是 Photoshop 针对透视问题的操作，如果要正常使用它，一般对计算机硬件有一定的要求。按快捷键 Ctrl+K 打开"首选项"对话框，然后找到"性能"设置界面，在"高级图形处理器设置"对话框中确保选中"使用图形处理器加速计算"复选框，最后单击"确定"按钮，如图 4-52 所示。

图 4-52

案例：使用透视变形纠正汽车的透视问题

扫码观看视频

案例位置	案例文件 >CH04>05> 案例：使用透视变形纠正汽车的透视问题.psd
视频位置	视频文件 >CH04>05
实用指数	★★★★☆
技术掌握	使用透视变形纠正汽车透视问题技法和注意事项

"透视变形"命令的使用需要提前定义物体的四边形透视版面，然后控制定义好的四边形的锚点来控制透视变化。"透视变形"命令比较擅长处理直线和平面的图像，如建筑、汽车等。图片处理前后效果对比如图 4-53 所示。

图 4-53

操作步骤

01 打开素材文件"汽车.psd",然后打开"路径"面板,选择已保存的路径,按快捷键Ctrl+Enter创建选区,将汽车复制并粘贴到"场景"文件中,并将图层命名为"汽车"。按快捷键Ctrl+T将汽车整体缩放并移动到合适的位置,如图4-54所示。

02 选择"汽车"图层,然后执行"编辑>透视变形"菜单命令,在汽车右侧拖动出一个四边面,如图4-55所示。

03 控制四边面右侧的两个点,让四边面与汽车右侧的透视面相贴合,如图4-56所示。

图 4-54   图 4-55   图 4-56

04 在汽车左侧绘制一个四边面,绘制的时候从左往右拖动,拖到右侧与之前绘制的四面边贴近的地方,软件会自动捕捉对齐,如图4-57所示。

05 控制四边面左侧的两个点,让四边面与汽车正面的透视面相贴合,如图4-58所示。

06 在工具选项栏中设置"模式"为"变形",这个时候四边面的点会变为黑色,如图4-59所示。

图 4-57   图 4-58   图 4-59

07 控制右边四边面右侧的两个控制点,改变汽车侧面的透视,以路为参照对象,让它与环境的透视贴合,如图4-60所示。

08 控制左边四边面的控制点,改变汽车正面的透视关系,如图4-61所示。最终效果如图4-62所示。

图 4-60   图 3-61   图 4-62

　　对于图片来说,每一次变形都是在破坏图像的质量,因此这是一个减分的操作。在实际工作中,我们很少会对主要视觉元素进行变形,即使变形后的元素再完美,看起来也会感觉很奇怪。

4.2.3　"消失点"滤镜

　　"消失点"也是因透视而诞生的命令,它和前面介绍的工具不一样,更像是一个傻瓜式的透视工具,它可以将我们制作或复制的图像直接在三维空间中粘贴、移动、缩放等。

案例：利用"消失点"滤镜贴图和修补画面

扫码观看视频

案例位置	案例文件 >CH04>06> 案例：利用"消失点"滤镜贴图和修补画面.psd
视频位置	视频文件 >CH04>06
实用指数	★★★★☆
技术掌握	利用消失点滤镜贴图和修补画面的技法和注意事项

在 Photoshop 中，当对一张三维空间的照片进行贴图工作时，会面对大量的元素透视调整问题，这个时候只需要提前设置好"消失点"，就可以让 Photoshop 自动捕捉透视而变形，这是一个很神奇的命令。图片处理前后效果对比如图 4-63 所示。

图 4-63

操作步骤

01 打开素材文件"街道.jpg"，如图4-64所示。

02 打开素材文件"海报.jpg"，按快捷键Ctrl+A全选图片，按快捷键Ctrl+C进行复制，如图4-65所示。

03 回到街道文件中，执行"滤镜>消失点"菜单命令，打开"消失点"对话框，如图4-66所示。

04 选择"创建平面工具" ，然后沿着建筑右面的墙体通过单击的方式绘制一个四边面，使四边面与墙体透视相互贴合，出现一个透视网格。如果未出现网格，是因为透视的四边面不支持不正确的透视效果，这时候可以通过移动四边面的4个点来微调，直到出现透视网格，如图4-67所示。

图 4-64　　图 4-65

图 4-66　　图 4-67

05 选择"编辑平面工具" ▶ ，在按住Ctrl键的同时单击并拖动右侧网格左边的中点，如图4-68所示。

06 编辑左边透视网格中的两个控制点，让它与建筑左侧墙体相贴合，如图4-69所示。

图 4-68
图 4-69

07 按住Shift键的同时选择两个透视网格，然后拖动网格的点，让它把建筑完全遮盖住，如图4-70所示。

08 按快捷键Ctrl+V将之前复制的海报进行粘贴，将海报移动到透视网格内，海报会自动匹配透视关系，在这样的情况下，无论是移动海报还是缩放海报都会保持透视关系，如图4-71所示。

图 4-70
图 4-71

09 选择"矩形选框工具" □ ，将左侧墙体的右边框选中，如图4-72所示。

10 在按住Alt键的同时拖动选区中的内容到最左边，会在自动匹配透视关系的情况下替换原来的区域，如图4-73所示。

图 4-72
图 4-73

11 最终效果如图4-74所示。

"消失点"滤镜的使用是非常理想和克制的，它能紧紧地约束"后来者"的透视关系。从某一层面来看，它是非常好用的辅助工具。"消失点"对话框中左边工具栏提供了丰富的"绘制"和"编辑"命令，使得设计师有了更多的发挥空间。

图 4-74

4.2.4 "自适应广角"滤镜

"自适应广角"滤镜一般用于校正使用广角镜头拍摄造成的镜头扭曲问题。这里的校正有两种默认情况：一个是鱼眼效果，另一个是广角造成的内倾斜效果。"自适应广角"滤镜可以自动检查镜头的属性来校正变形，但是，一般情况下，在网络上下载的照片是被压缩的，相机信息大多已经被删除。所以，仍然需要手动来纠正倾斜的变形效果，并且在建筑照片中运用得特别多。

使用广角镜头拍摄的场景一般透视感特别强，就照片本身而言确实具有一定的风格，只是作为设计合成而言，有的时候需要校正这种变形来适应场景或文字排版需求。

案例：利用"自适应广角"滤镜进行场景搭建

扫 码 观 看 视 频

案例位置	案例文件 >CH04>07> 案例：利用"自适应广角"滤镜进行场景搭建.psd
视频位置	视频文件 >CH04>07
实用指数	★★★★★
技术掌握	利用"自适应广角"滤镜进行场景搭建的技法和注意事项

Photoshop 合成使用的建筑素材往往变形较大，从而导致整个画面透视很不和谐，这时可以使用"自适应广角"滤镜来纠正变形，同时可以让建筑显得更加方正、大气。图片处理前后效果对比如图 4-75 所示。

图 4-75

操作步骤

01 打开素材文件"主体建筑.jpg",如图4-76所示。

02 打开素材文件"场景建筑.jpg",然后执行"编辑>画布大小"菜单命令,设置"宽度"为"3540像素"、"高度"为"4300像素"、"定位"为下方中点,如图4-77所示。

03 将"主体建筑"复制到"场景建筑"中,会发现两张图片的透视不一样,主体建筑的倾斜度太大,如图4-78所示。

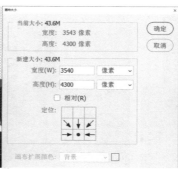

图 4-76 　　　　　　　　　　　　　　　　　　　　　　　　　　图 4-77 　　　　　　　　　　　图 4-78

04 回到"主体建筑"文件,执行"滤镜>自适应广角"菜单命令,打开图4-79所示的对话框。

05 选择"约束工具",然后沿着主体建筑左侧和右侧各绘制一条参考线,如图4-80所示。

图 4-79 　　　　　　　　　　　　　　　　　　　　　　　　　　　　　　　图 4-80

06 控制左右两个参考线的控制点改变建筑倾角度,如图4-81所示。

07 在路面使用"约束工具"绘制一条参考线,将弧形的地面变平直。然后在工具选项栏中设置"缩放"值为"130%",单击"确定"按钮,如图4-82所示。

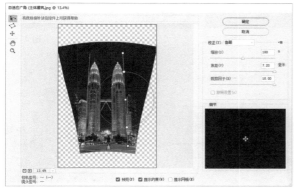
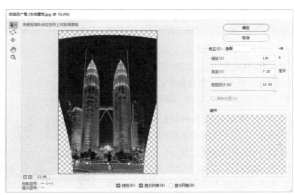

图 4-81 　　　　　　　　　　　　　　　　　　　　　　　　　　　　　　　图 4-82

08 将纠正之后的"主体建筑"复制并粘贴到"场景建筑"文件中，然后缩放到合适位置，并将图层命名为"主体建筑"，效果如图4-83所示。

09 使用"快速选择工具"，将"主体建筑"选中，得到选区后单击"图层"面板下方的"创建图层蒙版"按钮，为选区添加蒙版，效果如图4-84所示。

10 将"主体建筑"图层关闭，然后使用"钢笔工具"将"场景建筑"的天空部分选中。得到选区后按住Alt键的同时单击"图层"面板下方"创建图层蒙版"按钮，为选区添加蒙版，效果如图4-85所示。

图 4-83

图 4-84

图 4-85

11 将"主体建筑"图层打开，然后将"主体建筑"图层移动到"场景建筑"图层的下方，效果如图4-86所示。

12 将"主体建筑"往左边移动到画面的居中位置，然后将右下角的缺口部分用"仿制图章工具"补上，如图4-87所示。

13 使用"钢笔工具"将主图中站在镜头前的人物抠取出来，然后复制并粘贴到最上方的图层中，并将图层命名为"人物"，如图4-88所示。

图 4-86

图 4-87

图 4-88

14 在"场景建筑"图层上方创建"色彩平衡"调整图层，然后在调整面板中适当改变"中间调"，让画面偏青色和蓝色，如图4-89所示。

15 在"主体建筑"上方创建新图层并命名为"高光"，然后设置图层的"混合模式"为"滤色"。选择"画笔工具"，修改"前景色"为"白色"（R:255, G:255, B:255），设置"不透明度"值为"30%"，之后沿着主体建筑涂抹来提亮街道，如图4-90所示。

图 4-89

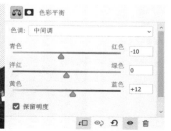
图 4-90

16 打开素材文件"街道夜景.jpg"，使用"套索工具"♀选中红色光束部分，如图4-91所示。

17 将选中的光束复制并粘贴到"场景建筑"中的"人物"图层下方，并将图层命名为"汽车光束"，然后快捷键Ctrl+T 将光束缩放到右下角的马路上，如图4-92所示。

图 4-91　　　　　　　　　　　　　　　　　　　图 4-92

18 修改"汽车光束"图层的"混合模式"为"滤色"，按快捷键Ctrl+M执行"曲线"命令，在打开的对话框中调整曲线，让黑色区域变得更黑，直至"汽车光束"的边框消失，如图4-93所示。

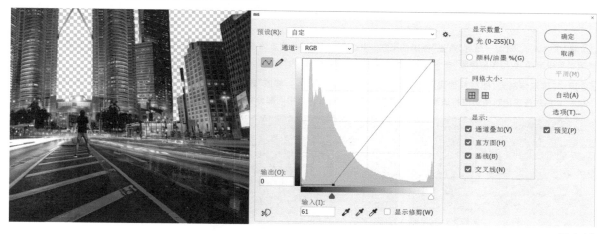

图 4-93

19 选中"汽车光束"图层，按快捷键Ctrl+U打开"色相/饱和度"对话框，降低饱和度并让红色偏黄色一点，如图4-94所示。

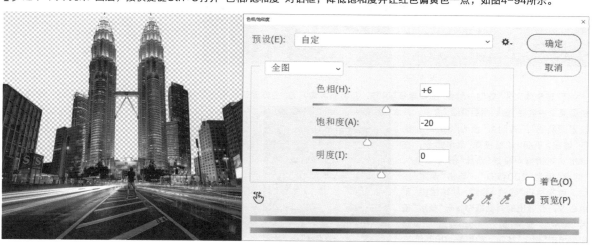

图 4-94

20 打开素材文件"天空1.jpg",然后将天空复制粘贴到"场景建筑"文件中"图层"面板的最下方,并将图层命名为"天空1",同时按快捷键Ctrl+T 将天空缩放到合适的大小,如图4-95所示。

21 打开素材文件"天空1.jpg",然后将天空复制并粘贴到"场景建筑"文件中"天空1"图层的上一层,并将图层命名为"天空2",设置图层的"混合模式"为"线性减淡"。之后按快捷键Ctrl+T 将天空缩放到合适的大小,效果如图4-96所示。

22 选中"天空2"图层并创建图层蒙版。选择"画笔工具"，修改"前景色"为"黑色"(R:0,G:0,B:0)、"不透明度"值为"30%",然后在"天空2"图层蒙版中的四周适当涂抹,只让中间区域出现星空效果即可,如图4-97所示。

图 4-95　　　　　　　　　　图 4-96　　　　　　　　　　图 4-97

23 将"主体建筑"复制一层到"高光"图层的上方,并将图层命名为"建筑体高光"。选中蒙版图层,然后单击鼠标右键,在弹出的快捷菜单中选择"应用图层蒙版"命令,同时设置图层的混合模式为"滤色",效果如图4-98所示。

24 选中"建筑体高光"图层并创建图层蒙版。选择"画笔工具"，修改"前景色"为"黑色"(R:0,G:0,B:0)、"不透明度"值为"30%",然后在主建筑两边进行适当涂抹,使两边变暗一些,并让中间部分看起来亮一些,如图4-99所示。

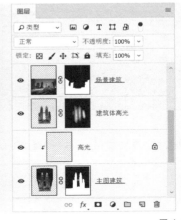

图 4-98　　　　　　　　　　　　　　　　　　　　　　　　图 4-99

25 将"建筑体高光"复制一层到"主体建筑"下方,并将图层命名为"主体建筑体积光"。选中图层蒙版,单击鼠标右键,在弹出的快捷菜单中选择"删除图层蒙版"命令,并设置图层的"不透明度"值为"30%",执行"滤镜>模糊>动感模糊"菜单命令,在弹出的对话框中设置"角度"值为"0度"、"距离"值为"200像素",单击"确定"按钮。再次执行"滤镜>模糊>动感模糊"菜单命令,在弹出的对话框中设置"角度"值为"90度"、"距离"值为"1200像素",设置完后单击"确定"按钮,如图4-100所示。

图 4-100

26 选择"人物"图层，按快捷键Ctrl+B执行"色彩平衡"命令，在打开的对话框中调整"中间调"，让人物偏冷色调，如图4-101所示。

27 在"人物"图层下方创建新图层并将图层命名为"人物阴影"，设置图层的"混合模式"为"正片叠底"。选择画笔工具 ✎ ，修改"前景色"为深蓝色"（R:61,G:69,B:84)、"不透明度"值为"20%"，在人物下方绘制一些阴影，如图4-102所示。

图 4-101

图 4-102

"透视变形"命令用于纠正元素的透视关系，虽然不像其他变形操作那样能够创造出多么惊奇的素材造型，但却是合成完成的基础。关于透视变形的更多知识可以查阅本书第 8 章内容。

4.3 特殊变形技巧

如果说前边讲到的变形操作是很多软件都具有的，那么接下来介绍的可以算得上是 Photoshop 特有的变形功能或命令了，如置换、极坐标、操控变形等。在日常工作中，针对很多需要反复变形才能完成的效果，利用 Photoshop 中的这些变形功能或命令就可以轻松搞定了。

4.3.1 置换

"置换"是根据置换图的明暗关系进行水平和垂直方向的变形。其中，白色是最大值的正极变形，黑色是最大值的负极变形，而 50% 中性灰不变形。简单地讲，就是用黑白关系模拟图像的凸起或凹陷变形。它是一个破坏力极强的变形命令，可以用于制作水波纹、破碎纹理等。在使用该命令的时候需要注意，我们一般会将图像转为黑白或灰度照片，因为"置换"是根据通道的颜色进行变形的，如果一个置换图有多个通道且都不一样，那么将会以第一个通道控制水平变形，第二个通道控制垂直变形。

在使用该命令的时候一般需要设置两个参数，第一个是置换的比例，数值越大则变形效果越大，第二个是选取置换图。

案例: 利用"置换"命令制作个人头像

扫码观看视频

案例位置	案例文件 >CH04>08> 案例: 利用"置换"命令制作个人头像.psd
视频位置	视频文件 >CH04>08
实用指数	★★★★☆
技术掌握	利用"置换"制作个人头像的技法和注意事项

设计师需要注重个人形象包装,因此头像的设计尤其重要。本案例利用几何线条,让线条贴合人物的结构进行扭曲,再进行简单的调色,就可以完成一幅很有艺术感的个人头像设计了。图片处理前后效果对比如图 4-103 所示。

图 4-103

操作步骤

01 打开素材文件"人物.jpg",如图4-104所示。

02 复制"背景"图层,按快捷键Ctrl+U打开"色相/饱和度"对话框,设置"饱和度"值为"-100",效果如图4-105所示。

03 执行"滤镜>模糊>高斯模糊"菜单命令,在打开的对话框中设置"半径"为"2像素"。按快捷键Ctrl+M 打开"曲线"对话框,适当调整曲线,拉大画面的对比度。最后,将文件另存为"置换图.psd",如图4-106所示。

图 4-104   图 4-105   图 4-106

04 打开素材文件"条纹.png",将条纹素材复制并粘贴到"置换图"文件中,并且置于所有图层的上方,将图层命名为"条纹",如图4-107所示。

05 为了方便观察,在"条纹"图层下方创建新图层,并将图层填充为"黑色"(R:0,G:0,B:0),效果如图4-108所示。

06 选中"条纹"图层,执行"滤镜>扭曲>置换"菜单命令,在打开的对话框中分别设置"水平比例"值和"垂直比例"值为"20",单击"确定"按钮,之后会弹出一个"请选择一个置换图"对话框,然后选中之前保存的文件"置换图.psd",并单击"确定"按钮确认操作,之后可以从扭曲的条纹中看到人物大概的形状,如图4-109所示。

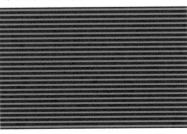

图 4-107   图 4-108   图 4-109

07 使用"快速选择工具" ⊘，将人物单独抠取出来，并放置在"图层"面板的最上方，如图4-110所示。

08 选中抠取的人物图层，执行"图像>调整>阈值"菜单命令，在打开的对话框中设置"阈值色阶"值为"50"，让人物只保留黑白图，再通过设置图层的"混合模式"为"正片叠底"让白色消失，只保留黑色剪影即可，最后让人物与图形完美融合，如图4-111所示。

图 4-110

图 4-111

"置换"的变形效果基本上都是由置换图决定的，如果置换图是水纹，那么置换的结果就是水纹的扭曲效果；如果置换图是墙面，那么置换的结果就是墙面破碎的效果，如图 4-112 所示。

图 4-112

4.3.2 "极坐标"滤镜

利用"极坐标"滤镜可以通过扭曲变形将平面的照片模拟出球形全景拍摄效果。一般而言，要达到"无缝"的球形图形效果需要两个必备条件：一是图像的收尾需要无缝拼接，二是图像需要是 1:1 的正方形。除此之外，可以注意到，"由平面坐标到极坐标"是由下往上翻卷变形的，因此在进行具体操作时，天空在画布上半部分还是旋转之后在下半部分对结果会有很大的影响。

案例：利用"极坐标"滤镜制作立体星球效果

案例位置	案例文件 >CH04>09> 案例：利用"极坐标"滤镜制作立体星球效果.psd
视频位置	视频文件 >CH04>09
实用指数	★★★★★
技术掌握	利用"极坐标"滤镜制作立体星球的技法和注意事项

扫 码 观 看 视 频

"极坐标"的效果非常令人惊喜，同时对素材的要求也比较高，在执行之前，需要对素材进行一些调整来避免执行命令后所产生的裂缝问题。图片处理前后效果对比如图 4-113 所示。

图 4-113

操作步骤

01 打开素材文件"上海.jpg",如图4-114所示。

02 按快捷键Ctrl+J复制"背景"图层,然后执行"滤镜>其他>位移"菜单命令,在打开的对话框中设置"水平"为"2000像素",效果如图4-115所示。

03 创建新图层并将其置于顶层,然后选择"画笔工具" ✐,在工具选项栏中设置"不透明度"值为"20%"。按住Alt键的同时吸取天空中的颜色,然后在中间的缝隙处涂抹,直至缝隙线消失。涂抹的时候需要反复按住Alt键,并单击以吸取天空附近不同位置的颜色,这个操作大概需要2~5分钟。最后,按快捷键Shift+Ctrl+Alt+E 合并并复制所有可见图层,如图4-116所示。

图 4-114 图 4-115 图 4-116

04 按快捷键Ctrl+T执行"自由变换"命令,将合并的图层旋转180°,如图4-117所示。

05 执行"图像>图像大小"菜单命令,在打开的对话框中单击"取消宽高比例约束"按钮 ⑧,并将"宽度"和"高度"均设置为"3000px",如图4-118所示。

图 4-117 图 4-118

06 执行"滤镜>扭曲>极坐标"菜单命令,在打开的对话框中选择"从平面到极坐标"选项,效果如图4-119所示,局部放大后的效果如图4-120所示。

图 4-119 图 4-120

案例：利用"极坐标"滤镜制作环形旋转效果

扫码观看视频

案例位置	案例文件 >CH04>10> 案例：利用"极坐标"滤镜制作环形旋转效果.psd
视频位置	视频文件 >CH04>10
实用指数	★★★★★
技术掌握	利用"极坐标"滤镜制作环形旋转效果的技法和注意事项

在日常设计工作中，利用"极坐标"滤镜除了可以制作立体星球效果，还可以制作球形全景图效果，并且步骤和之前差不多，区别在于需要手动调整扭曲的方向。图片处理前后效果对比如图 4-121 所示。

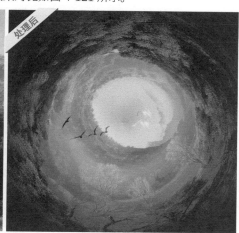

图 4-121

操作步骤

01 打开素材文件"森林.jpg"，如图4-122所示。

02 按快捷键Ctrl+J复制"背景"图层，然后执行"滤镜>其他>位移"菜单命令，在打开的对话框中设置"水平"为"1200像素"，如图4-123所示。

03 创建新图层，然后将图层置于所有图层上方，并将图层命名为"修补"。选择"仿制图章工具"，在工具选项栏中设置"样本"为"当前和下方图层"，并打开"画笔预设"选取器，设置"大小"为"500像素"，其他设置保持不变。按住Alt键，定义仿制源的位置为左侧森林中间位置，然后在画面中心位置涂抹，让森林和草地均匀过渡，如图4-124所示。

图 4-122

图 4-123

图 4-124

04 继续按住Alt键，定义仿制源的位置为右侧远山中间位置，然后在画面的中上方往左边涂抹，让远山均匀过渡。在这里，由于山峰的角度关系，很难让左右两边山峰的弧度统一，因此需要单独设置一下仿制源的角度。单击选项栏中的"切换仿制源"面板，在打开的面板中设置仿制源的"角度"为"-15度"，如图4-125所示。

图 4-125

05 给"修补"图层创建图层蒙版，然后选择"画笔工具"✐，修改"前景色"为"黑色"（R:0,G:0,B:0）、"不透明度"值为"30%"，之后在蒙版图层中适当涂抹，让两边过渡不均匀的地方变得更加均匀，如图4-126所示。

06 执行"图像>图像大小"菜单命令，在打开的对话框中单击"取消宽高比例约束"按钮⑧，设置"宽度"值和"高度"均为"2000px"。按快捷键Shift+Ctrl+Alt+E合并并复制所有可见图层，如图4-127所示。

07 执行"滤镜>扭曲>极坐标"菜单命令，在打开的对话框中选择"从平面到极坐标"选项，效果如图4-128所示。

图 4-126　　　　　　　　　　图 4-127　　　　　　　　　　图 4-128

08 使用"裁剪工具"✄把图片四周不需要的区域裁剪掉，然后按快捷键Ctrl+T将图像顺时针旋转90°，效果如图4-129所示。

09 创建新图层并将图层命名为"暗角"，选择"画笔工具"✐，修改"前景色"为"深灰色"（R:47,G46,B:45）、"不透明度"值为"30%"，将画面的4个角压暗，如图4-130所示。

10 打开素材文件"鹿.jpg"，使用"快速选择工具"✐，将鹿选中并进行复制，如图4-131所示。

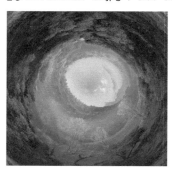
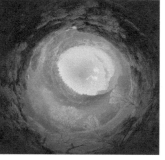

图 4-129　　　　　　　　　　图 4-130　　　　　　　　　　图 4-131

11 回到森林文件，按快捷键Ctrl+V将复制的鹿粘贴到文件中，并置于所有图层的上方，同时将图层命名为"鹿"。之后按快捷键Ctrl+T 将鹿缩放至合适的大小，并移动到画面偏右边的位置，如图4-132所示。

12 在"鹿"图层上方创建一个"曲线"调整图层▨并创建剪贴蒙版。适当调整曲线，让鹿更加自然地融入背景，如图4-133所示。

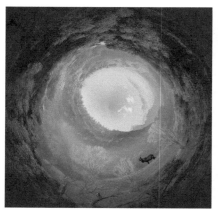
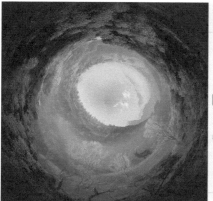
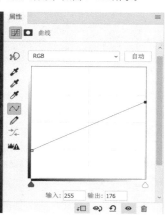

图 4-132　　　　　　　　　　　　　　　　　　　　　　图 4-133

13 在"鹿"图层上方创建新图层，然后创建剪贴蒙版并将图层命名为"烟雾"。选择"画笔工具" ✎，修改"前景色"为灰色"(R:153，G:152，B:149)、"不透明度"值为20%"，之后在鹿的下半身适当涂抹，营造出一些烟雾的效果，如图4-134所示。

14 打开素材文件"鸟.jpg"，将其复制并粘贴到"森林"文件中，同时置于所有图层的上方，接着缩放并移动到画面中的合适位置，最后将图层命名为"鸟"，如图4-135所示。

15 在"鸟"图层上方创建新图层并创建剪贴蒙版，选择"画笔工具" ✎，修改"前景色"为"白色"(R:255，G:255，B:255)、"不透明度"值为"30%"，然后在偏远方的鸟的位置进行适当涂抹，让画面整体呈现出近实远虚的自然视觉效果，如图4-136所示。

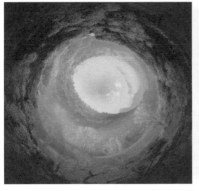 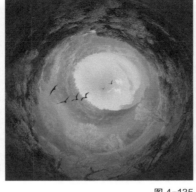 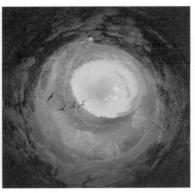

图 4-134　　　　　　　　　　　　图 4-135　　　　　　　　　　　　图 4-136

4.3.3 操控变形

　　"操控变形"操作直观、效果好，深受设计初学者的喜爱。"操控变形"要求在一个三角网格系统中通过设置并控制图钉来实现变形的效果，它一般用于改变动物的肢体动作和物体的扭曲变形。

　　使用"操控变形"最需要注意的就是图钉位置的设定。一般而言，如果改变动物肢体动作，会将图钉设置在动物的关节位置，这样可以确保变形效果看起来自然。如果用于物体的扭曲，一般会将扭曲设置为"图形"，这样可以确保变形效果看起来平滑、柔和。此外，在实际操作中，一般建议用最少的图钉去完成变形效果，这样可以确保将图片像素损失降到最低。

案例：利用"操控变形"控制长颈鹿的身体

扫码观看视频

案例位置	案例文件 >CH04>11> 案例：利用"操控变形"控制长颈鹿的身体.psd
视频位置	视频文件 >CH04>11
实用指数	★★★★☆
技术掌握	利用"操控变形"控制长颈鹿的身体的技法和注意事项

　　在很多情况下，都需要对素材的动作或形状进行适当的调整，而"操控变形"是控制动作、形状较快的命令。图片处理前后效果对比如图 4-137 所示。

图 4-137

操作步骤

01 打开素材文件"长颈鹿.psd",如图4-138所示。

02 选择"长颈鹿"图层,执行"编辑>操控变形"菜单命令,在长颈鹿身上会出现一些三角形的网格线,如图4-139所示。

03 单击动物关节位置的网格来设置图钉,控制头部的图钉来完成变形操作,图钉区域会被锁定不动,如图4-140所示。

图 4-138　　　　　　　　　　图 4-139　　　　　　　　　　图 4-140

04 现在感觉长颈鹿脖子过度僵硬,所以在长颈鹿脖子的位置添加一个图钉,如图4-141所示。

05 按快捷键Ctrl+H将网格隐藏,方便后续的观察与操作。将头部的图钉继续往下拖动,让它和长颈鹿的腿部相接触,可以看到长颈鹿的头部区域有一圈红色(实际上为背景的颜色),这是因为在工具选项栏中,默认"扩展"值为"2像素",之后需要修改"扩展"为"0像素"。同样的,如果让长颈鹿的腿在前方出现或在后方出现,可以通过调整选项栏中的"图钉深度"来实现,如图4-142所示。

06 按住Alt键,可以实现图钉的旋转操作,让图钉附近区域的像素旋转,以达到控制变形角度的作用。同样的,按住Shift键,可同时选择多个图钉,从而实现变形或移动的效果,如图4-143所示。

图 4-141　　　　　　　　　　图 4-142　　　　　　　　　　图 4-143

提示

　　如果在变形之前将图层变为"智能对象",那么几乎所有变形操作的变形记录和参数将会被保留。如果对变形结果不满意,可以通过再次执行这些变形命令来继续编辑之前的记录,这一操作非常实用。

案例：利用"操控变形"给盒子添加藤蔓

案例位置	案例文件 >CH04>12> 案例：利用"操控变形"给盒子添加藤蔓.psd
视频位置	视频文件 >CH04>12
实用指数	★ ★ ★ ★ ☆
技术掌握	利用"操控变形"控制藤蔓缠绕方向的技法和注意事项

"操控变形"只适合平面角度的变形操作，不能实现三维空间的变形。不过，"操控变形"有一个"扭曲"模式，在图片本身有一定变形的情况下，通过"扭曲"模式可以模拟出近大远小的视觉效果。图片处理前后效果对比如图4-144所示。

图 4-144

操作步骤

01 打开素材文件"盒子.jpg"，如图4-145所示。

02 打开素材文件"树藤.png"，将树藤复制到盒子文件中，并将图层命名为"树藤"。按快捷键Ctrl+T执行"自由变换"命令，将树藤逆时针旋转90°，如图4-146所示。

03 按快捷键Ctrl+J复制"树藤"图层，并将复制的图层重命名为"树藤-下"，并确保原图层隐藏不可见。选中"树藤-下"图层，执行"编辑>操控变形"菜单命令，在工具选项栏中设置"模式"为"扭曲"，然后在树藤的首末和中间位置分别添加一个图钉并控制图钉，让树藤在满足近大远小的情况下缠绕盒子。如果树藤的扭曲过渡不顺，可以在合适的位置继续设置图钉来对树藤的扭曲弧度进行控制，如图4-147所示。

图 4-145

图 4-146

图 4-147

04 确认变形后，使用"选框工具"选择瓶身上部分，然后按住Alt键的同时单击"图层"面板下方的"创建图层蒙版"按钮 □，给图层添加蒙版，让一部分树藤隐藏在盒子后面，如图4-148所示。

05 选择"树藤-下"图层，执行"滤镜>模糊画廊>场景模糊"菜单命令，进入场景模糊编辑界面。用鼠标在画面中单击设置左右两个模糊图钉，并设置左边图钉的"模糊"值为"0像素"，右边图钉的"模糊"值为"30像素"，模拟出一定的景深效果，如图4-149所示。

06 按快捷键Ctrl+J复制"树藤"图层并将图层重命名为"树藤-中"，同时确保图层可见。选择"树藤-中"图层，然后执行"编辑>操控变形"菜单命令，确保工具选项栏中的"模式"为"正常"，然后在树藤的首末和中间位置分别添加一个图钉，并让树藤缠绕盒子，如图4-150所示。

图 4-148

图 4-149

图 4-150

07 按住Alt键，旋转图钉来调整树藤的方向，同时添加更多的图钉来控制树藤的方向，如图4-151所示。

08 确认变形后，使用"选框工具"选择瓶身上部分，然后按住Alt键的同时单击"图层"面板下方的"创建图层蒙版"按钮 □，给图层添加一个蒙版，让一部分树藤隐藏在盒子后面，如图4-152所示。

09 按快捷键Ctrl+J复制"树藤"图层，然后将复制的图层重命名为"树藤-上"，并确保图层可见。为了避免各个部分的树藤太过相似，选中"树藤-上"图层，将其进行水平翻转，之后按照同样的操作完成整个缠绕效果的制作，如图4-153所示。

图 4-151

图 4-152

图 4-153

10 观察画面，发现最上边树藤的左边作为收尾并不好看，因此选中"树藤–上"图层并为其添加蒙版，然后使用"套索工具"♀，将收尾的部分选中，并在蒙版中填充为黑色，如图4-154所示。

11 按快捷键Ctrl+J复制"树藤"图层，并将复制的图层重命名为"树藤–尾部"，并确保图层可见。按快捷键Ctrl+T执行"自由变换"命令，将该图层中的树藤旋转并缩放至与"树藤–上"图层中的树藤完全衔接，再利用蒙版将多余的树藤隐藏，如图4-155所示。

12 将之前制作好的4个树藤图层全部选中，然后按快捷键Ctrl+J复制图层，并按快捷键Ctrl+E合并所有复制的图层，将合并的图层命名为"阴影"。将"阴影"图层移动到盒子图层的上面，执行"滤镜>模糊>高斯模糊"菜单命令，在打开的对话框中设置"半径"为"6像素"。修改"阴影"图层的"混合模式"为"正片叠底"、"不透明度"值为"60%"，并往下移动8像素。使用"选框工具"▢选取盒子区域，然后按住Alt键的同时单击"图层"面板下方的"创建图层蒙版"按钮▣，让一部分树的阴影只显示在盒子上方，如图4-156所示。

图 4-154

图 4-155

图 4-156

提示

　　除以上介绍的模式，"操控变形"还有一个模式是"刚性"。在这个模式下，元素的变形弧度较小，变形结果也比较生硬，因此不过多介绍。

4.3.4 其他滤镜

在 Photoshop 的"滤镜"菜单中有一个"液化"滤镜,该滤镜功能非常强大,可以实现推、拉、缩放等变形效果,也是目前图片处理较常用的一个滤镜。随着 Photoshop 版本的更新,"液化"滤镜也在不断地得到完善,现在已经可以智能识别人脸进行面部操控变形了。"液化"滤镜除了本身功能较强大,还可以保证变形时图片的像素质量不缺失,这也是很多设计师喜欢使用它的原因之一(与之相似的命令则是"涂抹工具" ,但是"涂抹工具" 在操作中会降低像素质量)。

"液化"滤镜在某些物体元素或人物的塑形方面也能发挥很大的作用。由于本书内容定位是合成技术的讲解,所以对该滤镜不再进行太过详细的介绍,需要了解的读者可以查看其他资料,其变形前和变形后的效果对比如图 4-157 所示。

图 4-157

在"滤镜"菜单中的"扭曲"滤镜组中也有众多变形滤镜,这些都是针对一些特殊变形的滤镜,只是相对而言,它们并不常用,因为其模拟出的水波纹、球面化等效果看起来并不十分理想,因此较多用于辅助效果,如反射、折射等效果的制作。

第 5 章

构图与空间

一幅好的设计作品应该能清晰地传达观者需要了解的信息,能够给人美的审美感受,能反映某种世界观,也能唤醒人们的好奇心,而这些与合成技法的运用是分不开的。本章针对合成设计的构图与空间知识进行讲解。在 Photoshop 合成设计中,构图与空间的处理就是将画面中的元素进行有目的的组合与摆放,传递出清晰的信息及美的视觉感受。

◎ 设计空间的表达　　◎ 层次的把控　　◎ 视觉焦点的把控

◎ 常见的构图关系与构图原则

5.1 设计空间

Photoshop 合成作品虽然属于平面作品，但其实非常讲究画面空间设计，例如，如何将画面中的主要元素恰到好处地放置在空间里，空间里每一个元素的位置及大小都会对构图产生影响。

我们在观看电影时会发现，一部好的电影除了靠演员精湛的演技支撑，还离不开摄影师、道具、灯光。镜头当中任何一个我们能看到的场景都是被设计出来的，通过对这些艺术作品的感知与体验，也可以学到很多构图方面的知识。

5.1.1 取景

取景即构图。虽然合成设计的构图和摄影的构图非常相似，但也有一定的区别。设计的构图是从一个空白的画面开始的，然后通过往里面堆放设计元素，并控制元素的位置和大小来进行构图。摄影的构图是在固定的环境下，通过光影和角度的控制，来展示摄影师镜头中的世界。前者更偏向于创造，后者更偏向于表达，这也就是为什么同样一个风景，不同的摄影师拍摄出来的元素是差不多的，但是表达的意境和角度是不一样的。

镜头远近的控制

关于镜头远近的控制，这里为 6 个方面进行讲解：全景、中全景、中景、中近景、近景与特写。

全景，指人物全身可见，将环境都展示出来。这种展示一般具有强对比关系，突出环境的特点，而人物的出现可能是为了表现孤独、单一的画面氛围，故事情节更多的是对一个过程进行描述，以此来表现人物在哪里、正在干什么等。如图 5-1 所示为巴西团队 Platinum 为医疗保险行业的客户 Unimed 设计的一张合成海报。画面中将周围环境完整地展示出来了，和视觉中心的场景进行视觉对比，似乎在表达和最亲的人在一起就是享受生活的多姿多彩。

中景指从人物腰部下面开始往上拍摄，人物在画面中占比增大，凸显人物的个性。这种取景形式比较多见，相对而言，它的故事描绘包容性较好，深受很多艺术家喜爱。如图 5-2 所示的是俄罗斯艺术家 Maks Kuznichenko 的个人项目 *The Addams Family*。

中近景指从人物腰部开始分割画面，人物成为画面的主体元素，通过这个取景来展示人物的着装、动作及与环境的互动。如图 5-3 所示为巴西艺术工作室 Raphael FS 为客户 Banco do Brasil 创作的一幅海报宣传作品，作品中的人物就是从腰部开始取景的，这样做的好处就是人物比较突出，同时又留了足够多的空间去表现产品、场景和文案。

图 5-1

图 5-2

图 5-3

近景指从人物胸部开始拍摄。人物元素与观者视线接近，能表现出非常细致的元素和故事，适合人物传记或个人主题的画面制作。如图 5-4 所示为由温子仁导演的电影《海王》的推广海报，从海报中可以看到人物在画面中所占的比例特别大，这会使观者更加注意海王的神态 / 盔甲等并突出硬汉的形象。

图 5-4

近景指对例如脸部、手部等局部的描述，通过在画面中露出少量线索来增加悬疑感，这类设计形式一般在创意合成类设计中比较常见。如图 5-5 所示为美国的摄影师 Dean West 的作品，Dean West 利用人物脚步的特写和水面的倒影创作了一幅作品。

图 5-5

提示

一般而言，笔者在平日创作中多采用全景、中景、中近景的取景方式进行设计。相对而言，这几种取景方式处理起来侧重点更明显，展示的内容也较完整。当然，这也不是绝对的，无论怎样取景都有它适用的场景，如果突出主要元素，自然近景比较好，但这样就会挤压其他的空间，背景空间被压缩会影响画面故事性的表达，所以最好先确定主要元素在哪里，再进行取景。

地平线位置的把控

取景还有一个非常重要的知识点，那就是地平线的位置。在画面创作之初，就应当确定好地平线在画面中的位置，这条线几乎是每一幅作品都必备的一条有意义的参考线。针对地平线在画面中的位置，可以按照以下 3 种情况进行区分说明，如表 5-1 所示。

表 5-1

地平线在画面正中心，过于对称，会使画面显得沉稳，构图单一，使用情况较少	地平线在下方，天空展示较多，画面显得大气，也更加通透，使用情况较多	地平线在上方，画面比较饱满，适合展示俯视镜头的画面，适合大场景俯瞰图

地平线在画面正中心

如果地平线在画面正中心，画面整体比较安静，缺少动感，不过画面会显得更加真实。如图 5-6 所示为智利艺术家 Renzo Vacarisas 的作品，是描述关于酗酒的公益性画面。观察画面，可以发现人物和地平线在画面偏中心的位置，整体给人以稳定、安全的感觉，地面上酗酒睡着的人与画面中心的人物形成对比，给观者以警示。

图 5-6

地平线在画面上方

如果地平线在画面上方，在取景的时候透视感就会增强，因为可能会是一个俯视的镜头，在这个情况下，如果是全景图，人物会显得更加渺小，画面比较丰满。当然，如果是中近景图，人物面对镜头会有一种向上的动态效果，而人物背对镜头会有一种俯视的透视效果。如图 5-7 所示为英国艺术家 Loaf Creative 的作品 *Merseyrail Leisure Campaign*，画面为了表现出城市的一些经典特色，将奇趣的元素和游客合成在一辆大巴车上，画面的地平线在画面上面，有一种动感。

图 5-7

地平线在画面下方

如果地平线在画面下方，取景则会以拍摄天空为主，主要展示的是场景的雄伟，如果人物背对镜头，则具有追逐梦想、青春气息十足的文化特点。如果人物面对镜头，则会为人物树立起高大的形象。如图 5-8 所示为俄罗斯摄影师 Denis Volkov 的作品，这幅作品为了展示出正义一方的"蝙蝠侠"形象，将地平线拉低，让"蝙蝠侠"看起来更加强大。

图 5-8

提示

一般来说，无论画面采用哪种取景方式，地平线在画面中的哪个位置，都需要特别注重人物元素在画面中的位置，因为人物总是更容易被观者看到。这里有一个不变的原则：人物头部与画面顶部保留一定的空间，这个空间会让画面显得更加通透，让画面中的人物看起来也比较舒适，否则画面会变得生硬，观者也会对头部被切掉一部分而感到困惑，如图 5-9 所示。

合适   不合适   图 5-9

不过，任何一个规则在一定情况下都可以被打破。如果人物作为前景辅助画面构图，其目的是凸显中景人物，在这种情况下，人物身体部分被空间分割就不会让人产生任何困惑，反而会让画面变得景深感更强，如图 5-10 所示。

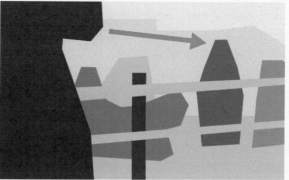

前景人物被裁切   视觉引导   图 5-10

地平线高低的选择应该尊重故事本身。假设要制作的是一个沙漠场景，需要表现关于沙漠的一个故事，这时候采用低位地平线，即地平线在画面下端，展现出来的画面会弱化沙漠的细节，并且凸显整体场景和天空环境。如果采用高位地平线，展现出来的画面会更加凸显沙漠的某一个局部，如图 5-11 所示。

图 5-11

构图空间的选择

在取景的过程中，除了需要关注镜头与画面主体之间的角度、距离，还需要关注取景的目的。一般来说，在创作前期要给每一幅作品设定一个故事。这个故事的展现会涉及构图方面的选择，也就是说，是选择开放式构图，还是选择封闭式构图。这里所谓的"开放"并不是指画面开放，而是思维开放，随着观者的文化、知识和意识的不断提升，大家似乎更期望看到自己意料之外的作品，开放式构图就是提取画面里最重要的一部分去讲述故事，剩下的让观者自己去思考、去推测。

封闭式构图

封闭式构图的最大特点就是画面可以完整地展示出来，所有的故事线索都在画面中直白地体现出来，它的作用在于清晰地描述一件事情。商业领域的视觉画面多采用这类构图。开放式构图常见于公益类的视觉设计，因为它更加引人入胜并引发人们的思考。美国艺术家 Mike Campau 设计的一款棒球主体的视觉画面，受到拉斯维加斯霓虹灯的影响，设计师将所有风格和元素内容都展示在画面当中，直白且有冲击力，如图 5-12 所示。

图 5-12

开放式构图

所谓开放式构图，就是在画面中掩盖一部分画面信息，让画面产生不确定性与想象的空间。除了内容和故事，开放式构图更加倾向于画面的不完整和构图的不对称，强调的是画外之音。开放式构图一般会故意隐藏一些真相，让读者怀疑眼前看到的内容，并进行更多的假想。

如图 5-13 所示，这是来自美国艺术家 Mike Campau 为 Samsung Galaxy S4 手机设计的一组视觉画面，主要是为了表现手机的保护功能，乍一看很难看到画面内容，画面的故事场景都被隐藏在手机里面，主体只露出一只手握着手机，代表使用者。

图 5-13

如图 5-14 所示，左图是一张封闭式构图，画面的焦点是小女孩的脸部。女孩抱着兔子，无论是画面颜色还是表情，都给人很舒服、温馨的感觉。同时从这张图片中可以知道，小女孩喜欢手中的兔子，故事清晰明了。接着，对这张图片进行裁切，只保留小女孩嘴部以下的部分，并把颜色也去掉，让画面的构图更独特。再看图片，人们会更多地关注女孩手的动作、微笑与兔子的眼神，画面会给人更多的思考，这就是开放式构图带来的魅力。

图 5-14

提示

在取景过程中，还要注意一个问题，那就是尺寸问题。一般来说，横尺寸更适合大型场景的制作，它包容的元素较多，画面感也较厚重。而竖的尺寸适合个人或单独表现某一主体的画面，包含的元素较少，画面感较轻盈，并且下坠感强。无论选择哪种尺寸，都需要在尊重展示媒介本身尺寸的基础上进行。

5.1.2 层次

所谓"近大远小，近实远虚"，讲的就是画面层次带来的视觉变化。画面的层次打造不仅可以靠空间位置的变化来实现，还与颜色深浅、空间前后、质量轻重及体积大小等有关。如果说"取景"决定着要讲述一个什么样的故事，那么"层次"就决定了要怎么去讲解这个故事。

例如，当人们在看一些恐怖惊悚的电影时，每次一到气氛特别紧张的时候，演员语调就会提高，声音变大，语速变快，或全身呈现出颤抖的状态，人们总会在这个时候特别紧张和集中注意力，因为潜意识知道即将要发生一些事情。当紧张感结束时，画面也会停缓一段时间，语速变慢，观者放松。这个其实就是紧张与舒缓的关系层次，让观者知道什么时候要集中注意力，什么时候要放松心态，这样有一种情绪的跳跃感。设计也是一样的道理，设计出层次的目的就是打破刻板沉闷的构图，制造节奏与惊喜，让画面层次更加丰富，进而博取更多观者的眼球。

如图 5-19 所示为意大利设计师 Davide Bellocchio 以冬季流感疫苗对老人的保护为主题设计的作品。画面中设计师通过让凶猛的白熊陪伴老人织毛衣来突出"保护"的含义。仔细观察画面，可以看到前景中的电视机已经模糊，这样做的目的是让人产生远近的层次感，背景墙后又开了一扇门展示墙后的厨房，瞬间让画面的景深感变强，空间层次更加强烈。除此之外，老人坐在椅子上，与站立的白熊有高低对比的层次感，如果老人站起来，画面就会因太饱满而显得呆板。老人和熊中间有一盏灯，其实也是为了营造明暗对比的层次关系，凸显出老人和熊的体积与质感，如图 5-15 所示。

图 5-15

在海报创意合成过程中，画面层次感的打造可以从 3 个方面着手。

明度关系的把控

对于设计师而言，应当具有将平面想象成三维空间的能力，其中比较有效的方法就是在构图的时候注意前景、中景和背景的明度关系。假设画面背景的天空是比较亮的，那么就要利用近景变暗来拉开画面的前后层次，否则画面会因为明度层次太少而显得没有空间感。

例如，在图 5-16 中，左边的图片整体偏灰，画面整体看起来不够通透，并且没有层次，天空的云朵也几乎稀薄得如烟雾一般。右边图片的远景最亮，湖面整体偏暗，天空中的云朵也有明暗关系，整个画面看起来饱满而有体积感。

图 5-16

如果是摄影作品，可能需要特定的天气和环境来获得理想的画面，作为设计师更多的是主动行为，要有意识地控制整个场景的明度层次，任何元素在自己面前都是可以控制的。这里以一张只有黑白灰层次的图片为例，如果画面背景中的天空最亮，就可以设定背景为亮色部分，中景为灰色即中间色部分，近景为暗色，如图 5-17 所示。

远景

中景

前景

图 5-17

明度层次在某种意义上决定了画面的区域分割，特别是在前期手稿阶段，都是用简单的 3 种明度颜色来表示自己的想法和大致构图的，画面的空间远近靠明度关系体现。虽然不用像绘画一样从结构线开始画，但手绘图确实有助于人们想法的表达和沟通效率的提升。当然，在真正的手绘阶段，除了明度关系，也要注意不同明度关系中它们分割的区域是否应该有互相包容和穿插的地方。例如，在上一个案例中，可以看到近景深色的树枝和人物穿过整个明度关系去分割画面，这也是一个层次的表达，除了有了前后空间的分割，也有了左右层次的分割。

> **提示**
> 明度关系的控制是构图乃至整幅作品较重要的一个要素，它不仅可以体现画面空间感，还能梳理画面元素的主次逻辑关系，引导读者的阅读顺序。

如图 5-18 所示为美国 CG 艺术家 Aleksandr Lyan 给电影 *Diggers* 绘制的电影插图。从作品中可以看到整个画面的明度层次关系，设计师利用了一些元素（如左图画面中的绳索和右图的两个人物）制造了黑白分割的效果，从而尝试打破画面。

图 5-18

当减少画面的明度层次关系时，画面就会慢慢变得扁平，空间感减弱，整体画面让人感觉沉闷。当然，这并不是说不好，如果有特殊要求，例如，一个烟雾笼罩或光线不足的场景，确实需要这种低层次关系去强调环境的氛围。即使如此，也只是有意识地弱化空间的明度层次，而不是没有层次。在这种情况下，往往要靠局部的明度关系去强化画面的质感，如反射层的高光、人造光源等。

如图 5-19 所示为新加坡插画师卢东彪绘制的一幅丛林雨季的画面。画面整体偏暗，没有很强烈的明度关系，但是依然可以看到一些局部细节反射的高光让画面变得通透。除此之外，在明度层次关系减少的同时，依然可以感受到空间感，这是为什么呢？透过树干间隙可以看到背后的树林，能感受到距离的远近，原因就是背景中的树枝虽然明度和前景差不多，但是对比度降低了很多，而且画面中有很厚重的烟雾效果。

图 5-19

清晰度的把控

画面有层次感的另一个重要原因，就是画面中物体的清晰度会随着与观者的视线渐远而降低。这是因为在真实环境中，空气虽然是看不到的，但实际上空气会影响视觉效果：越近的地方，物体光影关系越明确，看起来越清晰；越远的地方，物体光影关系变弱，清晰度降低，甚至慢慢融入背景，这就是人们常说的空气密度。在设计画面时，可以利用这个原理来营造画面的空间感，如图 5-20 所示。

正确   错误   图 5-20

前文提到，通过添加烟雾可以为低明度的画面增加空间纵深感，这个方法确实在很多场景中都非常有效。但需要注意的是，添加烟雾并非让远景的元素全都被烟雾遮住，因为那样远景将失去轮廓，画面仍然没有层次。使用烟雾在低位处进行渲染，会有意想不到的效果，这就是很多优秀的Photoshop 合成作品总会有烟雾出现的一个重要原因。当然，这个也和大气有关，从日常拍摄的照片就可以发现这个现象，如图 5-21 所示。

正确添加烟雾效果　　　　错误添加烟雾效果

图 5-21

提高清晰度还有一个非常有效的方法，那就是模拟景深效果。平日里人们所看到的大部分设计作品都是平面的，在这种情况下，合理地运用景深，可以引导观者的视线，有利于画面的叙事和构图，让画面更有层次，更具空间感，如图 5-22 所示。

所谓景深，就是模拟大光圈镜头对焦的效果，景深内的物体清楚，景深外的物体模糊，并且偏离焦点中心越远，物体模糊值越大。通过这种模糊与清晰的层次关系，让观者能够忽视模糊的元素，一眼看到清晰的主体对象。在实际的设计过程中，所谓的景深并不存在，需要自己设计场景，搭建景深效果。继续上一示例，示例中近景的人物和背景的房子都是设计进去的，它们既有助于信息的传递，又能让画面更有纵深空间感，如图 5-23 所示。

图 5-22　　　　　　　　　　　　　　　　　　　　图 5-23

对焦的元素（点）可以称作景，以景为中心，会有一个清晰的限制范围。景深根据大小的不同也会呈现出不同的视觉效果。浅景深清晰的范围很窄，深景深清晰的范围很宽。一般而言，对焦的主体离我们越近，景深越窄，前景和背景看起来虚化越严重；对焦的主体离我们越远，景深就越宽，前景和背景虚化程度相对越轻。除此之外，景深的效果还和镜头光圈设置有关，这里就不做过多论述了。

如图 5-24 所示为埃及设计师 Ahmed Nasser 设计的一幅玉米产品的宣传作品，这类静物展示场景最适合使用景深来为画面增加纵深感。虽然场景看起来简单，但也需要设计师精心准备素材，在画面中融入更多细节。

图 5-24

景深看起来是比较简单的，在 Photoshop 中选择前景和背景并进行高斯模糊就能制作出景深效果。但是，对于构图而言，需要在前景或背景设计一个元素或场景，才有可能制作出景深效果，即使它们最终会被虚化。同时，要特别注意元素的选择，因为它不仅仅是构图的需要，也是传递信息的需要，如图 5-25 所示。

前景放置绘画工具，展示人物的职业或爱好

前景放置门，展示办公的空间

前景放置花盆，营造温馨的环境

前景放置闹钟，暗示人物想起一件重要的事情

图 5-25

前景或背景可以选择环境元素，例如，地面上的树枝、闲置的油桶、一掠而过的人影等，这样可以直接地传递环境信息。也可以是一些隐性的元素，例如光、雪花、烟雾等，这样可以给画面营造一些特定的氛围。设计师在考虑这些元素时，如果有多种元素可选择，应当考虑更深层次的选择理由，例如，元素的造型是否对场景构图产生新的影响、元素的颜色是否会破坏画面等。

如图 5-26 所示是来自巴西艺术家 Diego Oliveira 创作的一个机器大战的场景作品，前景放置了一个机器人的腿部，它的出现不仅可以作为前景来增加纵深感，也为画面添加了机械化元素，更有意思是它的造型呈三角形，增加了画面的压迫感。在设计的过程中，并没有对前景使用虚化效果，而是采取降低清晰度的方法，这样可以增加近景机器人与远景机器狗对峙的力量感。

图 5-26

关于清晰度的把控，以及动态与静态的层次关系，在汽车或运动类型的海报合成作品中较常见。镜头取景捕捉的是一个正在运动的物体，镜头和物体是相对静止的，清晰度高，而背景反而成了运动的物体，呈现动感模糊的视觉效果。

美国艺术家 Daniel Sinoca 的汽车题材的作品就采用了这种手法来突出汽车行驶过程中的速度感，如图 5-27 所示。

图 5-27

节奏感的把控

当利用明度或清晰度展现作品层次的时候，画面的纵深感已经被设计出来了。但是，在使用这些技法时，也应当注重节奏感的把控，就好像前面提到的观者观看惊悚电影一样，虽然观者知道会有紧张和舒缓的故事、画面情节，但什么时候让观者产生紧张的情绪、时间持续多久、什么时候让观者产生舒缓的情绪、舒缓的情绪与紧张情绪间隔多久，以及频率如何，都是有讲究且需要适当安排的，合适的节奏才会让观者完全投入进去。

设计亦如此，在明度层次中，黑、白、灰 3 层关系会互相穿插影响、分割画面。这个时候黑白画面被分割的区域大小尤其重要，应当让画面看起来像是被精心设计的，而不是胡乱摆设而已。

与此同时，很多优秀作品里面会运用元素的位置、大小、明暗、虚实打造空间的节奏感，让观者觉得画面的分割是有据可循的，阅读的时候是有节奏的。其中，人们经常关注的就是元素之间的疏密关系，它是控制节奏比较有效的方法。

如图 5-28 所示为爱尔兰艺术家 Edward Delandre 绘制的一幅丛林画面，树干与背景的疏密关系把控得非常好。

图 5-28

当然，也可以将节奏理解为是在重复中寻找规律，让观者的眼睛随着节奏而左右移动或上下跳动。这种跳动越大，画面的对比就越强，节奏感也越强；跳动越小，画面的对比就越弱，节奏感也越弱。这里所说的节奏，包括明度层次的节奏、景深的节奏及元素轮廓的节奏等，如图 5-29 所示。

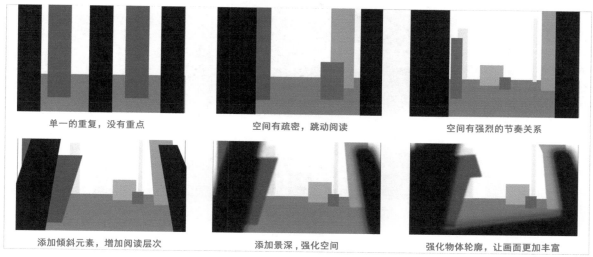

| 单一的重复，没有重点 | 空间有疏密，跳动阅读 | 空间有强烈的节奏关系 |
| 添加倾斜元素，增加阅读层次 | 添加景深，强化空间 | 强化物体轮廓，让画面更加丰富 |

图 5-29

5.1.3 平衡

在海报创意合成中，保持画面的平衡是构图的核心。不平衡的画面显得很乱，重心不稳，甚至出现头重脚轻的情况。平衡的画面会让人心情愉悦，并且注意力集中。

平衡分为静态平衡和动态平衡，下面对这两方面进行分析与讲解。

静态平衡

静态平衡涉及一个概念，即视觉重量。画面中任何一个元素都存在视觉重量，它是影响画面平衡比较关键的要素。大家都知道，黑色看起来比白色重，虚化的物体看起来比实体物体轻，大的物体看起来比小的物体重，这些都是视觉重量。如果一张画面中视觉重量保持左右对称，或者重量都在画面中心，可以说它遵循了静态平衡这个原则，如图 5-30 所示。

图 5-30

一般来说，画面中心两边的元素大小、位置、明度都差不多，观者的眼球一般会盯着画面的中心和中心轴两边，在这种情况下，画面的张力相对降低，因此很多设计师都不太喜欢这种构图。实际上，如果能将中心对称的静态平衡手法运用到合适的地方，也可以带来很多创意。

如图 5-31 所示为挪威的设计机构 Good Morning 给品牌"可口可乐"设计的一张关于奥运会的海报，采取的就是对称式静态平衡构图，但是仔细观察作品本身，可以发现里面有非常多的体育项目元素。

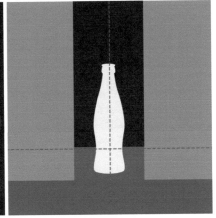

图 5-31

动态平衡

动态平衡，指的是画面两边的视觉重量是对称的。不过，也有很多两边视觉重量不对称的作品，这样的作品能够让画面产生对比和张力，显得更加活跃且让人感到兴奋。这里所说的视觉重量不对称，指的是两边的元素大小、颜色、位置都不一样，但是画面总体的视觉重量是平衡的，给人一种夸张而舒适的平衡感，也让构图变得更加有趣。

如图 5-32 所示是来自印度尼西亚的 Apix10 Studio 的一组作品。观察第一张图，可以看到视觉重心的位置整体是偏右的，这样可以造成一种不平衡的动感，视觉整体的平衡是依靠左边距离中心较近的狗盆和距离中心较远的地毯来保持的。观察第二张图，右边被一个占面积较大的人物填充，左边与之平衡的是家具和一些相对占面积较小的人物。

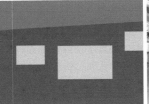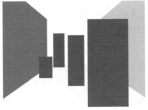

图 5-32

在考虑视觉平衡的时候，首先需要问自己："这幅作品是否需要居中？"居中的平衡也叫对称的静态平衡，这类平衡构图方式适合制作一些雄伟的、庄重的视觉画面，或者非常具有安全感、宁静效果的画面。同样，这类平衡是人们生活中比较常见的一种平衡，如人的五官、一些经典的建筑结构等。但对 Photoshop 合成设计师而言，他们经常追求的并非这种对称的构图，更多的是追求"和谐"的构图形式，也就是整体平衡。如果画面没有特别要求静态平衡，那么一开始就可以将画面的主视觉摆放在偏离中心的位置，然后大胆地进行创作。

如图 5-33 所示为哥伦比亚的艺术家 Roberto Rivera 创作的作品 *Lemovit / Procaps*。从图中可以看到，主视觉人物被放置在画面左侧，右侧通过放置亭子和树来与人物的重量达到平衡。

图 5-33

5.2 视觉焦点

构图的最终目的是清晰地传递信息，所有信息中真正重要的重点只有一个，那就是视觉焦点。

设计是一个复合性的工作，要处理的问题太多，但每个人的初心就是希望自己的作品传达的内容被观者一眼就看到。对于观者而言，他们看一幅作品第一眼停留的时间可能不到 3 秒钟，如果吸引不了观者，可能 6 秒钟就会被人忘记，这是一个"残酷"的事实。所以，在设计构图的时候只能突出一个重点，如果尝试将所有信息都一次性地突出，就会造成焦点太多以至于没有焦点，不但观者容易被误导，作品也会看起来杂乱无章。

5.2.1 突出主体

在创作前期，笔者一般会反复问自己一个问题，那就是画面的主体是什么。只要确定了主体，后续所有工作都将围绕这个主体去进行构图、配色、合成等。突出主体对构图来说是非常重要的，它是引导我们构图的一个思路。

主体突出能够立刻抓住观者的眼球，让主体突出有效的方法就是对比，也可以称为差异化。这里所说的对比，主要包含明暗对比、虚实对比、色调对比等。

明暗对比

在夜晚抬头看星空的时候，第一眼看到的可能就是月亮，这是因为人眼总是会被发光的东西所吸引。在画面中，通过明暗对比，让主体成为画面中最亮的部分，就可以快速地让观者看到它。如何让主体最亮，除了固有色，用光是一个很有效的方法。

德国艺术家 Robert Grischek 在为宝马 7 系产品拍摄画面的时候，就是利用光去锁定观者的目光的，让观者一眼就看到画面当中的车。除此之外，光也造就了车身完美的质感和线条感，如图 5-34 所示。

图 5-34

在海报合成创作过程中，除了利用光线照亮主体，也可以利用主体元素本身的特点来使其突出。例如，有些主体元素具有高反光的特点、有些元素本身可以发光等，这些都需要设计师自己去挖掘和设计。

如图 5-35 所示为印度艺术家 Himanshu Bhagat 为宝马卸车设计的广告作品，设计师利用点亮汽车前灯打开的办法，使主体瞬间成为画面当中最亮的部分。

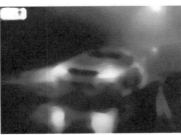

图 5-35

> **提示**
>
> 当然，无论是采用环境光照亮主体，还是采用主体本身的光突出主体，都应该尊重现实本身。例如，在白天的环境下，打开车灯以突出主体给人感觉就是很奇怪的，不但会让人疑惑，还会由于曝光问题导致细节丢失。

明暗对比还有个非常用重要的技巧，那就是对比度。对比度会产生非常强烈的视觉效果，在光线不够充足的情况下，可以尝试让主体成为画面中对比度最强的那个物体，这样也可以起到突出主体的作用。

如图 5-36 所示为巴西 UNHIDE 学院的一幅后期作品 *Fossil*。观察画面，会发现中间化石区域的对比度是最强的，里面的黑色也是画面中最深的颜色，虽然现实可能并非如此，但通过后期的调整设计，这样的突出主体的行为也是可以让人接受的。

 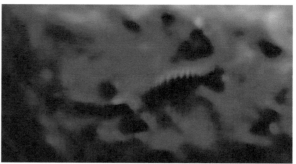

图 5-36

一般而言，画面的主体会在画面中心或偏离中心一点的位置，因此，在合成完成之后一般会模拟摄影暗角效果，即四周边角被单独压暗，来增加画面中心的明暗对比。在 Photoshop 中，可以使用调色命令制作暗角，也可以使用 Camera Raw 中"镜头矫正"中的"晕影"命令来调整出暗角的效果。

澳大利亚创意摄影师 Grant Navin 经常自己拍摄及制作一些创意的生活摄影作品，如图 5-37 所示。通过观察可以看到，两个画面都运用了暗角的效果来增加画面的对比度。

图 5-37

提示

关于"光线"的话题一直以来是每门艺术都会深入探讨的，它使艺术创造有了更多的可能性。相关的话题和运用技巧会在第 9 章有详细说明。

虚实对比

虚实对比除了可以让画面有空间纵深感，也可以让主体在画面中更加突出。合成设计比较常用的打造虚实的方法主要还是以模糊为主，因此可以在 Photoshop 中将作品的前景或背景进行高斯模糊或动感模糊，以此来达到突出主体的目的。

来自印度的设计师 Chirag Doshi 为 VISA 支付制作了一组创意画面，画面均日常的支付场景，画面背景相对比较复杂，设计师将背景动感模糊，既突出了前景的主体，又为画面添加了动感，如图 5-38 所示。

图 5-38

色调对比

在日常生活中，经常看到一些警示标牌使用红色。红色不仅预示了危险、热情，它还是生活中最醒目的一种颜色。假如将警示标牌的颜色设置为黑色、白色等其他颜色，可能很难被观者一眼发现。同样的道理，在设计当中，可以通过对主体的色调和背景进行差异化处理来让它更加突出。

如图 5-39 所示为波兰插画师 Greg Rutkowski 的作品 *Ghosts of Saltmarsh*，画面是一个航海场景，整个画面的色调是阴沉忧郁的，只有主体部分是红橙色调，让观者可以一眼就看到，同时红橙色也象征了热血和希望，这也符合画面中故事的发展方向。

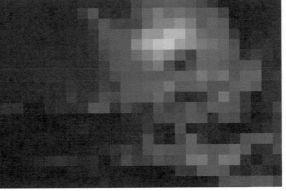

图 5-39

当然，也可以利用光的颜色或主体本身的固有色来达到突出主体的目的。固有色的改变，一般是指墙面、油漆色、花的颜色等的改变，但一般不会改变人物的皮肤、动物的毛发颜色等。当遇到画面中人物不够突出的情况时，可以选择给人物添加有差异化颜色的配饰或道具、服饰等，使其突出；当遇到画面中物体本身的颜色也不能够改变的情况下，可以通过改变物体表面的文字、图案等颜色来达到突出主体的目的。

如图 5-40 所示为俄罗斯艺术家 Ilya Nodia 设计的角色扮演真人游戏主题宣传视觉海报。该海报利用了不同的服装颜色来突出主体。即使主体所处场景元素较杂乱，人们也可以一眼就看到画面中身着红衣的女子。

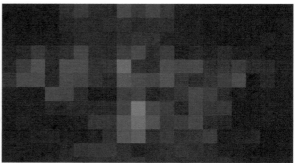

图 5-40

> **提示**
>
> 这里所说的色调，包含色彩的四大属性，即色相、明度、饱和度和冷暖。合理地运用色彩，可以区分元素的主次关系。要知道，色彩层次与分级也是构图的一种。

人物与动作

在日常生活中，人们第一眼总是会看到自己熟悉的东西或事物，其中，人物元素往往是所有事物中权重最高的，而面部又是人物较突出的部位。无论是人物的姿态，还是人物的表情、五官，都会潜意识地吸引人们的目光。因此，只要画面中有人物，人们总是会第一眼看到，即使它非常小或不怎么突出。

如图 5-41 所示为俄罗斯艺术家 Petr Razumovsky 的作品 *End of the road*。观察画面，会发现作品左下角有一个人，即使在人的旁边有一个面积更大的石头，人们也会莫名地被左下角的人物所吸引。

图 5-41

要想让画面中出现的人物（其他主体物）更加突出，可以在画面中给他们（它们）设计一个动态的动作，例如，飘动的长袍、正在挥舞的手臂等。这样相对静止的人物或一些生物、机器等会更加吸引观者的眼球。

如图 5-42 所示为美国设计师 Dylan Cole 为电影 *Alita: Battle Angel* 的一个镜头设计的原画作品。镜头中的主角人物从画面右边走向飞船，一个动态的肢体动作相比静态的站姿更加吸引人。

图 5-42

5.2.2 引导视线

除了通过突出主体打造视觉焦点，也可以通过一些辅助的引导线来引导观者的注意力。

平面是由点、线、面构成的。其中，点具有聚焦的作用，线具有引导、连接、分割的作用，面的肌理和轮廓具有辨识作用等。合理地运用这些知识可以起到引导视线的作用。

如图 5-43 所示为法国艺术家 Jeremy Paillotin 创作的 *Forgotten Island*，画面中运用了大量的引导线，将观者视线指引到主体身上。

图 5-43

在设计引导线的时候，要明白点的作用是聚焦。如果画面中只有一个点，那么观者所有的视线自然都往这个点聚拢。如果画面中有多个点，那么视线就会在这几个点中跳跃，眼球移动的轨迹会形成视觉引导线，它们组成的面就会成为画面的焦点区域。当然，也可以将视觉引导线设定为眼动的轨迹。

美国插画师 Antoine Collignon 的作品 *Extinction 1* 就运用了这个方法进行构图，场景设定在一片干涸的湖面，画面当中有很多零碎的焦点，例如，湖面的反射、船体的造型、木船的人造光等，它们相互之间形成了一个环形的视觉引导轨迹，来让构图变得更加丰富，如图 5-44 所示。

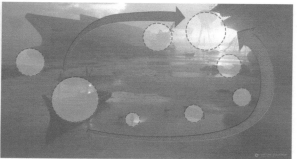

图 5-44

相对而言，线的引导更加多元化。线有直线、斜线和曲线之分。水平线一般是为了让画面更加厚重，而垂直线有下落的动感，特别是在竖直的画面中尤其明显。水平线和垂直线是相对保守和安全的，因为它们与画面的四个边是平行的，除了有引导的作用，还有阻挡引导的作用。

为了让观者的注意力始终停留在画面中，就要想办法阻止观者的视线被引导到画面外面。这个时候，就可以在画面的下方或左右两侧放一个水平或垂直的，并且颜色较暗的物体来锁住观者的视线，避免出现偏离的情况。

如图 5-45 所示为意大利艺术家 Pietro Smurra 的作品 *Annihilation*，作者在画面的左右两侧和下方放了垂直线和水平线来锁住观者视线。

图 5-45

斜线具有打破画面平衡的作用，同时可以给画面带来一定的活力、危机感和速度感，同样也具有引导视线的作用。生活中所谓的斜线其实是相对地平线而言的，在设计的时候，设计师可以故意将一些物体倾斜来制造动感，或者利用其引导视线。

曲线相对斜线更加安全，往往具有视线牵引移动和视线加速的作用，并且它的方向是一直在改变的。在日常生活中，我们所见的许多事物在空间中都具有引导视线的作用，并且指引方向一般都是由暗到亮、由粗到细、由左到右、由上到下、由实到虚等。

如图 5-46 所示为美国插画师 Antoine Collignon 的作品 *Sin*。这是一幅关于电影关键帧的插画，表现的是一座被破坏的城市，画面中用了很多线条来表现破败感和动感。

图 5-46

除了一些可见的、具体的轮廓或主线，也要关注和运用一些不可见的隐藏线。例如，人物侧身会有一个侧向的引导线；眼睛看着的方向也有一个视线引导线；光照射的方向有一个光线引导线等。这类线对于画面表现来说是迷人的，并且有时候可能会成为画面的点睛之笔，也是很多初学 Photoshop 创意合成容易忽略的一点。

如图 5-47 所示为意大利设计师 Daniele Gaspari 为图书 *Berlin - 5. Il richiamo dell' Havel* 创作的封面，在构图的过程中，人物视线、侧身的引导线和植物曲折的曲线引导线让整个画面具备很强的张力。

图 5-47

> **提示**
> 人的眼睛扫视的轨迹是可以被潜意识引导的，这个引导要回到最初构图的目的：突出焦点，传达一个重要的信息。在设计的时候，要利用环境本身具有的元素去制造一些视线跳动的引导线。如果这些引导线最终聚焦到一个点，会让画面看起来特别干净、统一；如果引导线是一个巡回的、开放的路径，那么会让画面看起来大气而有张力。

5.3 其他构图原则与方法

在很多设计图书里都详细介绍过构图，因此这里不做过多的理论描述。但我们时刻都要明白，构图其实是一个元素组合的过程，其目的就是传达信息。在传达信息的过程中，有很多技巧吸引观者的眼球，让画面显得更有空间感。在设计过程中，除了前面介绍的这些技巧，还要注重画面的组成给画面带来的情感表达，并掌握一些约定成俗的构图原则和方法。

5.3.1 注重关系

在利用 Photoshop 进行合成的时候，应该注重场景中人物和元素之间的关系。当一个元素被放在画面中的某个位置时，它所占的画面比例大小、它的存在是否与主题相符合，以及是否具有一定的暗示或寓意等，都是设计师需要考虑的问题。其中，最需要设计师考虑的就是人物与人物之间的关系。一般而言，我们可以通过人物各自所处的位置，以及人物与人物之间的肢体动作来表现两者之间的关系。

一般情况下，可以将人物肢体动作分为主动型和被动型两种。主动型表示事情往积极的方向发展，表示事情可控制，并且给人舒服的暗示。例如，两人面对面，互相侧身朝向对方，面带微笑，甚至有拥抱、握手等肢体动作，如图 5-48 所示。被动型表示事情已经开始往消极的方向发展，人会处于矛盾的状态，有掩饰的情绪，肢体上的动作表现在开始不敢直视、低头、跺脚、手的动作不自然，以及眼神开始偏离，并且皱眉等，如图 5-49 所示。

图 5-48　　　　　　　　　　　　　　　　　　　　　　　　　　　　　图 5-49

在实际运用中，如果能够在满足构图的情况下让元素关系反映出画面内容之外的东西，如寓意、动机等，则会大大提高作品的高度。

如图 5-50 所示为巴西设计师 Diego Oliveira 的作品 *RINO VS PLAYER*，画面展现的是一个正在进行一场激烈决斗的场景。画面整体采用倾斜构图，人物处于向下倾斜的不利地位，但画面左侧有一个人物压住了倾斜的天平，他手指张开，表示随时迎接战斗，通过这种关系来强调团队意识、刚硬性格、积极的关系。

在构图中，除了要关注人物之间的关系，也要关注人与物品、物品与空间、空间与空间之间的关系，合理的关系把控需要大家多关注日常生活中的一些小细节，通过合理的设计让画面给观者更多可以品读的空间。

如图 5-51 所示为法国设计师 ASILE PARIS 为虚拟游戏周边品牌 KINECT 设计的一幅创意海报。画面采用了室内空间与游戏空间完美融合的方法来体现游戏的真实性，并且通过室内空间狭小与游戏空间无限延伸的关系来表现游戏的体验感。

图 5-50　　　　　　　　　　　　　　　　　　　　　　　　　　　　　图 5-51

5.3.2 构图方法

关于构图，开始是从建筑设计、美术设计沿用到平面设计的。在平面设计中，有非常多人们熟悉的构图方法，例如，对称构图、三分法构图、黄金比例构图等。之所以本章才开始介绍构图的方法，是不希望大家被这样一些固定的构图方法和原则束缚。

对称构图

对称构图是合成设计中比较基本且为人熟知的构图方式。对称构图的特点就是稳定、安全，一般会将主体放置在画面的中心位置，然后在四周布置一些环境元素。

如图 5-52 所示为巴西的设计工作室 Studio Nuts 为饮料品牌 Água das Pedras 设计的一幅创意海报。画面采取对称构图，利用正负极的表现手法以及树枝的轮廓来表示矿泉水的天然性。

图 5-52

三分法构图

三分法构图也叫作九宫格构图，较早源自网格系统。其构图方法就是将画面按横向和竖向各分为 3 等份组成的网格，网格内会有 4 个交叉点，称为动态焦点。将画面主体放置在 4 个交叉点上，可以达到突出主体的目的。

如图 5-53 所示为巴西的设计工作室 Studio Nuts 为毕达哥拉斯学院设计的一幅创意海报，旨在体现其教学的乐趣。画面整体采用的是三分法构图，主要元素被放置在画面的交叉点上。

图 5-53

黄金比例构图

所谓黄金比例是指将一个物体分割为两部分，较小部分与较大部分比值的为 0.618，并且较大部分与整体的比值同样为 0.618。关于黄金比例还有一个斐波那契螺旋线，也叫作黄金螺旋线。黄金螺旋线在构图中很重要，将所有重要的元素都放在螺旋线上，可以使画面达到一个令人舒服的状态，如图 5-54 所示。目前，黄金比例构图被运用在建筑、音乐、美术等很多领域。

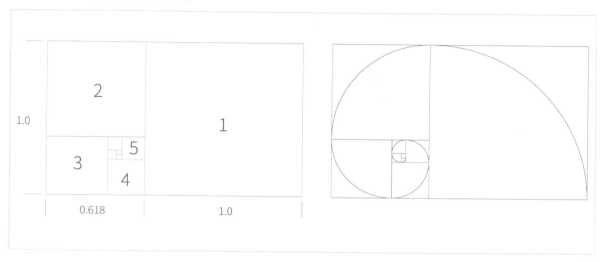

图 5-54

例如，在如图 5-55 所示的英国艺术家 James Gardner-Pickett 设计的一些作品中，可以看到对黄金螺旋线的运用。

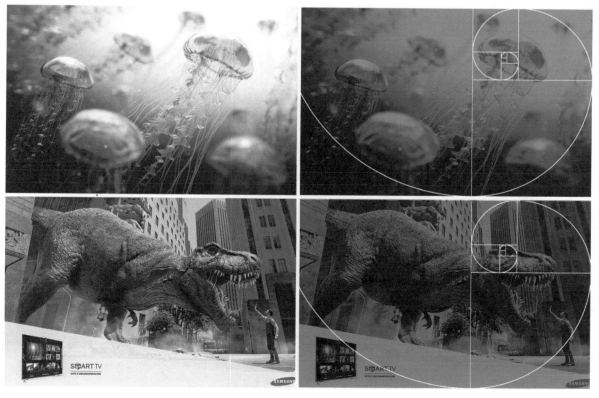

图 5-55

图形构图

在一些作品中，可以看到一些比较特殊的构图方法，如三角形构图、S 形构图、X 形构图等，这类构图方式统称为图形构图。

在如图 5-56 所示的巴西艺术家 Jack Usephot 设计的 *The Hill* 作品中，可以看到设计师利用房子、人物、推车在画面中构成了一个三角形，让画面看起来非常稳定。

图 5-56

如图 5-57 所示为 Jack Usephot 设计的另外一幅作品 *The Farmer*。在与上一个作品场景类似的情况下，设计师采用的是 S 形构图，以达到引导观者视线的作用，如图 5-57 所示。

图 5-57

德国艺术家 Alex Broeckel 设计的作品 *gummimann*，展现的是一只怪兽正在破坏街道的场景，采用了三角形倾斜构图方式，目的是增加画面的动感，如图 5-64 所示。

图 5-58

俄罗斯设计师 Petr Razumovsky 设计的作品 *Marsh*，展现的是一个沼泽地，设计师利用河道、树枝和石头构成一个 X 形构图，让画面具有张力，并且让焦点汇集在中心，如图 5-59 所示。

图 5-59

案例：制作海岸概念场景合成海报

案例位置	案例文件 >CH05>01> 案例：制作海岸概念场景合成海报.psd
视频位置	视频文件 >CH05>01
实用指数	★★★★☆
技术掌握	海岸概念场景合成制作技法和注意事项

在 Photoshop 场景合成设计中，如果想要避免凌乱的素材堆积，就需要在制作前理清构图思路和创作流程。本案例展示的是一艘船正在返回岛屿，站岗的人看到后立马骑马回去通知部落族长的场景。画面整体色调偏暗，凸显神秘的感觉，设计重点主要是元素位置的摆放、整体构图关系的把控，以及光影层次等。案例效果如图 5-60 所示。

图 5-60

操作步骤

01 在 Photoshop 中新建一个文档，设置"名称"为"海滩"、"宽度"为"2080 像素"、"高度"为"1000 像素"，如图 5-61 所示。

02 新建图层，并将图层命名为"构图"。选择"画笔工具" ✐，设置"前景色"为"红色"（R:255,G:0,B:0），"不透明度"值为"100%"，然后绘制一个九宫格，如图 5-62 所示。

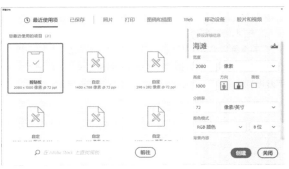

图 5-61

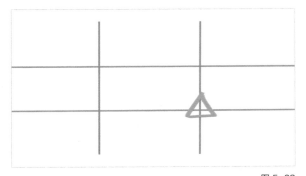

图 5-62

> **提示**
>
> 这里采用的是全景构图，地平线偏离中心下方，而船作为主体将被放置在右下角的交叉点上。

03 新建图层，并将图层命名为"黑白"。选择"画笔工具" ✐，使用黑、白、灰 3 个颜色对前景、中景、背景大致所占的空间进行绘制，同时通过棕榈树和近景来引导视线并突出主体，如图 5-63 所示。

图 5-63

139

04 将"构图"图层和"黑白"图层一起选中，然后按快捷键 Ctrl+G 编组，将组命名为"构图参考"，并设置组为不可见状态。打开素材文件"01.jpg"，然后将素材复制到"海滩"文件中，并将图层命名为"大海"，按快捷键 Ctrl+T 执行"自由变换"命令，将"大海"图层缩放并移动到合适的位置，如图 5-64 所示。

图 5-64

05 打开素材文件"02.jpg"，将素材复制到"海滩"文件中，然后将图层命名为"左侧沙滩"，并同样按快捷键 Ctrl+T 执行"自由变换"命令，将"左侧沙滩"图层缩放并移动到合适的位置，如图 5-65 所示。

图 5-65

06 使用"快速选择工具"，选中"左侧沙滩"图层的天空部分，然后按住 Alt 键的同时单击"图层"面板下方的"创建图层蒙版"按钮，给图层创建蒙版，如图 5-66 所示。

图 5-66

07 选择"画笔工具"，设置"前景色"为"黑色"、"不透明度"值为"50%"。选中"左侧沙滩"图层，然后用"画笔工具"对远山和海面部分进行适当涂抹，使其均匀过渡，如图 5-67 所示。

图 5-67

08 打开素材文件"03.jpg"，将素材复制到"海滩"文件中，并将图层命名为"右侧沙滩"。按快捷键 Ctrl+T 执行"自由变换"命令，然后将"右侧沙滩"图层缩放并移动到合适的位置，如图 5-68 所示。

图 5-68

09 选中"右侧沙滩"图层，然后为其添加蒙版。选择"画笔工具"，设置"前景色"为"黑色"(R:0,G:0,B:0)、"不透明度"值为"50%"。继续选中"右侧沙滩"图层，然后用"画笔工具"对海面和沙滩部分进行适当涂抹，使其过渡均匀，如图 5-69 所示。

图 5-69

10 在"右侧沙滩"图层上方创建"曲线"调整图层，并创建剪贴蒙版，然后调整曲线，将右侧沙滩整体压暗，并减少绿色和蓝色，如图 5-70 所示。

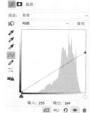

图 5-70

11 观察画面，发现沙滩看起来有点不平整。在"图层"面板最上方创建"曲线"调整图层 ，然后将图层命名为"沙滩压暗"，适当调整曲线，将画面整体压暗。之后选择"画笔工具" ，将画面左下角和右下角的沙滩以外的区域涂抹成黑色，效果如图 5-71 所示。

12 按快捷键 Ctrl+G 将"左侧沙滩"图层、"右侧沙滩"图层和"沙滩压暗"图层编组，然后将组命名为"沙滩"。在"大海"图层上方创建"曲线"调整图层 ，然后适当调整曲线，将大海海面整体压暗，如图 5-72 所示。

图 5-71

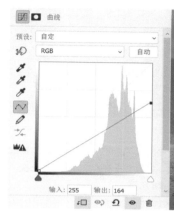

图 5-72

13 在"沙滩"图层组上方创建"曲线"调整图层 ，然后适当调整曲线，将沙滩整体压暗，如图 5-73 所示。

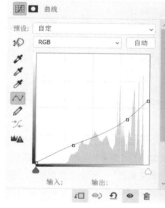

图 5-73

14 继续观察画面，发现沙滩看起来太过平滑了，需要添加更多的效果。打开素材"04.jpg"，使用"套索工具" 选取素材中的沙滩部分，然后复制并粘贴到"海滩"文件中并置于"沙滩"图层组的上方，同时将图层命名为"沙滩纹理"，设置图层的"混合模式"为"正片叠底"、"不透明度"值为"70%"。按快捷键 Ctrl+T 执行"自由变换"命令，然后将"沙滩纹理"图层缩放并移动到画面中的合适位置。在该图层上方创建"曲线"调整图层，并创建剪贴蒙版，然后适当调整曲线，将沙滩纹理整体压暗。之后再观察画面，如果发现有过渡不均匀的地方，可以再通过蒙版进行涂抹，直到达到理想的效果，如图 5-74 所示。

图 5-74

15 观察海水，发现海水缺少动感。打开素材文件"05.jpg"，然后使用"套索工具" ♀选取素材中的部分大海元素，复制并粘贴到"海滩"文件的最上方，并将图层命名为"大海浪花"，设置图层的"混合模式"为"叠加"，制造出海水向岸边冲刷的效果，如图 5-75 所示。

图 5-75

17 打开素材文件"02.jpg"，使用"快速选择工具" ☑✦，将素材中左侧的大山元素选取出来，复制并粘贴到"沙滩"文件中"大海"图层的上方，同时将图层命名为"右侧远山"。按快捷键 Ctrl+T 执行"自由变换"命令，然后将"右侧远山"图层缩放并移动到画面的右侧，如图 5-77 所示。

图 5-77

19 打开素材文件"06.jpg"，然后使用"选框工具" □选取天空部分，将其复制并粘贴到"海滩"文件中"大海"图层的上方，并将图层命名为"天空背景"，效果如图 5-79 所示。

图 5-79

16 选中"大海浪花"图层，给图层添加蒙版。选择"画笔工具" ✐，设置"前景色"为"黑色"（R:0，G:0，B:0）、"不透明度"值为"50%"，然后在蒙版中对浪花边缘进行适当涂抹，使其与画面中的其他元素自然过渡。在"大海浪花"图层上方创建"曲线"调整图层并创建剪贴蒙版，然后适当调整曲线，让浪花整体看起来扁平一些，如图 5-76 所示。

图 5-76

18 在"右侧远山"图层上方创建"曲线"调整图层并创建剪贴蒙版，然后适当调整曲线，将远山压暗的同时降低对比度，使其自然融入背景，如图 5-78 所示。

图 5-78

20 打开素材文件"07.jpg"，然后使用"选框工具" □选取天空中黄色的高光部分，将其复制到"海滩"文件中"天空背景"图层上方，并将图层命名为"天空高光"，同时设置图层的"混合模式"为"滤色"，效果如图 5-80 所示。

图 5-80

21 在"图层"面板最上方创建新图层，然后选择"画笔工具" ✐，单击"画笔设置"按钮 ☑，加载"云.abr"画笔，选择该画笔，设置"前景色"为"浅蓝色"（R:153，G:161，B:169）、"不透明度"值为"20%"，在画面中地平线的位置涂抹出一些烟雾效果，如图 5-81 所示。

22 打开素材文件"07.jpg"，然后使用"选框工具" ⊡ 选取天空右上角部分，复制并粘贴到"海滩"文件的最上方，并将图层命名为"天空压暗"，同时设置图层的"混合模式"为"正片叠底"，让观者的视线往右边集中，如图 5-82 所示。

图 5-81

图 5-82

23 进一步观察画面，发现经过以上处理，画面变得暗了许多，需要进行适当调整。在"天空压暗"图层上方创建"曲线"调整图层并创建剪贴蒙版，然后适当调整曲线，提亮天空，如图 5-83 所示。

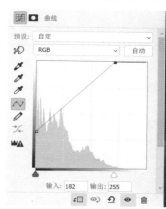

图 5-83

24 打开素材文件"08.jpg"，使用"选框工具" ⊡ 选取天空部分，复制并粘贴到"海滩"文件的最上方，并将图层命名为"天空色调"，最后设置图层的"混合模式"为"强光"，效果如图 5-84 所示。

25 继续提亮天空。选择"天空色调"图层，然后双击该图层，打开"图层样式"对话框，通过控制"混合颜色带"的"下一图层"滑块使亮部出现，并修改图层的"不透明度"值为"40%"，如图 5-85 所示。

图 5-84

图 5-85

26 在"图层"面板最上方创建新图层，然后将图层命名为"海面色调"。选择"画笔工具" ∕，然后在"画笔预设"选取器中选择"柔边圆画笔"，设置"不透明度"值为"100%"、"前景色"为"深蓝色"（R:61,G:103,B:137），接着用"画笔工具"在海面处适当涂抹，设置图层的"混合模式"为"柔光"、"不透明度"值为"60%"。最后，将所有图层编组，并将组命名为"背景"，效果如图 5-86 所示。

27 打开素材文件"09.jpg"，执行"选择 > 色彩范围"菜单命令，用"吸管工具" ∕ 吸取环境的天空颜色并创建选区。按快捷键 Ctrl+Shift+I 将选区进行反选，然后复制并粘贴到"海滩"图层的上方，并将图层命名为"右侧中景山"，最后将选区移动到画面中的合适位置，如图 5-87 所示。

图 5-86

图 5-87

28 在"右侧中景山"图层上方创建"曲线"调整图层并创建剪贴蒙版，然后适当调整曲线，将山整体压暗，并使其整体呈现出偏蓝的色调，如图 5-88 所示。

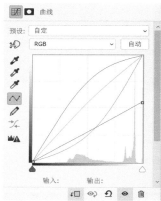

图 5-88

29 在"右侧中景山"图层上方创建"色相/饱和度"调整图层并创建剪贴蒙版，整体调整画面的饱和度和明度，让中景的山比远景的山颜色更暗，以此拉开层次，如图 5-89 所示。

图 5-89

30 创建新图层,继续选择"画笔工具",修改"前景色"为"深蓝色"(R:6,G:56,B:86),然后在右侧山下方进行适当涂抹。修改"前景色"为"蓝色"(R:89,G:132,B:155),然后在之前绘制的烟雾的基础上,再绘制一些高光来营造烟雾效果,以增加空间感,效果如图 5-90 所示。

31 打开素材文件"10.jpg",使用"快速选择工具"选取素材中的石头部分,然后复制并粘贴到"海滩"文件的最上方,并将图层命名为"左侧中景山",如图 5-91 所示。

图 5-90

图 5-91

32 在"左侧中景山"图层上方创建"亮度 / 对比度"调色图层并创建剪贴蒙版,选中"使用旧版"复选框,同时降低山的对比度和亮度,如图 5-92 所示。

图 5-92

33 在"左侧中景山"图层上方创建"色相 / 饱和度"调整图层并创建剪贴蒙版,选中"着色"复选框,让山体整体呈现出蓝色的状态,如图 5-93 所示。

图 5-93

34 用相同的方法在"图层"面板最上方创建新图层,选择"画笔工具",在左侧山的位置绘制烟雾效果。然后将"背景"图层组以外的图层进行编组,并将组命名为"中景",效果如图 5-94 所示。

图 5-94

提示

现在画面整体构图的大方向是对的,两侧的山作为引导线将焦点聚在右边天空的位置,如图 5-95 所示。

图 5-95

35 打开素材文件"11.jpg",使用"快速选择工具" 选取石头部分,复制并粘贴到"海滩"文件的最上方,并将图层命名为"左侧石头",如图 5-96 所示。

图 5-96

36 在"左侧石头"图层上方创建"色相 / 饱和度"调整图层并创建剪贴蒙版,然后适当调整曲线,降低画面的明度和饱和度,如图 5-97 所示。

图 5-97

37 在"左侧石头"图层上方创建新图层并创建剪贴蒙版,然后选择"画笔工具" ,设置"前景色"为"深蓝色"(R:16,G:53,B:80)、"不透明度"值为"20%",之后在左侧石头区域进行适当涂抹,同时设置图层的"混合模式"为"颜色"(这里可以通过设置图层的"不透明度"来控制颜色的强度),如图 5-98 所示。

图 5-98

38 在"左侧石头"图层下方创建新图层,然后设置图层的"混合模式"为"正片叠底",并将图层命名为"左侧石头阴影"。选择"画笔工具" ,设置"前景色"为"深灰色"(R:56,G:65,B:71)、"不透明度"值为"30%",之后在左侧石头区域下方绘制阴影,效果如图 5-99 所示。

图 5-99

39 打开素材文件"12.png"，使用"套索工具"工具 ⌇ 选取左侧的棕榈树，复制并粘贴到"海滩"文件的最上方，同时将图层命名为"右侧棕榈树"。按快捷键 Ctrl+T 执行"自由变换"命令，然后将"右侧棕榈树"缩放并移动到画面的右下角，接着单击"创建新的填充或调整图层"按钮 ◐，调出"曲线"面板并调整曲线，将素材整体压暗，效果如图 5-100 所示。

图 5-100

41 打开素材文件"14.png"，用同样的方法将它放置在"左侧棕榈树"图层的下方，并将图层命名为"左侧 - 后棕榈树"，接着调出"曲线"面板并调整曲线，将素材整体压暗，同时降低对比度，让它看起来比前面的棕榈树更远一些。最后将这些素材一起选中并编组，将组命名为"中景"，如图 5-102 所示。

图 5-102

42 打开素材文件"15.png"，将棕榈树叶子复制并粘贴到"海滩"文件的最上方，并将图层命名为"左侧棕榈树叶"。按快捷键 Ctrl+T 执行"自由变换"命令，将叶子缩放并移动到画面的左上方，然后调出"曲线"面板并调整曲线，将其压暗，效果如图 5-104 所示。

图 5-104

40 打开素材文件"12.png"，将其放置在"左侧石头"图层的下方，并将图层命名为"左侧棕榈树"，调出"曲线"面板并调整曲线，将素材整体压暗，效果如图 5-101 所示。

图 5-101

> **提示**
>
> 观察图 5-103 所示的示意图，可以看到左侧棕榈树将左侧画面分割为 3 部分，中间海面把水平方向的画面分成了 3 部分，画面分割过于零散，后续将继续在前景和中景添加一些素材以完善构图。
>
>
>
> 图 5-103

43 打开素材文件"15.png"，将棕榈树叶子复制并粘贴到"海滩"文件的最上方，并将图层命名为"右侧棕榈树叶"。按快捷键 Ctrl+T 执行"自由变换"命令，将叶子缩放并移动到画面的右上方，然后调出"曲线"面板并调整曲线，将其压暗，效果如图 5-105 所示。

图 5-105

44 按照以上方法，依次打开素材文件"15.png"、"17.png"、"18.png"，然后分别将它们复制并粘贴到"海滩"文件的最上方，并将它们整体移动摆放到画面的右下角，同时改变其大小并适当压暗一些，如图 5-106 所示。

图 5-106

46 在"近景岩石"图层上方创建"色相／饱和度"调整图层并创建剪贴蒙版，然后适当降低画面的饱和度和明度，效果如图 5-108 所示。

图 5-108

48 选中"近景岩石"图层，按快捷键 Ctrl+T 执行"自由变换"命令，然后适当改变岩石的形状，使其呈弧形，如图 5-110 所示。

49 打开素材文件"20.png"，将树复制并粘贴到"海滩"文件的最上方，接着将图层命名为"近景树"，同时将树移动到画面左下角，并将其整体压暗。执行"滤镜 > 模糊 > 高斯模糊"菜单命令，在打开的对话框中设置"半径"为"10 像素"，然后将这些图层编组，并将组命名为"近景"，效果如图 5-111 所示。

50 打开素材文件"21.png"，然后将船复制并粘贴到"海滩"文件的最上方，并将图层命名为"主体船"。按快捷键 Ctrl+T 执行"自由变换"命令，将船移动到画面右下角偏焦点的位置，如图 5-112 所示。

图 5-111

45 打开素材文件"19.jpg"，使用"快速选择工具" [icon]选取素材中的石头，然后复制并粘贴到"海滩"文件的最上方，并将图层命名为"近景岩石"，如图 5-107 所示。

图 5-107

47 在"近景岩石"图层上方创建"曲线"调整图层并创建剪贴蒙版，同样适当降低画面的饱和度和明度，效果如图 5-109 所示。

图 5-109

图 5-110

图 5-112

51 在"主体船"图层上方创建"色相/饱和度"调整图层并创建剪贴蒙版，然后选中"着色"复选框，让船整体呈偏蓝色调，如图 5-113 所示。

图 5-113

52 在"主体船"图层上方创建新图层并创建剪贴蒙版，然后设置图层的"混合模式"为"正片叠底"。选择"画笔工具" ✐，设置"前景色"为"深蓝色"（R:34，G:47，B:61）、"不透明度"值为"30%"，然后在船体上涂抹，将整体压暗。注意船身右侧不用涂抹，保持原本的亮度即可，如图 5-114 所示。

图 5-114

53 观察画面，发现船看起来太"实"了，没有距离感。在"主体船"图层上方创建新图层并创建剪贴蒙版。选择"画笔工具" ✐，设置"前景色"为"蓝色"（R:84，G:114，B:130）、"不透明度"值为"30%"，然后在船体淡淡地涂抹一层颜色，以此来达到提亮船并降低其对比度的目的，如图 5-115 所示。

图 5-115

54 在"主体船"图层下方创建新图层，并将图层命名为"主体船阴影"，同时设置图层的"混合模式"为"正片叠底"。选择"画笔工具" ✐，设置"前景色"为"深蓝色"（R:34，G:47，B:61）、"不透明度"值为"20%"，然后在船体左侧涂抹一层阴影，如图 5-116 所示。

图 5-116

55 将"主体船"包括阴影在内的所有图层选中，合并图层，按快捷键 Ctrl+J 复制一层，并将复制的图层命名为"后方船"，同时移动到"主体船"图层的下方。按快捷键 Ctrl+T 执行"自由变换"命令，然后将后方船缩放并移动到主体船的右后方，如图 5-117 所示。

图 5-117

149

56 继续观察画面，发现后方船与主体船看起来没有距离感。在"后方船"图层上方创建新图层并创建剪贴蒙版。选择"画笔工具"，设置"前景色"为"亮黄色"（R:227,G:213,B:190）、"不透明度"值为"30%"，然后在船体涂抹一层天空背景色。将船的所有素材选中并合成组，并将组命名为"船"，如图 5-118 所示。

图 5-118

57 打开素材文件"22.png"，然后将人物复制并粘贴到"海滩"文件的最上方，并将图层命名为"人物"。按快捷键 Ctrl+T 执行"自由变换"命令，将"人物"缩放并移动到画面右下角的位置，如图 5-119 所示。

图 5-119

58 打开素材文件"22.jpg"，将其复制并粘贴到"海滩"文件的最上方，并将图层命名为"海面光"。按快捷键 Ctrl+T 执行"自由变换"命令，将"海面光"进行适当变形，并设置图层的"混合模式"为"线性减淡"，最后通过蒙版和"画笔工具"控制显示区域，如图 5-120 所示。

图 5-120

59 接下来进行简单的调色操作。首先将海滩部分压暗。在所有图层上方创建"曲线"调整图层，将曲线整体下拉并压暗画面，因为只需使海滩部分产生压暗效果，所以选中蒙版，按快捷键 Ctrl+I 反相颜色。选择"画笔工具"，设置"前景色"为"白色"（R:255,G:255,B:255）、"不透明度"值为"30%"，在海滩下方涂抹即可，如图 5-121 所示。

图 5-121

60 根据画面整体色调，需要打造昏暗的环境，饱和度不能太高，所以在所有图层上方创建"色相/饱和度"调整图层，设置"饱和度"值为"-30"即可，效果如图 5-122 所示。

图 5-122

Photoshop 合成的核心技法详解

第 6 章

透视法则

在第4章已经讲解了在Photoshop中设置透视变形的一些技巧，也说明了Photoshop作为平面设计软件处理这个问题比较棘手的地方。本章着重针对合成设计中的一些透视原则与基本要求进行讲解。在利用Photoshop进行合成设计的过程中，几乎设计师使用的每一张素材拍摄角度都不一样，这不仅要求设计师有能力判断哪些素材的透视是可以用的、哪些是要尽量避免使用的，还要求设计师有处理透视关系的能力，以此来确保元素大小比例、位置关系都是正确的。除此之外，设计师还要善于利用透视本身的特点去完成不同类型的作品。

◎ 寻找透视的技巧　　◎ 确定透视的技巧

6.1 寻找透视

在日常的设计工作中，不能像画家一样自己去绘制场景，也不能像三维设计师一样利用软件本身确定正确的透视关系，平面设计师只能从心里构建透视网格，然后靠眼力去解决画面的空间透视问题，并挑选透视合适的素材加以运用。

那么，在海报合成中，要如何寻找合适的透视呢？

6.1.1 常见透视概念解析

北宋文学家苏轼的《题西林壁》中写道："横看成岭侧成峰，远近高低各不同。不识庐山真面目，只缘身在此山中。"这首诗描绘了从不同角度看到的庐山景色。由此可以得知，在同样一个空间，因为观看的角度不一样，画面的景色和给人的感受也是不一样的，这便是这里要讲的透视。

观察下面3张铁轨图片。第一张图片展示的是从上往下看的效果，可以完整地看到火车；第二张图片展示的是从侧面看火车和轨道的效果，相对第一张图片，第二张图片能看到更多的风光；第三张图片展示的是站在铁道中间看到的效果，可以看到火车和铁道往后延伸会形成一个消失点，如图6-1所示。

图 6-1

想要深刻理解透视，首先要了解以下几个常见的透视概念。

地平线

关于地平线，可以想象自己站在一个广阔无边的海边或一望无际的草原上，目之所及，海面与天空、草原与天空相交的地方就是地平线，如图6-2所示。

图 6-2

视平线

视平线即人眼所看到的画框中间那些虚拟的线，与人体方向垂直。视平线只是人们根据观看的角度假想的一条线，在平视的情况下，视平线与地平线重合；在俯视的情况下，视平线便是画面的中心水平线，并且地平线在视平线上方；在仰视的情况下，地平线则在视平线的下方，如图6-3所示。

图 6-3

消失点（灭点）

当我们沿着公路看向远方时，公路两个边的连线相交于很远很远的某一点，这个点在透视图中就叫作消失点，如图6-4所示。一般确定透视都是先确定消失点。

图 6-4

如果画面中只有一个消失点，称作一点透视（平行透视）；如果画面中有两个消失点，称作两点透视（成角透视）；如果画面中有3个消失点，称作三点透视。它们之间并非对立存在的，只是从不同角度去观察同一个画面。例如，如果站在街道中间正面看向街道，画面中所有不平行于人视线的线最终都会相交于一个消失点，这个就是一点透视；如果站在街道一侧看向街道，街道的建筑和车与人的视线有一定角度，因此就有两个消失点，即画面中所有不平行于平面的线最终都会相交于两个消失点上，这就是两点透视；如果抬头看建筑，建筑的参考线延长线会在天空出现一个消失点，这个时候画面中会出现3个消失点，这就是三点透视，如图6-5所示。

一点透视　　　　　　　　　两点透视　　　　　　　　　三点透视

图 6-5

在海报合成设计中，要想灵活运用透视，不仅需要了解一点透视、两点透视和三点透视的区别和含义，还要了解三者之间的关系及对画面元素产生的变化。当然，关于透视原理的运用从理论上说是要严格遵守的。但在实际设计中，为了最终的效果或构图需求，也可以有一些灵活的调整。

6.1.2 感知透视

透视给人们带来的最大感受就是大小变化，如人们常说的近大远小、近宽远窄等，与此同时还有如广角畸变、鱼眼透视等。这样的变化如果从人的感受强弱来分，可以分为弱透视、强透视和畸变透视3大类。

弱透视

所谓弱透视，是指大小关系、空间关系不强，给人感觉比较平缓，并非没有透视。弱透视一般在一点透视且空间深度弱的画面里面比较多见，这样的画面中的所有线条几乎都是平行且不会相交的。当然，这里所说的深度强弱只是相对而言的，只要距离足够远，就可以忽略深度的问题。

如图6-6所示为泰国工作室montage为一家儿童洗衣液品牌D-nee设计的海报，仔细观察，可以看到画面采用了弱透视来表现并凸显柔顺、安全和有趣，避免给人危险的感觉。

图 6-6

弱透视一般在视平线与地平线重合的时候比较常见。当视平线高于地平线时，就会出现仰视的透视效果；如果视平线低于地平线，就会出现俯视的透视效果，如图6-7所示。

图 6-7

> **提示**
> 利用Photoshop完成弱透视的合成设计作品相对比较简单。弱透视主要在平面类设计作品中运用得比较多，素材也只需考虑一个方向。当然，如果画面本身透视感不够，则需要通过场景的精心安排来增强透视感。

强透视

透视感很强的画面会给人动感、纵深感甚至冲破画面的感觉。一般而言，无论是一点透视，还是两点透视，都可以营造强透视效果。实现强透视的方法有很多，其中比较常见的就是利用引导线。

引导线可以指引观众的视线到某一个方向或某一个点。如图6-8所示，左图所示为哥伦比亚艺术家Esteban Sosnitsky的作品，右图所示为墨西哥艺术家Felix Hernandez Dreamphography的作品。两张图都是一点透视，但是因为左图中两侧的建筑有大量的引导线，让人能够察觉到画面的深度，所以相对而言透视感更强。

图 6-8

在利用引导线来增强画面的透视感时，画面当中的引导线可以是辅助的元素，如地面的纹理、椅子摆放的方向等可见或不可见的元素，也可以利用主体的特点来营造透视感并突出主体。

如图6-9所示为智利设计师Silvana Mercado Leyton设计的一幅作品，作品重点突出"头痛令人烦恼"的主题，并用放大的、夸张的手法表现即使是非常微小的声音也会影响到患者的画面情绪。画面利用耳朵这个变形主体来形成一个透视引导线，让画面产生强烈的透视感，并以此来夸大这个主题。

图 6-9

如果想让画面呈现出更强烈的透视感，两点透视相比一点透视更适用。两点透视有两个消失点，有两个方向的引导线，这样会让画面更有张力。当然，如果画面的两个消失点都在画面外，则能够让画面的元素变形较小且更加真实，但相对而言，透视感也会变弱；如果画面的一个消失点在画面里，一个消失点在画面外，透视感就会更加强烈，与此同时，元素变形会更加明显。

合理地布局消失点有助于构筑出比较适合主题的画面。针对两点透视，如果一个消失点在画面里，透视感就会增强。同样的道理，随着两个消失点的距离不断拉近，画面的透视变形也会越来越严重。当两个消失点都在画面中的时候，就会出现"扭曲透视"，并且一般在特殊领域或制作特殊效果时才会用到，因为此时物体变形已经很严重了。

如图6-10所示为匈牙利的Brick Visual设计公司设计的3D建筑效果图。这4幅作品的透视形式依次是一点透视、两点透视(两个消失点都在画面外)、两点透视(一个消失点在画面外、一个消失点在画面内)和两点透视(两个消失点都在画面内)。从图中可以看到画面的透视效果及建筑的变形程度,如果想要表现安静、舒适的画面氛围,一般选择的是透视较弱的构图;如果想要表现现代化、有冲击力、繁华的画面氛围,一般选择的是透视较强的构图。

图 6-10

透视的合理性在于画面给观众的感觉是真实的,毕竟任何理论和技术都是具有相对性的。如果画面采用的是三点透视,即上帝视角(仰视)、虫子视角(俯视),画面会比较真实,透视感会更强。这种透视一般在绘画或三维领域中比较常见,而在Photoshop照片合成领域是比较少见的。

如图6-11所示为波兰艺术家Maciej Drabik的个人绘画作品*Monuments*,这张图就是采用仰视的视角来进行构图的。

图 6-11

扭曲透视

扭曲透视只是针对变形效果的说法,例如,摄影中的鱼眼效果、广角镜头的变形效果、哈哈镜效果等,这种变形的透视在Photoshop合成领域运用得少,除非是为了一些浮夸的视觉效果,毕竟在这种情况下的物体基本上都因为畸变而失真了,如图6-12所示。

图 6-12

6.1.3 寻找蛛丝马迹

在分析一幅作品或一张素材图的时候，常常需要借助透视网格确定消失点。如果物体是方形的，会有很明确的辅助参考线可使用，这时只需要再拉一根直线贴着参考线就可以找到消失点了。

如图6-13所示为法国艺术家Thomas Dubois的作品*Underwater Temple*，无论是画面中的地面，还是屋顶，又或者是两边的柱子，都可以用于辅助绘制透视网格。

图 6-13

如果画面当中没有明显可以借助的参考线，就需要通过仔细观察物体本身的纹理或将异形的物体想象成圆柱体、长方体、锥体等几何体去判断物体的透视方向，再绘制透视网格。

如图6-14所示为艺术家Wend Taylor的作品*Lonely Journey*。我们第一眼看画面时只能感知到透视点在画面中间，无法确定具体的位置，但是仔细观察，依然可以找到参考的辅助线（分别是飞船底部右侧的支撑器和右侧机器硬表面纹理）。

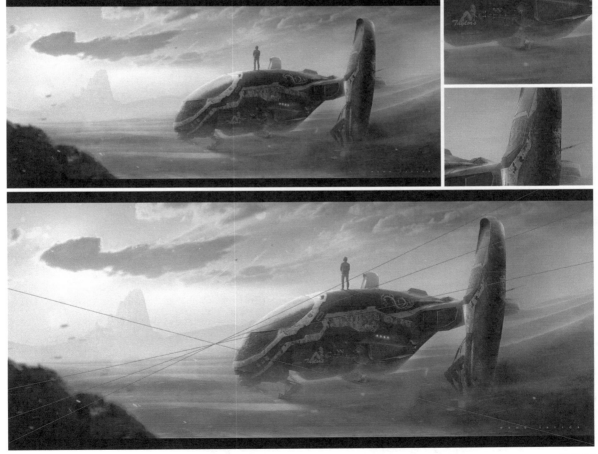

图 6-14

在将两张照片进行合成的时候，应当遵守透视的规则，让画面的消失点尽量贴合在一起。如果两者有偏差，物品看起来会有些飘浮或大小比例不对。

6.2 确定透视

在进行合成设计的时候，基本上在构图的时候就需要确定透视关系，合理的透视既有助于表现画面主题、产品特点，又可以增强画面的视觉效果。确定透视主要需要确定地平线、视平线和消失点。确定好透视网格，根据透视网格的规则可以对素材进行合理的处理，对画面有一个大概的预想。在透视网格的辅助下，确定画面元素的大小比例、位置等，有助于构建一个真实可信的画面环境。

6.2.1 了解透视网格

在第2章讲解透视网格知识点的时候，使用了"消失点"命令，使用"消失点"命令可通过定义4个点来得到一个透视网格，所有素材被拖进去以后就会变形贴合到这个网格里。但在实际工作中，都是通过绘制的辅助参考线来帮助确定透视的，特别是在设计一些大场景的画面时。

如图6-15所示为阿拉伯艺术家Fabio Araujo创作的平面3D空间效果作品，这组作品就运用了透视网格来辅助创作。

透视网格可以让设计师在处理图片透视的时候有非常直观的参考，还可以帮助设计师在Photoshop里轻松地完成对三维空间的打造和贴图处理。在Photoshop中绘制透视网格有很多种方法，比较常用的就是利用路径工具进行旋转并复制，从而得到透视网格。

图 6-15

6.2.2 关于元素的摆放形式

利用网格可以搭建空间的透视关系，快速地将平面的画布三维化，将平面的空间想象成立体的空间。同样的，网格也可以辅助确定画面中元素的比例大小和空间位置，其中较常见的元素是人体。人体在空间中的位置大小关系是本节要讨论的重点。

在绝大多数作品和现实生活中，视平线和地平线是重合的。在这样的情况下，会默认画面是一个正常站立的人所看到的场景，正常成年人的头部都在视平线上，不管他站得多远或多近，都需要遵循这个原则，如图6-16所示。

图 6-16

在现实生活中，当成年人蹲着或以小孩的视角观察事物时，视平线会高于地平线，此时就会出现画面的透视关系，只能看见离观者很近的人的手和腰部，如图6-17所示。在这样的情况下，人物的远近位置变化就不能按照上一个原则来进行分析了，而应该按照透视网格来确定人物的位置变化和比例关系。同样的，如果站在车上以平视的角度观察物体，视平线是低于地平线的。

图 6-17

要处理这种人物关系，需要先确定画面的透视网格，然后确定第1个人物的大小，再根据这两个条件判断其他位置的人物比例。以一个室内空间图为例，在这个空间里，人物的大小让观者感觉已经和楼层一样高了，这种关系是不正常的，如图6-18所示。

针对以上问题，应该如何解决呢？答案是：首先要找到空间的消失点，并绘制出透视网格。这是一个两点透视图，两个消失点都在画面里，其中一个消失点在左侧，另一个消失点在画面右侧，如图6-19所示。

其次，确定人物在空间中的比例，先让她站在厨房的柜子旁边，一般女性头部大概在吊柜下方，如图6-20所示。

图 6-18   图 6-19   图 6-20

最后，针对同样的人物，假设将其移动到餐桌旁边，应该摆放多大合适呢？这时，可以沿着红色的网格找到人物在同一平行平面的大小，但是这样会发现人物站在餐桌里面了，这是不合理的，因此需要将人物往绿色网格的透视点方向缩小，并形成最终的大小，如图6-21所示。

同样，如果将这个人物移动到画面左侧离观者很近的地方，这个时候就需要根据绿色网格的深度进行缩放，使其比例符合透视规则，如图6-22所示。

图 6-21   图 6-22

接下来，可以借助一个简化版示意图来更清晰地说明这个变化。当在画面中确定两个透视点和位置1的人物大小之后，可以快速地确定与其平行的人物大小。位置2与位置1的人物在画面中的水平方向上是平行的，她们是一样大的。位置3与位置1的人物是平行于墙面的，因此根据左侧消失点的透视规则，绘制出洋红色网格，按比例缩放即可。如果需要确定位置5人物的大小，需要借助位置4人物的大小，并按照右侧消失点的透视规则进行等比例缩放，如图6-23所示。

如果觉得这个方法麻烦，可以用更加简易的办法判断人物的位置和比例，前提是需要判断出视平线的位置和一个画面中正确的人物大小。只需将需要落点的位置和人物的脚用一条线连接至与视平线相交的交点，然后从这个交点出发，沿着人物的头部再连接一条线。这个时候通过落点位置垂直方向与头部延长线的交点，即可确定人物的大小，如图6-24所示。

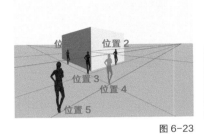

图 6-23

图 6-24

如果在作图过程中要处理上坡、下坡这种带有斜面的场景，除了要找到消失点，还要找到斜面的消失点，再判断人物在上楼梯过程中的大小变化。在这里，根据前面所掌握的知识找到斜面消失点其实是比较容易的，需要注意的是，如果斜面是楼梯这种台阶式的，那么还要考虑斜坡面的消失点，如图6-24所示。

图 6-25

实际上，针对上坡的斜面消失点一般在地平线上方，针对下坡的斜面消失点一般在地平线下方，因此，与地面不平行的物体的消失点都不会在地平线上，这些经验有助于我们在查找素材的过程中对透视进行更精准的判断。当然，当对这些透视原理掌握得比较透彻之后，基本上靠眼力就可以准确地判断出透视的消失点和透视方向了，如图6-26所示。

图 6-26

案例：快速纠正场景的透视关系

案例位置	输出文件 >CH06>01> 案例：快速纠正场景的透视关系.psd
视频位置	视频文件 >CH06>01
实用指数	★★★★☆
技术掌握	快速纠正场景的透视关系的技法和注意事项

在合成设计中，透视关系的正确与否直接决定了作品看起来真实与否。本案例主要是讲解如何利用透视网格确定场景的位置和大小，来让画面看起来更加真实。案例处理前后的效果对比如图6-27所示。

图 6-27

操作步骤

01 打开素材文件"车站.jpg"，将文件命名为"车站"，并将"车站"素材所在图层命名为"车站"，将画面右侧的画布扩大。执行"图像>画布大小"菜单命令，将画布的"定位"设置为"左侧固定"，设置"宽度"为"4800像素"、"高度"为"2600像素"，如图6-28所示。

图 6-28

02 使用"钢笔工具" 沿着左侧候车亭的玻璃绘制一个形状路径，设置"颜色"为"红色"（R:255,G:0,B:0）、"描边"值为"5像素"。按快捷键Ctrl+T执行"自由变换"命令，将路径等比例拉大，直到超过地平线。将绘制的路径复制一层，然后按快捷键Ctrl+T执行"自由变换"命令，然后对路径进行移动和旋转，并让它与上面的玻璃相贴合，这时候两条线的交点就是消失点，如图6-29所示。

图 6-29

03 打开素材文件"大巴.jpg",然后按照上一步的方法沿着大巴车绘制两条透视参考线,如图6-30所示。

图 6-30

05 暂时隐藏"大巴"图层和所有参考线图层,选中"车站"的图层,执行"选择>色彩范围"菜单命令,用"吸管工具" 🖋 吸取天空的颜色,得到选区之后,选中"反相"复选框,如图6-32所示。

图 6-32

07 选择"画笔工具" 🖌,设置"前景色"为"白色"(R:255,G:255,B:255),在大巴的图层蒙版中进行适当涂抹,直至画面中的车身和路面清晰地呈现出来,注意涂抹时不要接触到车站中间的那棵树,如图6-34所示。

图 6-34

04 将"大巴"图片和参考线一起复制并粘贴到"车站"文件中,然后设置"大巴"图层的"不透明度"值为"50%"。将"大巴"图片和参考线一起选中并移动,让两个交点重合,如图6-31所示。

图 6-31

06 单击"确定"按钮,得到选区。打开所有图层,选中"大巴"图层,然后按住Alt键并单击"图层"面板下方的"创建图层蒙版"按钮 ▢,给图层创建蒙版,效果如图6-33所示。

图 6-33

08 将画面右下角缺的地方补齐,然后将所有参考线隐藏,并在"图层"面板最上方创建新图层。选择"仿制图章工具",在工具选项栏中设置"样本"为"当前和下方图层"。因为有透视关系,所以需要单击"设置仿制源样本"按钮 🗗,将比例调整到"130%",如图6-35所示。

图 6-35

09 按住Alt键，定义路面中合适的位置为仿制图源，将画面右下角的路面绘制出来。需要注意的是，这里需要不停地切换合适的仿制源，才能很好地完成补面操作，如图6-36所示。

10 观察画面，发现路面中间有一部分稍微偏色，需要让它偏红色一点。在"图层"面板最上方创建新图层，设置图层的"混合模式"为"叠加"。选择"画笔工具"✐，设置"前景色"为"红色"（R:102，G:72，B:69）、"不透明度"值为"30%"，并在偏色路面区域进行涂抹，如图6-37所示。

图 6-36

图 6-37

11 调整候车亭的玻璃材质。使用"选框工具"▣选中"大巴"图层最右边一小块区域，然后按快捷键Ctrl+J复制图层并创建剪贴蒙版。按快捷键Ctrl+T执行"自由变换"命令，将这一块区域移动到玻璃上面并进行适当的变形，同时设置"不透明度"值为"50%"，大概模拟出玻璃的反射效果，如图6-38所示。

图 6-38

提示

通过透视网格可以找到我们想要的透视点，如果是一点透视，那么场景中所有元素的透视点理应是重合的；如果是两点透视，那么消失点应该统一在水平线上。从严格意义上来讲，案例中大巴图像的消失点有偏差，因为拍图片的时候刚好是一个弧度转弯的地方，不过对于设计而言，在合理的误差范围内进行的设计都是可以接受的。

案例：利用透视网格绘制立体场景

扫 码 观 看 视 频

案例位置	案例文件 >CH06>02> 案例：利用透视网格绘制立体场景.psd
视频位置	视频文件 >CH06>02
实用指数	★ ★ ★ ★ ☆
技术掌握	利用透视网格绘制立体场景的技法和注意事项

合理地利用透视网格，不仅能够辅助我们创建正确的透视，而且在绘制图形和贴材质的时候特别直观。本案例主要讲解透视网格的绘制方法和确定透视的原则，以及在利用网格进行场景合成处理时所使用的技巧。案例所需素材和最终效果如图6-39所示。

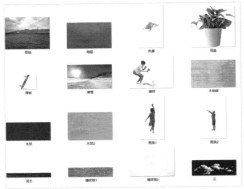

图 6-39

操作步骤

01 在Photoshop中新建文件，将文件命名为"平面空间"，设置"宽度"为1920像素、"高度"为1080像素、"分辨率"为72像素/英寸"、"颜色模式"为RGB颜色,8位"，如图6-40所示。

02 选择"自定形状工具" ✿，单击选项栏中的"形状"菜单,在弹出的面板中单击"设置"按钮 ✿，选择"载入形状"选项，加载CH06/02/网格.csh。按住Shift键的同时在画布中绘制两个网格，并将其中一个网格移动到画面左侧，将另一个网格放置在右侧。这里为了方便观察，将颜色分别设置为"红色"和"绿色"。最后将两个形状图层编组，并将组命名为"透视网格"，效果如图6-41所示。

03 创建"纯色" ▣ 调整图层，设置"颜色"为"蓝色"(R:165，G:204,B:220)，效果如图6-42所示。

图 6-40

图 6-41

图 6-42

04 选择"钢笔工具" ，在工具选项栏中设置"工具模式"为"形状"、"填充"为"浅灰色"(R:220,G:220,B:220)、"描边"为"无"，然后在画面左下角贴合网格绘制一个矩形，并将矩形图层命名为"底座左侧"，如图6-43所示。

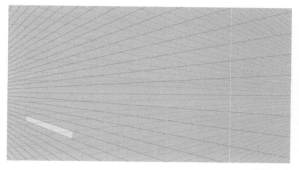

图 6-43

06 继续选择"钢笔工具" ，设置"前景色"为"浅灰色"(R:243,G:243,B:243)，然后绘制一个矩形，并将矩形图层命名为"底座上侧"，如图6-45所示。

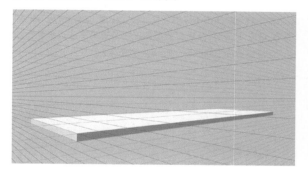

图 6-45

08 继续选择"钢笔工具" ，设置"前景色"为"灰色"(R:220,G:220,B:220)，根据透视网格的方向绘制出墙体的另外一边，将图层命名为"墙体左侧"，如图6-47所示。

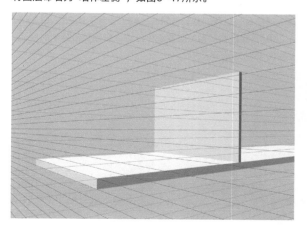

图 6-47

05 继续选择"钢笔工具" ，设置"前景色"为"灰色"(R:136,G:136,B:136)，之后根据透视网格的方向绘制出底座的另外一边，并将底座图层命名为"底座右侧"，如图6-44所示。

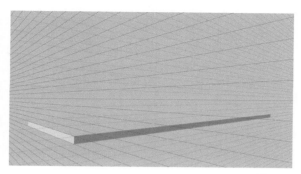

图 6-44

07 继续选择"钢笔工具" ，设置"填充"为"灰色"(R:98,G:98,B:98)，然后绘制中间隔断的墙体，并将墙体图层命名为"墙体右侧"，如图6-46所示。

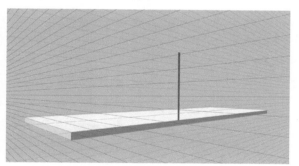

图 6-46

09 为了方便观察，暂时将"透视网格"组隐藏。打开素材文件"墙纹理1.jpg"，将素材复制并粘贴到"平面空间"文件中"底座右侧"图形的上方，然后创建剪贴蒙版，设置图层的"混合模式"为"正片叠底"。按快捷键Ctrl+T执行"自由变换"命令，对墙纹理进行变形，让底座面砖块纹理方向贴合透视网格的方向，如图6-48所示。

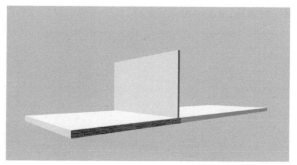

图 6-48

10 按照同样的方法，将上一步打开的素材继续粘贴一次，并放置在"底座左侧"图形的上方。创建剪贴蒙版，设置图层的"混合模式"为"正片叠底"、"不透明度"值为"80％"。按快捷键Ctrl+T执行"自由变换"命令，对墙纹理进行变形，让底座砖块纹理方向贴合透视网格的方向，如图6-49所示。

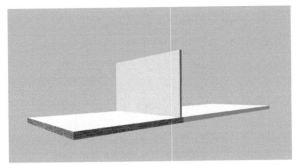

图 6-49

12 打开素材文件"木地板.jpg"，将素材复制并粘贴到"平面空间"文件中"底座上侧"图形的上方，生成"木地板"图层，创建剪贴蒙版，并按快捷键Ctrl+T执行"自由变换"命令，对木地板进行变形，让木板纹理方向贴合透视网格的方向，如图6-51所示。

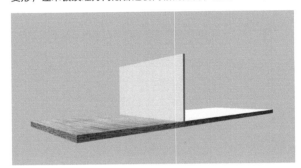

图 6-51

14 打开素材文件"草地.jpg"，将素材复制并粘贴到"平面空间"文件中"底座上侧"图形的上方，创建剪贴蒙版。按快捷键Ctrl+T执行"自由变换"命令，对草地进行等比例缩放，让其和"底座上侧"差不多大且只露出草地即可。按住Ctrl键的同时单击"底座上侧"图层缩览图，得到选区，选中"草地"图层，单击"图层"面板下方的"创建图层蒙版"按钮 ▣，让草地显示在"底座上侧"区域，如图6-53所示。

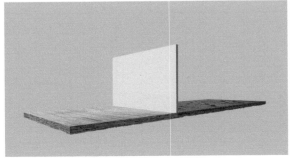

图 6-53

11 打开素材文件"泥土.jpg"，将素材复制并粘贴到"平面空间"文件中"底座右侧"图形的上方。创建剪贴蒙版，按快捷键Ctrl+T执行"自由变换"命令，对泥土进行变形，让其贴合透视网格的方向，如图6-50所示。

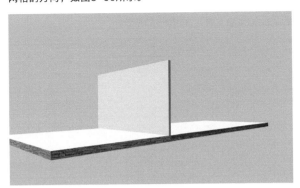

图 6-50

13 由于创建的都是图层剪贴蒙版，所以现在边缘看起来太过平滑且有点失真。分别给"底座左侧""底座右侧""底座上层"图层添加图层蒙版，选择"画笔工具" ✐，在工具选项栏中将画笔切换到"干介质画笔"里面的"kyle炭笔"画笔，如果没有可以用画笔本身边缘凹凸不平的画笔代替，设置"前景色"为"黑色"（R:0，G:0，B:0），分别在图层蒙版中沿着轮廓的边缘轻微涂抹，让边缘有纹理感即可，如图6-52所示。

图 6-52

15 继续处理草地边缘过于平滑的问题。选择"画笔工具" ✐，在工具选项栏中将画笔切换到"沙丘草"画笔（如果是较新版本的Photoshop，可以单击"旧版画笔"按钮，找到"沙丘草"画笔）。将"前景色"和"背景色"都设置为"白色"（R:255，G:255，B:255），然后在草地图层蒙版中沿着边缘涂抹出草地的纹理，如图6-54所示。

图 6-54

16 打开素材文件"墙面纹理2.jpg",将素材复制并粘贴到"平面空间"文件中"墙体左侧"图形的上方。创建剪贴蒙版,按快捷键Ctrl+T执行"自由变换"命令,对纹理进行变形,让其透视方向贴合墙面的透视方向,如图6-55所示。

图 6-55

17 处理背景部分,在"底色"图层上方创建新图层,将图层名命名为"底色高光"。选择"画笔工具",将画笔切回"柔边圆"画笔,设置"前景色"为"浅蓝色"(R:230,G:252,B:254)、"不透明度"值为"20%"、"大小"为"700像素",之后在画面中间位置随意涂抹出一些高光,如图6-56所示。

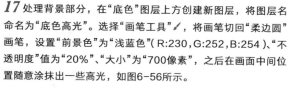
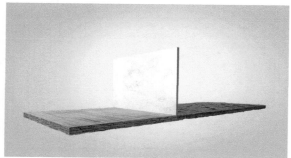

图 6-56

18 在"底色高光"图层上方创建新图层,将图层命名为"底色阴影"。继续选择"画笔工具",设置"前景色"为"蓝色"(R:122,G:161,B:187),在画面四周位置随意涂抹出一些阴影,如图6-57所示。

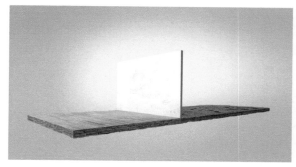

图 6-57

19 在"底色阴影"图层上方创建图层,将图层命名为"底座阴影",设置图层的"混合模式"为"正片叠底"。选择"画笔工具",设置"前景色"为"深蓝色"(R:25,G:36,B:42)、"大小"为"100像素"左右,然后在底座下方涂抹出一些阴影,如图6-58所示。

图 6-58

20 现在木地板看起来太亮了,在画面中过于抢眼,需要做一些处理。选中"木地板"图层,在上方创建"曲线"调整图层并创建剪贴蒙版,让木地板整体偏暗的同时减少红色,如图6-59所示。

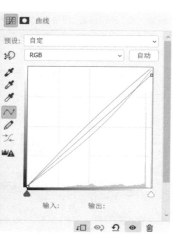

图 6-59

21 接下来完善场景细节。显示"透视网格"组 👁 ，选择"钢笔工具"✐ ，设置"工具模式"为"形状"、"填充"为"黑色"（ R:0，G:0，B:0 ）、"描边"为"无"。在"图层"面板最上方沿着透视方向在木地板上方绘制一个长方形，将其命名为"地毯"，如图6-60所示。

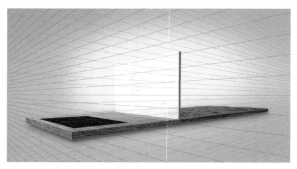

图 6-60

22 按照同样的方法在墙面继续绘制一个长方形，并将长方形图层命名为"电视机"，如图6-61所示。

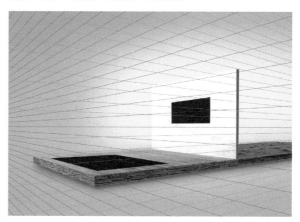

图 6-61

23 继续在电视机下方绘制一个电视柜，绘制时注意拆分绘制，并将绘制的图形所在图层对应命名为"柜体左侧""柜体右侧""柜体顶部"，如图6-62所示。

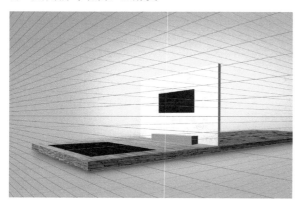

图 6-62

24 为了方便观察，将"透视网格"组暂时隐藏。打开素材文件"地毯.jpg"，将素材复制并粘贴到"平面空间"文件中"地毯"图形的上方。创建建剪贴蒙版，按快捷键Ctrl+T执行"自由变换"命令，对图形进行适当调整，使其贴合透视方向，如图6-63所示。

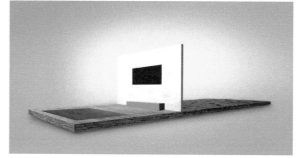

图 6-63

25 地毯看起来太薄了，在其下方创建新图层，并将图层命名为"地毯阴影"，设置图层的"混合模式"为"正片叠底"。选择"画笔工具"✔ ，设置"前景色"为"棕色"（ R:88，G:74，B:55 ）、"不透明度"值为"30％"，在地毯下方和右侧绘制阴影，如图6-64所示。

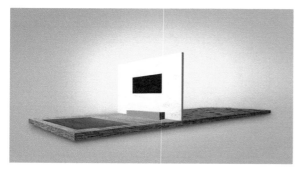

图 6-64

26 打开素材文件"滑雪.jpg"，将素材复制并粘贴到"平面空间"文件中"电视"图形的上方，自动生成"滑雪"图层。创建剪贴蒙版，按快捷键Ctrl+T执行"自由变换"命令，对"滑雪"图层进行变形，使其与电视的透视方向相贴合，保留一定的黑边作为电视边框，如图6-65所示。

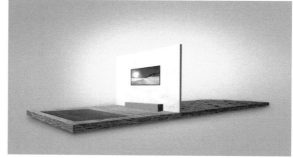

图 6-65

27 打开素材文件"木纹.jpg"，用和贴墙面相同的方法，将木纹分别贴在"柜体左侧"图层、"柜体右侧"图层和"柜体顶部"图层的上方，并保持"柜体右侧"的木纹颜色较深，如图6-66所示。

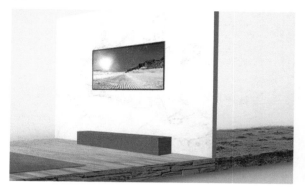

图 6-66

29 在"花盆"图层的下方创建新图层，然后将图层命名为"花盆阴影"，设置图层的"混合模式"为"正片叠底"。选择"画笔工具" ✐，设置"前景色"为"棕色"（R:88，G:74，B:55）、"不透明度"值为"30%"，在左右两边花盆的下方和右侧绘制阴影。同样的，在电视柜下方创建图层，并在右侧绘制阴影，如图6-68所示。

图 6-68

31 继续完善电视柜细节。使用"钢笔工具" ✐ 在电视柜上绘制3个矩形作为抽屉，然后将其编组并命名为"抽屉"，如图6-70所示。

图 6-70

28 打开素材文件"花盆.png"，将素材复制并粘贴到"平面空间"文件中所有图层的上方，然后将图层命名为"花盆"。按快捷键Ctrl+T执行"自由变换"命令，对花盆进行缩放并移动到电视柜的左侧。之后按照同样的方法再摆放一个花盆在电视柜的右侧，如图6-67所示。

图 6-67

30 打开素材文件"滑板.png"，将素材复制并粘贴到"平面空间"文件中所有图层的上方，自动生成图层"滑板"，将其移动到左侧花盆的旁边，如图6-69所示。

图 6-69

32 打开素材文件"木纹2.jpg"，将素材复制并粘贴到"抽屉"组的上方并创建剪贴蒙版，按快捷键Ctrl+T执行"自由变换"命令，对木纹进行变形，让其纹理方向和透视方向贴合，如图6-71所示。

图 6-71

33 打开素材文件"模特.png",将素材复制并粘贴到"平面空间"文件中所有图层的上方,按快捷键Ctrl+T执行"自由变换"命令,对模特进行缩放并移动到地毯中间,如图6-72所示。

34 使用"钢笔工具"✐,在工具选项栏中将"填充"设置为"无"、"描边"为"黑色"(R:0,G:0,B:0)、"粗细"为"1像素",绘制两条手柄的连接线,如图6-73所示。

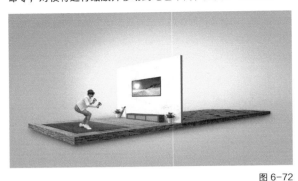

图 6-72

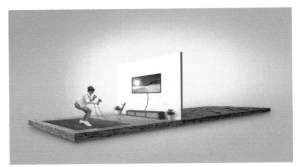

图 6-73

35 打开素材文件"男孩1.png""男孩2.png""风筝.png",将素材复制并粘贴到"平面空间"文件中所有图层的上方,按快捷键Ctrl+T执行"自由变换"命令,对图形进行缩放并移动到草地上的合适位置,如图6-74所示。

图 6-74

36 打开素材文件"云.jpg",将素材复制并粘贴到"平面空间"文件中所有图层的上方,然后设置图层的"混合模式"为"滤色"。按快捷键Ctrl+T执行"自由变换"命令,对云进行缩放并移动到草地上方,结束操作,如图6-75所示。

图 6-75

第 **2** 篇

Photoshop 合成的核心技法详解

第 **7** 章

纹理就是细节

在一次"PS星期天大挑战"中，笔者问学生："大家在设计过程中看得到的是什么？看不到的是什么？"学生给我的答案大概是这样的："看得到的东西很明确，无非就是图片、文字、颜色和图形，而看不到的则是排版的网格系统、考究的配色方案等。"对于Photoshop合成设计而言，如果在前期设计出的作品效果已经比较好的情况下，还想让作品更加优化，就可以从一些细节入手。对于合成设计而言，细节的处理主要在于纹理的处理。本章主要介绍各种纹理的处理方法与技巧。

◎ 草的纹理表现　　◎ 水的纹理表现　　◎ 火的纹理表现

◎ 烟雾的纹理表现

7.1 草的纹理表现

在很多合成作品中经常会用到草，它既可以作为场景的主要元素，如牧场、足球场、公园等，又可以作为辅助元素去渲染某种环境，例如，破旧环境中的杂草、墙面的纹理等。

7.1.1 概述

从大环境来看，草的纹理主要需要考虑整体的色调变化，要控制好颜色、光影层次，适当的时候可以根据画面需要去改变地形，如果需要做旧纹理，还可以在里面添加积水、泥地等。最重要的是，纹理表现不只是把质感做出来，而是更应该考虑它与环境整体的搭配。在Photoshop合成设计中，掌握草的特点，可以帮助我们在处理这类元素的时候将画面刻画得更加符合主题。

7.1.2 合成要点

草的形状比较复杂。一般而言，我们所说的草是类似Photoshop中沙丘草画笔的形态，下粗上尖、高低起伏，呈现出弧度弯曲的状态，而不是笔直向上的。草的颜色会根据季节的变化而变化，同时随着受光强度的不同，也会表现出颜色分层的情况，具体表现为草尖部分受光多，看起来偏黄色，草根部分受光少，看起来偏绿色。在日常设计中，要注意选取那种层次感较好的草地素材，避免选择光线较平、草地层次感较低的素材，如图7-1所示。

理想素材　　　　　　　　　　　　　　　　　　非理想素材　　　　　图 7-1

在使用草地素材进行合成设计时，要注意草的整体形状要合适。在没有约束的情况下，尽量使用有高矮起伏的草地素材，这样会增加画面的空间感。除此之外，在使用草地素材时，会与树、花丛等素材组合使用，这时还需要注意素材与素材之间的搭配，以及颜色的整体控制等。

如图7-2所示为智利设计师Daniela Santelices利用玻璃瓶创作的一组创意海报，在狭小的空间里利用草地的起伏和树的高低来营造一种空间感。

图 7-2

此外，针对一些想要通过草地营造荒凉氛围等特殊情况，选取的素材中的草一定要杂乱，并且颜色尽量偏干枯、稀疏。

如图7-3所示为纽约艺术家Atomic 14和伦敦的艺术家James Gardner-Pickett联合创作的一幅伦敦城市作品，画面利用CG渲染场景，并且将杂乱的草作为信息暗示，使整个画面给人一种荒凉、陈旧的感觉。

图 7-3

案例：草地素材的处理方法

案例位置	案例文件>CH07>01>案例:草地素材的处理方法.psd
视频位置	视频文件>CH07>01
实用指数	★★★★☆
技术掌握	草地素材的处理方法和注意事项

在日常设计中，有时候可能没办法一下子就找到光线层次好的素材，这时候可以通过Photoshop对找到的一些不太理想的草地素材进行适当处理，再应用到画面中。案例处理前后的效果对比如图7-4所示。

处理前

处理后

图 7-4

操作步骤

01 打开素材文件"草地.jpg"，观察图片，就会发现画面曝光度不够，需要进行处理，如图7-5所示。

图 7-5

02 在"图层"面板最上方创建"曲线"调整图层，然后适当调整曲线，让画面整体变亮，如图7-6所示。

图 7-6

03 经过上一步操作之后，草地的质感还是没有出来，需要强化一下。进入"通道"面板，找到一个草地黑白关系最明显的"红"通道图层，并将它拖到下方的"创建新通道"按钮 🖬 上，然后选择"红 拷贝1"通道图层，按快捷键Ctrl+M 执行"曲线"命令，调整曲线，增加黑白对比度，如图7-7所示。

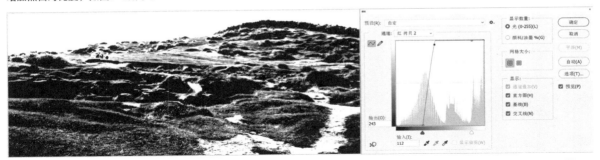

图 7-7

04 继续观察图片，发现黑白对比太过明显，需要稍微弱化一下。选择"红 拷贝1"通道图层，执行"滤镜>模糊>高斯模糊"菜单命令，在打开的对话框中设置"半径"为"4像素"，效果如图7-8所示。

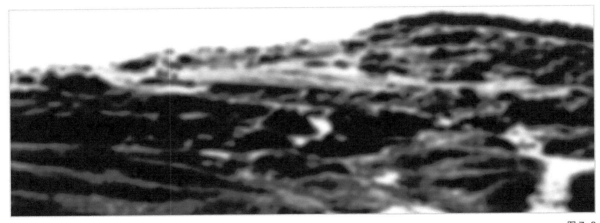

图 7-8

04 按住Ctrl键的同时单击"红 拷贝1"通道图层的缩览图，得到一个选区。回到"图层"面板，创建"曲线"调整图层，将选区部分提亮并增加红色，减少蓝色，如图7-9所示。

图 7-9

05 现在画面看起来高光部分变亮了，但是整体的清晰度降低了。选择"背景"图层，将它复制一层，然后设置图层的"混合模式"为"叠加"，并执行"滤镜>其他>高反差保留"菜单命令，在打开的对话框中设置"半径"为"4像素"，如图7-10所示。

06 之前只是初步明确了明暗关系，接下来用笔刷绘制细节。在所有图层的上方创建新图层，选择"画笔工具"，然后在工具选项栏中选择"沙丘草"画笔，设置"前景色"为"浅黄色"（R:249,G:255,B:180）、"背景色"为"草绿色"（R:185,G:204,B:143），然后在草地的高光部分进行适当涂抹，如图7-11所示。

图 7-10

图 7-11

提示

　　当然，在这里也可以控制某些地方使其不变亮，例如天空和路，也可以单独控制一下阴影部分，具体的操作细节这里不过多描述，如右图所示为处理前后的效果对比，如图7-12所示。

前　　　　　　　　　　后　　　图 7-12

同时，在使用笔刷绘制地面上的草的时候，为了体现出草的密度和层次，一定要将画笔设置里面的颜色动态打开。在"前景色"和"背景色"的设置上，一般自动选择一个偏暖的颜色作为高光色和一个偏冷的颜色作为阴影色。要顺着地势的高低涂抹，不应该水平、垂直或直线式地涂抹，如图7-13所示。

此外，草地的质感除了光影层次，还需要注意其他的一些细节，例如元素的点缀等。观察一下现实生活中的草地，除了草，还会有一些泥土、石头、昆虫、花等环境元素。在合成设计中，可以根据画面内容的需求适当添加一些类似的环境元素作为细节修饰，可以让草地看起来更加真实。

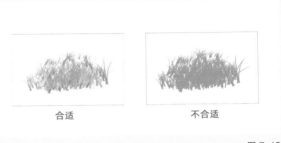

合适　　　　　　　　　不合适

图 7-13

07 打开素材文件"草地2.jpg"，将草地中的花抠出来并贴在之前做好的文件中。进入"通道"面板，将"红"色通道复制一层，按快捷键Ctrl+M打开"曲线"对话框，并适当调整曲线，增加黑白对比度，如图7-14所示。

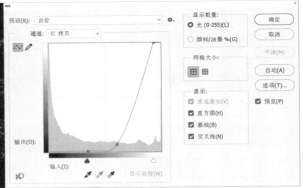

图 7-14

08 按住Ctrl键并单击"红 拷贝1"缩览图，得到一个选区，回到"图层"面板，按快捷键Ctrl+C对图像进行复制。回到"草地"设计文件，然后将素材粘贴到文件中。按快捷键Ctrl+T执行"自由变换"命令，对粘贴的图像进行变形，并缩放到合适的大小，如图7-15所示。

09 选中粘贴的图像图层，创建图层蒙版，然后选择"画笔工具"，设置"前景色"为"黑色"（R:0, G:0, B:0）。在蒙版中将多余的黄色花（如草地暗部区域和比较零碎细小的花）用画笔涂抹掉，如图7-16所示。

图 7-15

图 7-16

提示

无论是添加花朵还是石头，都需要对画面中的草地进行单独控制，不可能靠一张图片就解决问题，本案例这一步出现的问题和情况，也可以利用"色相/饱和度"让花的颜色有一定的区别。

案例：利用草地搭建牧场场景

扫 码 观 看 视 频

案例位置	案例文件>CH07>02>案例:利用草地搭建牧场场景.psd
视频位置	视频文件>CH07>02
实用指数	★ ★ ★ ★ ☆
技术掌握	利用草地搭建牧场场景制作技法和注意事项

本案例需要在画面中搭建一个牧场，场景里面有草地、树林、奶农、奶牛、石头等。在完成这幅作品之前，需要对其进行简单的构图，确保重要的信息在焦点上。

在设计之前寻找参考是必不可少的一步。在设计一个作品前，如果对其中包含的物体材质或环境不太熟悉，可以先找到一些参考，然后对其使用的手法和细节都进行分析，再开始着手设计。

在本案例的设计中，笔者参考了印度尼西亚的Apix10 Studio的作品，如图7-17所示。对此，笔者做了以下分析与思路总结，如表7-1所示。

图 7-17

表 7-1

整体色调	环境氛围	材质表现	总体思路
高光部分以暖黄色为主，阴影部分以深绿色为主，用泥土色中和饱和度很高的绿色来避免画面过于艳丽的情况	天空非常重要，场景中穿插了小道用来分割画面，并制造层次以及引导视线，同时添加了树元素	用了两种不同植物模型。地势起伏不定，很有动感，材质本身层次分明，有随机感，但大方向一致	1. 草地处理注意层次。 2. 天空、光的氛围尤为重要。 3. 草地上需要添加更多的其他元素来制造趣味，避免单一

本案例使用的素材及最终效果如图7-18所示。

图 7-18

操作步骤

01 在Photoshop中新建文件，设置"名称"为"牧场"、"宽度"为"1920像素"、"高度"为"1080像素"、"分辨率"为"72像素/英寸"。打开素材文件"草地1.jpg"，将素材复制并粘贴到"牧场"文件中，并将图层命名为"草地"，如图7-19所示。

图 7-19

02 创建新图层，并将图层命名为"构图参考"。选择"画笔工具" ，然后在画面中绘制九宫格线条，确保线条颜色为红色，并用绿色色块确定视觉焦点的位置。之后适当地将"草地"图层往下移动，不要让草地过于对称，如图7-20所示。

图 7-20

03 将"构图参考"图层暂时取消可见，选中"草地"图层，创建图层蒙版。选择"画笔工具" ，设置"前景色"为"黑色"（R:0，G:0，B:0），然后在蒙版中将草地以外的区域涂抹成黑色。打开素材文件"草地2.jpg"，将图片复制并粘贴到"牧场"文件中"图层"面板的最下方，并将图层命名为"草地2"，如图7-21所示。

图 7-21

04 选中"草地"图层，按快捷键Ctrl+T执行"自由变换"命令，移动控制网格，让"草地"图层中的草地与"草地2"图层的草地相贴合，如图7-22所示。

图 7-22

05 在"草地"图层上方创建"曲线"调整图层并创建剪贴蒙版，将草地整体提亮，并增加红色，减少蓝色，如图7-23所示。

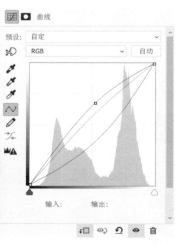

图 7-23

06 这一步只是希望草地的高光被提亮，阴影还是保持原来的颜色以增加层次。双击"曲线"调整图层，打开"图层样式"对话框，找到"混合颜色带"，将"下一图层"的黑色滑块往右边滑动，如图7-24所示。

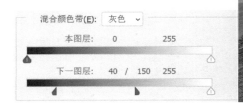

图 7-24

07 选中"草地"蒙版图层，选择"画笔工具" ，在两个图层相交的地方涂抹，让其过渡更加均匀。在"草地"图层上方创建"曲线"调整图层并创建剪贴蒙版，将草地整体提亮，并且增加红色，减少蓝色和绿色。选择"画笔工具" ，设置"前景色"为"黑色"（R:0，G:0，B:0）。在调整图层的蒙版中，将草地的两边涂抹成黑色，将中间提亮，如图7-25所示。

图 7-25

08 在"草地"图层上方创建"色相/饱和度"调整图层 并创建剪贴蒙版，减少画面的饱和度和明度，并让色相稍微往右边偏移一点。选择"画笔工具" ，设置"前景色"为"黑色"。在"色相/饱和度"调整图层的蒙版中将草地的中间涂抹成黑色，让草地的明暗关系和颜色层次更加明显，如图7-26所示。

图 7-26

09 在远景中添加房子和石块，让草地看起来有更多细节。打开素材文件"房子.png"，将房子复制并粘贴到"牧场"文件中所有图层的上方，并将图层命名为"房子"，按快捷键Ctrl+T执行"自由变换"命令，将"房子"缩放并移动到画面的左边，如图7-27所示。

图 7-27

11 打开素材文件"石头.jpg"，使用"套索工具" 选取石头部分，然后复制并粘贴到"牧场"文件中所有图层的上方，同时将图层命名为"石头"。按快捷键Ctrl+T执行"自由变换"命令，将"石头"缩放并移动到画面的右边，如图7-29所示。

12 现在石头看起来并没有完全融入画面，选中"石头"图层并创建图层蒙版。选择"画笔工具" ，设置"前景色"为"黑色"，然后在蒙版中进行适当涂抹，让石头素材的草地部分消失。在"石头"图层上方创建"曲线"调整图层并创建剪贴蒙版，使石头的对比度降低，同时减少蓝色，如图7-30所示。

10 打开素材文件"烟.png"，将烟复制并粘贴到"牧场"文件中所有图层的上方，并将图层命名为"烟"，按快捷键Ctrl+T执行"自由变换"命令，将烟缩放并移动到房子的上方，如图7-28所示。

图 7-28

图 7-29

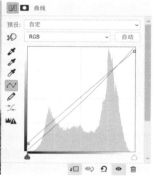

图 7-30

13 打开素材文件"房子2.png"，将房子复制并粘贴到"牧场"文件中所有图层的上方，将图层命名为"房子2"，按快捷键Ctrl+T执行"自由变换"命令，将房子缩放并移动到画面的右边，如图7-31所示。

图 7-31

14 打开素材文件"牛1.png"，将"牛1"素材复制并粘贴到"牧场"文件中所有图层的上方，然后将图层命名为"牛1"。按快捷键Ctrl+T执行"自由变换"命令，将"牛1"缩放并移动到画面中石头的附近，如图7-32所示。

图 7-32

15 接下来处理天空部分。打开素材文件"天空.jpg"，将天空复制并粘贴到"牧场"文件中所有图层的上方，然后将图层命名为"天空"，按快捷键Ctrl+T执行"自由变换"命令，将天空缩放并移动到合适的位置，并且只需要稍微露出云层的细节即可，如图7-33所示。

图 7-33

17 为了让画面远景效果更丰富，继续在背景添加一层淡淡的远景图像。打开素材文件"远景.jpg"，将远景复制并粘贴到"牧场"文件中所有图层的上方，然后将图层命名为"远景"，设置图层的"混合模式"为"滤色"。按快捷键Ctrl+T执行"自由变换"命令，将远景缩放并移动到天空上方，只需体现出山和地势之间的延伸感即可。之后同样使用前边讲解到的蒙版和画笔使用技巧处理两者的过渡，最后设置图层的"不透明度"值为"80%"，如图7-35所示。

图 7-35

19 背景搭建完成，接下来让画面的元素丰富起来。打开素材文件"石块.png"，将石块复制并粘贴到"牧场"文件中所有图层的上方，并将图层命名为"石块"，同时将它缩放到画面的左下角，如图7-37所示。

图 7-37

16 选中"天空"图层，创建图层蒙版。选择"画笔工具"✐，设置"前景色"为"黑色"，在蒙版中涂抹最上方云层的下方区域，让天空均匀过渡，最后设置图层的"不透明度"值为"50%"，如图7-34所示。

图 7-34

18 为了让画面更加有意境，给天空添加一些鸟素材。打开素材文件"鸟.jpg"，将鸟复制并粘贴到"牧场"文件中所有图层的上方，然后将图层命名为"鸟"，同时设置图层的"混合模式"为"正片叠底"，并将其移动到合适的位置。最后将所有图层编组，并将组命名为"背景"，如图7-36所示。

图 7-36

20 为了显示出距离感，接下来将近景的元素压暗一些。在"石块"图层上方创建"曲线"调整图层并创建剪贴蒙版，让石块整体变暗，同时减少红色，如图7-38所示。

图 7-38

21 感觉现在画面的对比强度还是不够，在"石块"图层上方创建新图层，然后创建剪贴蒙版，设置图层的"混合模式"为"正片叠底"。选择"画笔工具" ✐，设置"前景色"为"暗黄色"（R:37，G:38,B:30）、"不透明度"值为"20%"，在石块下方涂抹，涂抹出较明显的阴影，如图7-39所示。

图 7-39

22 观察调整后的画面，发现石块与背景的距离拉得太开了，需要一个元素来过渡。打开素材文件"草地2.jpg"，使用"套索工具" ♀ 选中一部分草地，并将其复制和粘贴到"牧场"文件"石块"图层下面，然后将图层命名为"过渡草地"，如图7-40所示。

图 7-40

23 选中"过渡草地"图层，创建图层蒙版。选择"画笔工具" ✐，在工具选项栏中设置"画笔类型"为"沙丘草"，"前景色"和"背景色"均为"黑色"，然后在蒙版中适当涂抹，使草地之间过渡均匀，如图7-41所示。

图 7-41

24 在"过渡草地"图层上方创建"曲线"调整图层，然后适当调整曲线，让草地变暗。继续选择"画笔工具" ✐，保持"画笔类型"依然为"沙丘草"画笔，"前景色"和"背景色"均为"黑色"（R:0,G:0,B:0），然后在蒙版中涂抹，使草地左边背光面变暗，如图7-42所示。

图 7-42

25 在"过渡草地"图层上方创建新图层，设置图层的"混合模式"为"滤色"。选择"画笔工具" ✐，保持"画笔类型"依然为"沙丘草"画笔，设置"前景色"为"浅黄色"（R:242,G:251，B:201）、"背景色"为"深绿色"（R:63,G:122,B:50），然后绘制草地上的高光，如图7-43所示。

图 7-43

26 按照同样的方法，在"石块"图层上方创建新图层，设置图层的"混合模式"为"滤色"。选择"画笔工具" ✐，保持上一步的设置不变，然后沿着石块右侧边缘绘制高光，如图7-44所示。

图 7-44

27 打开素材文件"动物.png"，将动物复制并粘贴到"牧场"文件中所有图层的上方，并将图层命名为"动物"。按快捷键Ctrl+T执行"自由变换"命令，然后将素材缩放并移动到石块的上面，如图7-45所示。

28 打开素材文件"牛2.png"，将素材复制并粘贴到"牧场"文件中所有图层的上方，然后将图层命名为"牛2"。按快捷键Ctrl+T执行"自由变换"命令，对素材进行缩放并移动到远景的房子前面，如图7-46所示。

图 7-45

图 7-46

29 观察画面，发现"牛2"的整体颜色太重了。在"牛2"素材所在图层的上方创建"曲线"调整图层并创建剪贴蒙版，整体变亮的同时增加红色、绿色，减少蓝色，如图7-47所示。

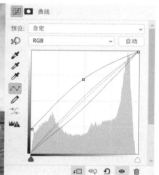

图 7-47

30 给"牛2"添加阴影。在"牛2"图层的下方创建新图层，选择"画笔工具" ✐，设置"不透明度"值为30%"、"前景色"为深绿色（R:77,G:82,B:60），然后在"牛2"的下方绘制阴影，如图7-48所示。

31 用同样的方法打开素材文件"牛3.png"和"牛4.png"，将其放置在画面中的合适位置并调整阴影，如图7-49所示。

图 7-48

图 7-49

32 打开"构图参考"图层，观察整个画面的构图，接下来将产品放置在画面左边的焦点位置，将奶农放置在左侧的焦点位置，并统一光源投射方向为从右侧往左侧。就目前的画面情况来看，还缺少近景，天空部分显得太空，这些都是接下来要逐步解决的问题，如图7-50所示。

图 7-50

33 设置"构图参考"图层为不可见状态，打开素材文件"木栏.jpg"，将素材复制并粘贴到"牧场"文件的右侧，然后将图层命名为"木栏"，并缩放到合适的大小，如图7-51所示。

34 在"木栏"图层上方创建"曲线"调整图层，让画面整体变暗并在阴影处提高蓝色，减少绿色。再次在"木栏"图层上方创建"曲线"调整图层，这次控制的是远景区域，让其变亮并减少蓝色，可以用之前讲到的图层蒙版和画笔技巧让第2个曲线只显示在远景区域，如图7-52所示。

图 7-51

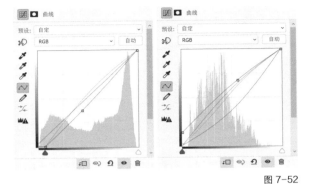

图 7-52

35 在"木栏"图层上方创建"亮度/对比度"调整图层 ☀，并创建剪贴蒙版，设置"亮度"值为"80"、"对比度"值为"-75"，并选中"使用旧版"复选框。之后同样利用图层蒙版和画笔技巧让调整的效果只显示在远景部分，如图7-53所示。

图 7-53

36 在"木栏"图层上方创建"曲线"调整图层并创建剪贴蒙版，让画面整体变暗。之后同样利用图层蒙版和画笔技巧让调整的效果只显示在近景部分，如图7-54所示。

37 在"木栏"图层上方创建新图层并创建剪贴蒙版，设置图层的"混合模式"为"滤色"。选择"画笔工具" ✎，设置"不透明度"值为"30%"、"前景色"为"浅橙色"(R:236,G:225,B:197)，然后在木栏远处的泥土路进行适当涂抹，使其看起来更加明亮，如图7-55所示。

图 7-54

图 7-55

38 在"木栏"图层下方创建新图层，设置图层的"混合模式"为"正片叠底"。选择"画笔工具" ✐，设置"不透明度"值为"30%"、"前景色"为"暗绿色"（R:43，G:48，B:32），然后在木栏左侧涂抹，绘制一些阴影，如图7-56所示。

图 7-56

40 打开素材文件"桶子.png"，将素材复制并粘贴到"男人"图层下方，并将图层命名为"桶子"，然后将其缩放至合适的大小，并移动到男人的左后侧。在"桶子"图层下方创建新图层，选择"画笔工具" ✐，设置"前景色"为"暗绿色"（R:43，G:48，B:32），然后涂抹绘制出男人和桶子的阴影，如图7-58所示。

图 7-58

39 打开素材文件"男人.png"，将素材复制并粘贴到"牧场"文件中所有图层的上方，然后将图层命名为"男人"，将其缩放至合适的大小，并移动到石块右侧，如图7-57所示。

图 7-57

41 打开素材文件"女人.png"，将素材复制并粘贴到"男人"图层的上方，然后将图层命名为"女人"，将其缩放至合适的大小，并移动到画面中间位置，如图7-59所示。

图 7-59

42 在"女人"图层上方创建"曲线"调整图层并创建剪贴蒙版，让图像整体变亮，同时增加红色，减少蓝色。当然，这里希望控制的是女人受光面的高光部分，所以依然使用图层蒙版和画笔来控制调整的区域，如图7-60所示。

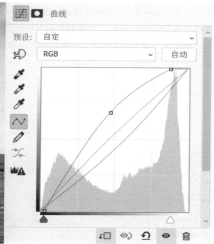

图 7-60

43 女人作为中景，对比度不能太强，因此在其上方创建"亮度/对比度"调整图层 ☀ 并创建剪贴蒙版，设置"亮度"值为"10"、"对比度"值为"–20"，并选中"使用旧版"复选框。在女人所在图层下方创建新图层，选择"画笔工具" ✐，设置"不透明度"值为"30%"、"前景色"为"暗绿色"（R:43,G:48,B:32），然后为女人涂抹绘制出一些阴影，如图7-61所示。

图 7-61

44 打开素材文件"产品.png"，将素材复制并粘贴到所有图层的上方，然后将图层命名为"产品"，将其缩放至合适的大小，并移动到画面右侧。选中"产品"图层，创建图层蒙版，选择"画笔工具" ✐，将草地的多余部分在蒙版中涂抹成黑色，如图7-62所示。

图 7-62

45 在"产品"图层上方创建新图层并创建剪贴蒙版，选择"画笔工具" ✐，在工具选项栏中设置画笔为"柔边缘"画笔、"不透明度"值为"30%"、"前景色"为"浅黄色"（R:246,G:241,B:210），在产品下方涂抹出烟雾光照的感觉来增加空间感，如图7-63所示。

图 7-63

46 在"产品"图层下方创建新图层，设置图层的"混合模式"为"正片叠底"，用和前面相同的方法选择"画笔工具" ✐，并绘制产品的阴影，如图7-64所示。

图 7-64

47 为了展示农场"具有现代化无人机监测手段"的特征，打开素材文件"无人机.png"，将素材复制并粘贴到"产品"图层的上方，将其缩放至合适的大小，并移动到产品左侧，如图7-65所示。

图 7-65

48 制作光效。打开素材文件"光.jpg"，将素材复制并粘贴到所有图层上方，设置图层的"混合模式"为"滤色"、"不透明度"值为"60%"，并将它拉大充满画面一大半区域，最后将除"背景"图层组以外的图层全部选中并进行编组，将组命名为"中景"，如图7-66所示。

图 7-66

49 接下来设计近景中的元素，打开素材文件"树.png"，将素材复制并粘贴到所有图层上方，然后将图层命名为"树"并将它移动到画面左侧，如图7-67所示。

图 7-67

50 在"树"图层上方创建"曲线"调整图层并创建剪贴蒙版，然后适当调整曲线，让画面整体变暗并增加蓝色和绿色，如图7-68所示。

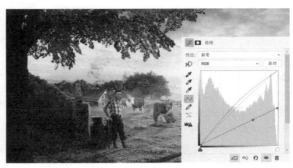

图 7-68

51 打开素材文件"花.png"，将素材复制并粘贴到"树"图层下方，然后将图层命名为"花"，并将它移动到画面左侧，如图7-69所示。

图 7-69

52 在"花"图层上方创建"曲线"调整图层并创建剪贴蒙版，控制曲线让画面整体变暗，如图7-70所示。

图 7-70

53 打开素材文件"树枝.png"，将素材复制并粘贴到所有图层上方，然后将图层命名为"树枝"，并将它移动到到画面右侧上方，如图7-71所示。

图 7-71

54 打开素材文件"指引牌.png"，将素材复制并粘贴到所有图层上方，并将图层命名为"指引牌"，并将它移动到画面左侧下方，如图7-72所示。

图 7-72

55 打开素材文件"花.png"，将素材复制并粘贴到所有图层上方，将图层命名为"近景花"，并将它移动到画面左侧下方。执行"滤镜>模糊>高斯模糊"菜单命令，在打开的对话框中设置"半径"为"20像素"，然后快捷键Ctrl+L，调整色阶，将画面压暗，如图7-73所示。

56 在所有图层上方创建新图层，设置图层的"混合模式"为"正片叠底"。选择"画笔工具" ✒，设置"前景色"为"暗黄色"（R:26,G:28,B:132）、"不透明度"值为"20%"，然后在画面中间下方绘制阴影，让视线更加集中在画面中心，如图7-74所示。

图 7-73

图 7-74

7.2 水的纹理表现

在创意合成设计中，水常用于沙滩、大海等创作场景，又或者作为表现清凉、冰爽这类产品特点的装饰元素出现。在设计中，所谓的"水"不仅指海水，还包含大部分液态物质，如啤酒、牛奶、茶饮等。虽然这些物质的形态各有差异，但是只要仔细观察并分析，依然可以很好地表现出它们的质感。

7.2.1 概述

水在人们的普遍认知里是无色无味、透明、形态多变的，但仅靠这些认知是远远不够表现它的质感的。细细回忆一下，我们平日里见到的大海是碧蓝色的，并且在太阳很大的情况下还会有波光粼粼的效果；当涨潮的时候，拍打的大浪冲向苍穹，有一种让人无法抗衡的力量感；当海处于平静状态的时候，只要角度合适，几乎可以看到像镜子一般的倒影效果，等等。在日常生活中，先注意观察这些细节，并充分地了解水的特性，再表现到设计作品中，就显得简单多了。

7.2.2 合成要点

　　水虽然是透明的，但是因为它能够将蓝色、紫色这种波长较短的光反射、散射，从而被人们看见，因此，人们平日所看到的大海是碧蓝色的，并且这个颜色会随着海水的深度增加而逐渐加深，并且更暗。当然，水之所以会呈现出这些形态，除了与光的反射有关，还和海水里面的植物和生物有关。对于这些无须深入研究，只需注意海水的深度和光的反射对颜色的影响即可，如图7-75所示。

　　假设制作一个水底场景，可以利用颜色做出层次感，同样也要注意环境的细节。当光穿透水面的时候，经常会出现光束的效果，会让画面非常有质感，并且水底还有很多游走的小鱼、气泡等。如果光线照射到海底，海底也会有那种波光粼粼的效果，如图7-76所示。

图 7-75　　　　　　　　　　　　　　　　　　　　　　　　　　　　　　　　　图 7-76

　　当然，这些效果和细节与环境、光照情况相关，可以根据自己的设计需求强化或弱化。如图7-77所示为巴西Garrigosa Studio设计的作品，他将气泡、光束、颜色、地面的光斑都体现在画面里面，甚至将物体在水中漂浮的形态、水的折射效果也制作出来了。

图 7-77

与此同时，还需要注意水面的反射效果。水在非静止的状态下虽然看起来是起伏不定的，但是它毕竟是流动的液体，表面非常光滑，所以会出现一些镜面反射效果，可以反射场景和光。在合成设计中，这是让画面变得更好看和更通透比较关键的一点，如图7-78所示。

图 7-78

水的动态需要表现出层次感，图7-79中左图的水面虽然有涟漪，但是层次感不够，也不能给人动态的感觉。在一些需要表现更多动感或某种特定情绪的画面中，可以选取一些涟漪比较明显或浪花澎湃的素材，如图7-79右图所示。

一般来说，只要前期能找到合适的素材，可以大大提高创作效率和作品质量。当然，任何一张素材都不可能完全适用于我们的画面，或多或少都需要根据具体情况进行加工再使用。

如图7-80所示为巴西艺术家Wagner Molina为Nazca Origem品牌创作的作品，他利用海平面分割画面，可以让人们看到海平面上方的水面层次，由近到远，用了三层制作出来，这些基本都是通过后期深入加工得到的效果。

图 7-79 图 7-80

此外，在合成设计中，还需要通过制作一些水爆炸的瞬间、冲浪场景等来表现更强烈的动感。这个时候就需要在画面中加入一些浪花元素。在使用这类元素时控制难度稍大，具体表现为运动方向的掌握和浪花层次的控制。

如图7-81所示为俄罗斯艺术家Anna Maksimyuk和她的伙伴为Borjomi品牌设计的一组海报，海报意在表现唤醒人们注重健康，让生活充满活力，因此使用了各种造型的气球，如甜甜圈、啤酒、肌肉等，并进行爆破处理，制造出非常有视觉冲击力的水的特效，具有警示的作用及强有力的视觉效果。这些海报中的水元素都是通过三维软件渲染出来，后期在Photoshop中合成的。

图 7-81

前面讨论的都是大环境，如果单纯就水滴、水珠而言，还要考虑到水对它所附属的材质的影响，例如，水打湿的纸，水在地面、皮肤、产品表面流动，其中涉及反射、折射、阴影、焦散及菲涅尔效应等。这些都需要根据实际案例多观察、多找参考，再钻研细节进行表现。你会惊讶地发现，水滴里面还会有很多气泡，这些都是很重要的细节，如图7-82所示。

图 7-82

通过上面的观察，可以看到水珠产生的反射非常漂亮。在制作这些反射效果的时候，要注重水珠与光源的交互问题，这里有两个关键知识：一个是反射是怎么产生的，另一个是菲涅尔效应。

一般情况下，水珠是一个球状物，我们可以将它假设为凸起的镜面，它的反射是由观察的位置和光源的位置决定的。当光照射到水珠的表面之后会产生反射，如果反射的角度与人眼的观察角度一样，人就能看到反射光源。如果角度存在偏差或者完全不一样，就只能看到局部或看不到反射。

为了方便大家理解，这里用平面图简单演示一下，如图7-83所示。从第1张图的黄色参考线可以看到光的反射路径，它反射了光源上面的外部区域，蓝色摄像机观察到物体反射到光源区域的上部分，而洋红色摄像机反射到光源的全部。

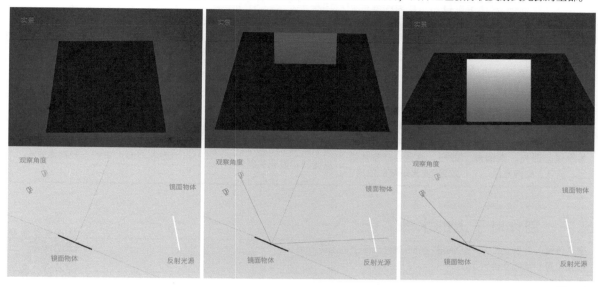

图 7-83

当把镜面物体换成球体的时候，会发现三个角度的摄像机都可以观察到球面反射的光源，并且反射的图像是一个凸面的形状，这是因为球体的表面是曲面，会反射更多的环境，而且球体本身就是一个凸面状，所以并不难理解反射的图像呈凸面状。仔细观察上下两组测试图可以看得出，镜面的反射和光源的位置(被反射的元素)、镜面的位置(反射的元素)，以及观察者的位置三者都有关系。当然，现实生活中的情况会比目前我们所分析的更加复杂，因此大家只能努力培养自己善于观察的眼睛，慢慢总结自己对这些知识点的理解，再将这些理解应用到设计当中，如图7-84所示。

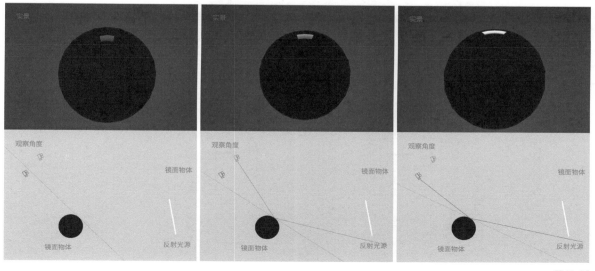

图 7-84

细心的读者可能会发现，图7-84中反射的成像的位置靠球体中心越近，反射效果越弱，这一现象就是菲涅尔效应。简单地理解，菲涅尔效应就是当我们观察水珠时，水珠的曲面正对着观察者的地方反射效果弱，能够看到水珠里面的东西，水珠的曲面与观察者的角度越大，则反射效果越强。

这里用三维软件渲染了一个简单的场景，如图7-85所示。在球体的四周摆放了一些正方体来进行反射，左图是不带有菲涅尔效应的渲染图，右图是带有菲涅尔效应的渲染图。通过对比可以得知，反射的强弱和形状与曲面和观察者角度有密不可分的关联。

图 7-85

无论如何，水本身的特点与环境是密不可分的，这里给大家做一个总结，如表7-2所示。

表 7-2

整体色调	环境氛围	材质表现	总体思路
水本身无色，但是因为光的反射和水中植物、动物的影响而出现碧蓝色，如果水浅且透光，则偏青色，反之，则偏蓝色	注重水对环境和光的反射，以及水对光的折射使物体产生变形等物理效应，并且会产生焦散效应（波光粼粼的效果）	水是流动的，需要注意层次感。它对光特别敏感，如果要表现出动态，要注意涟漪和浪花的制作	1. 光源与水的深浅对颜色的影响 2. 反射环境决定水是否通透 3. 注意水本身产生的一些物理效应

案例： 制作叶子上的水珠

扫 码 观 看 视 频

案例位置	案例文件>CH07>03>案例：制作叶子上的水珠.psd
视频位置	视频文件>CH07>03
实用指数	★ ★ ★ ★ ☆
技术掌握	制作水珠的技法和注意事项

本案例演示的是水珠纹理的表现方法。制作水珠有助于大家理解水的反射、折射、光影等特点。本案例难度并不大，但大部分元素都需要手动绘制，模拟真实的水珠效果。案例处理前后的效果对比如图7-86所示。

图 7-86

操作步骤

01 打开素材文件"叶子.jpg",如图
7-87所示。

图 7-87

02 选择"钢笔工具" ，然后在工具
选项栏中设置"填充"为"灰色"(R:128，
G:128,B:128)，然后在叶子上绘制一个
水滴形状,注意图形可以随机一些,最
后将图形所在图层命名为"水滴",如图
7-88所示。

图 7-88

03 在"水滴"图层上方创建新图层并创建
剪贴蒙版,选择"画笔工具" ，设置"前
景色"为"白色"(R:255,G:255,B:255)、
"不透明度"值为"20%",绘制水滴的高
光部分,再设置"前景色"为"黑色"(R:0，
G:0,B:0)、"不透明度"值为"20%",绘
制水滴的背光部分,如图7-89所示。

图 7-89

04 设置"水滴"图层的"混合模式"为"柔光",并双击图层,打开"图层样式"对话框,对水滴的"内阴影"和"投影"进行适当的调整
与设置,如图7-90所示。

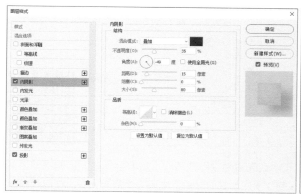

图 7-90

05 使用"钢笔工具" 在水滴上方绘制
反射的高光,然后创建图层蒙版,选
择"画笔工具" ，设置"前景色"为"黑
色"(R:0,G:0,B:0)、"不透明度"值为
"20%",然后在蒙版中涂抹出反射的效
果,效果强弱可以通过调整图层的"不透
明度"来控制,如图7-91所示。

图 7-91

06 在"水滴"图层下方创建新图层,将
图层命名为"阴影",设置图层的"混合模
式"为"正片叠底"。选择"画笔工具" ，
在"阴影"图层中绘制水滴的阴影,如图
7-92所示。

图 7-92

07 在"阴影"图层上方创建新图层,设
置图层的"混合模式"为"叠加"。选择
"画笔工具" ，设置"前景色"为"白色"
(R:255,G:255,B:255)、"不透明度"值为
"20%",在水滴的右下角绘制光效,这个
地方需要多绘制几层,最好用2～3个图
层来控制效果,如图7-93所示。

图 7-93

08 现在水滴看起来很虚，这是因为还没有反射环境的暗部图像。打开素材文件"树.jpg"，使用"套索工具" ⌕ 选取局部（明暗分明的地方），然后将它复制并粘贴到设计文件"水滴"中所有图层的上方，并创建剪贴蒙版，设置图层的"混合模式"为"正片叠底"。按快捷键Ctrl+T键对其进行变形，让树图像出现在水珠四周。最后，通过图层的"不透明度"为来控制反射的强弱。同样的，这里需要反复操作2~3遍以控制细节，如图7-94所示。

09 将叶子复制一层，并往上移动10像素左右，按住Alt键的同时单击"水滴"的缩览图，得到一个选区，在选中复制的叶子的情况下通过添加图层蒙版来制作折射错位的视觉效果。最后，按快捷键Ctrl+M打开"曲线"对话框，将错位的叶子整体提亮一点，如图7-95所示。

图 7-94

图 7-95

案例：制作水底场景

扫码观看视频

案例位置	案例文件>CH07>04>案例：制作水底场景.psd
视频位置	视频文件>CH07>04
实用指数	★★★★☆
技术掌握	制作水底场景的技法和注意事项

本案例演示的是如何制作水底场景，制作难点主要在于水底元素的融图技巧。水底的整体画面以偏深蓝色为主，会有大量的光透过水面照射下来，让整体变得通透。在制作水底场景的时候，既要考虑到物体在水底出现的色调变化，又要将场景本身的空间深度表现出来。本案例所需素材及最终效果如图7-96所示。

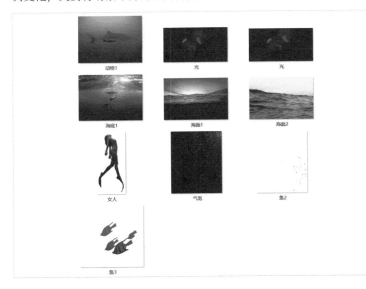

图 7-96

操作步骤

01 在Photoshop中新建文件，然后设置"名称"为"海底"，设置"宽度"为"1000像素"、"高度"为"1260像素"、"分辨率"为"72像素/英寸"、"背景内容"为"灰色"。打开素材文件"海面1.jpg"，将其复制并粘贴到"海底"文件中，同时将图层命名为"海面1"，如图7-97所示。

02 打开素材文件"海面2.jpg"，使用"快速选择工具" 选取海面的左上角，将其复制并粘贴到"海底"文件中，同时将图层命名为"海面2"，如图7-98所示。

03 在"海面2"图层上方创建"曲线"调整图层并创建剪贴蒙版，然后适当调整曲线，减少红色并增加蓝色，让两个海面颜色一致，如图7-99所示。

图 7-97

图 7-98

图 7-99

04 继续使用"快速选择工具" 在"海面2"图层下方选取一个长条形的水，如图7-100所示。

05 将选择的水复制并粘贴到"海底"文件的最上方，然后将图层命名为"海面3"。选择"海面3"图层，将其做水平翻转处理，然后执行"编辑>操控变形"菜单命令，通过控制锚点让水有弯曲的效果，如图7-101所示。

06 选择"海面3"图层，然后执行"滤镜>模糊>高斯模糊"菜单命令，在打开的对话框中设置"半径"为"10像素"。在"海面3"图层上方创建"曲线"调整图层并创建剪贴蒙版，然后适当调整曲线，增加海面的对比度，同时减少红色，增加蓝色，如图7-102所示。

图 7-100

提示

在选择水面素材的时候，一定要顺着水流动的方向进行选择，其次，最好确保选择的水面素材上面一层是亮部信息，这样水面起伏感就会看起来更加真实。

图 7-101

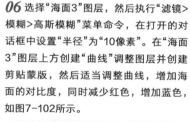

图 7-102

07 给"海面2"和"海面3"图层添加图层蒙版，然后选择"画笔工具"✐，设置"前景色"为"黑色"（R:0,G:0,B:0），然后在蒙版中进行适当涂抹，让错位的海面消失，如图7-103所示。

08 观察画面，发现"海面3"轮廓不够分明，因此在"海面3"图层上方创建新图层并创建剪贴蒙版。选择"画笔工具"✐，设置"不透明度"值为"30%"、"前景色"为"浅青色"（R:221,G:244,B:251），沿着"海面3"的边缘涂抹高光，如图7-104所示。

09 打开素材文件"海底1.jpg"，将素材复制并粘贴到"海面1"图层上方，缩放至合适的大小，并移到合适的位置，将图层命名为"海底1"。选择"海底1"图层并添加图层蒙版。选择"画笔工具"✐，设置"前景色"为"黑色"（R:0,G:0,B:0），在蒙版中将错位的地方涂抹掉，如图7-105所示。

图 7-103

图 7-104

图 7-105

10 现在海面看起来太暗了。在"海面1"图层上方创建"曲线"调整图层，然后适当调整曲线，将其整体提亮，然后添加图层蒙版。选择"画笔工具"✐，设置"前景色"为"黑色"（R:0,G:0,B:0），然后在画面四周适当涂抹，通过对比让中间位置变亮，如图7-106所示。

11 使用相同的方法，在"海面2"图层上方创建"曲线"调整图层，只将右侧部分提亮，如图7-107所示。

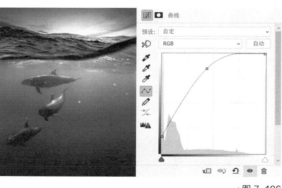
图 7-106

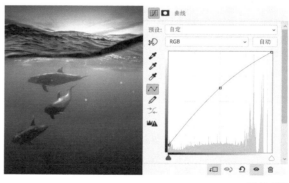
图 7-107

12 打开素材文件"动物1.jpg"，将素材复制并粘贴到"海底1"图层的上方，将图层命名为"动物1"，设置"不透明度"值为"40%"，将其缩放并移动到左侧，效果如图7-108所示。

13 选择"动物1"图层并添加图层蒙版。选择"画笔工具"✐，设置"不透明度"值为"30%"、"前景色"为"黑色"（R:0,G:0,B:0），然后将边框和前景鱼的位置涂抹成黑色，如图7-109所示。

14 打开素材文件"鱼1.png"和"鱼2.png"，将素材复制并粘贴到设计文件的右侧，如图7-110所示。

图 7-108

图 7-109

图 7-110

15 打开素材文件"女人.png",将素材复制并粘贴到设计文件中,然后缩放至合适的大小,并移到合适的位置,将图层命名为"女人",如图7-111所示。

16 现在女人看起来完全没有融入环境中,需要进行适当调整。在"女人"图层上方创建"曲线"调整图层,让画面变亮,同时减少红色,增加绿色和蓝色,如图7-112所示。

17 打开素材文件"气泡.jpg",将气泡复制并粘贴到"女人"图层上方,设置图层的"混合模式"为"滤色",如图7-113所示。

图 7-111

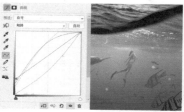

图 7-112

图 7-113

18 如前文所说,光穿过水面会有光束效果,因此在最上方创建新图层。选择"画笔工具",设置"不透明度"值为"50%"、"前景色"为"白色"(R:255,G:255,B:255),然后在画面中涂抹绘制一些光束,如图7-114所示。

19 选择绘制的光束图层,执行"滤镜>模糊>动感模糊"菜单命令,设置"角度"为"70度"、"距离"为"700像素"。设置"光束"图层的混合模式为"柔光"、"不透明度"值为"70%",然后添加图层蒙版,选择"画笔工具",设置"不透明度"值为"30%"、"前景色"为"黑色",在蒙版中涂抹处理光线下方的过渡,使其过渡效果弱化,如图7-115所示。

20 在所有图层上方创建"照片滤镜"调整图层,设置"滤镜"为"黄"、"强度"值为"20%",然后整体控制色调,如图7-116所示。

图 7-114

图 7-115

图 7-116

21 为了让视线更加集中在女人身上,在所有图层上方创建新图层,设置图层的"混合模式"为"正片叠底"。选择"画笔工具",设置"前景色"为深蓝色(R:16,G:35,B:89)、"不透明度"值为20%,在海底四周通过轻微涂抹来压暗环境,如图7-117所示。

22 强化湖面反射,进入"通道"面板,选择"红"通道并拖动到下方的"创建新通道"按钮上来复制该通道,选中"红 拷贝"通道,打开"曲线"对话框,然后适当调整曲线,增加黑白对比,如图7-118所示。

图 7-117

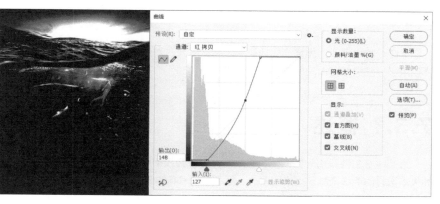

图 7-118

23 按住Ctrl键的同时单击"红 拷贝"通道图层的缩览图，得到一个选区。回到"图层"面板，创建"曲线"调整图层，通过调整曲线使其整体变亮。选择"画笔工具" ✐，设置"前景色"为"黑色"，在"曲线"调整图层的蒙版中将不需要提亮的部分涂抹成黑色，只保持湖面的高光即可，如图7-119所示。

24 最后，给画面添加一点光效元素。打开素材文件"光.png"，将素材复制并粘贴到所有图层上方，设置图层的"混合模式"为"滤色"，并将光移动到女人上方一点的位置，如图7-120所示。

图 7-119　　　　　　　　　　　　　　　　　　　　图 7-120

提示

当然，在实际操作中，可以根据自己的想法添加更多的元素，如海底的珊瑚、气泡等。通过以上这两个案例的讲解，相信大家对水的处理和水环境的控制有了一定的认识，与之相关的更多知识会在第8章进行讲解。

7.3 火焰的纹理表现

火是一种由可燃物燃烧产生的能量，它能发光、发热，常常用于带有火灾、爆炸和子弹等效果的合成设计，也可以用于一些情绪暗示，如很辣、生气等。

7.3.1 概述

火焰本身主要是由一些渐变色组成的，形状会根据燃烧的状况发生变化。在实际的设计工作中，往往是通过叠加火焰素材的手法来制作火焰纹理的。除了素材本身的要求，比较有难度的是添加火焰纹理之后整体氛围的渲染。

7.3.2 合成要点

在生活中，当人们使用打火机、燃气灶和放烟花时都可以看到火焰。火最大的作用就是产生热能去加热、燃烧其他物质。对于设计师来说，如果想要运用火焰素材进行设计，更加需要关注火燃烧的细节，例如火焰的颜色。比较常见的火焰是黄色的，它的焰心是白色的，外围颜色偏黄色或红色，层次非常丰富，这主要是火焰温度的影响，因此在找这类素材或绘制这类元素的时候，要注意其颜色的过渡和不同色温的效果，如图7-121所示。

图 7-121

在人们的认知中，火焰的形状大多停留在蜡烛、打火机点燃后的样子上。实际上，火焰的形状是非常多变和丰富的，这主要还是受燃料和风的影响。在相对平稳的环境下，点燃蜡烛产生的火焰是非常稳定、单一的。如果是木材、汽油这类可燃物燃烧表现出来的火焰，其形态往往会给人以非常狂躁、动感强烈的感觉，与此同时，也会给人一种不安全、不稳定的感觉。如果是因物体爆炸、火枪喷火产生的，火焰便出现流动如浓烟翻滚的形态，给人很强的力量感。在日常设计中，需要根据不同的场景和具体的情况选择合适的火焰形态进行利用，如图7-122所示。

图 7-122

火焰熄灭之后会产生非常多的灰尘、烟雾，它能够让画面变得丰富，产生力量感。当然，火星和烟雾的形状也会因为燃烧状态的不同而不同，如果只是一根火柴燃烧，火焰熄灭之后就只有一缕青烟，如果是森林这种火灾现场，火焰熄灭之后就是浓烟滚滚的，如图7-123所示。

燃烧产生火，就会产生光。在合成设计中，光是调节画面氛围很关键的一点。光可以照亮附近的地面、植物、人物及燃烧的烟雾等。除此之外，如果是大型火焰，空气中会有大量颗粒让光产生漫反射，这个时候还会出现体积光效果，会让画面呈朦胧且充满大气光晕的效果。同时，在制作光的时候要注意光的衰减会随着距离越远变得越弱，如图7-124所示。

图 7-123   图 7-124

火会产生热量，但热量一般不太好表现。在日常生活中，当天气特别炎热的时候，是不是感觉空气都变得很热。同样的，如果火焰温度很高，也会让空气变得扭曲并产生模糊的视觉效果，这个时候就会给人一种能量感，这种效果可以利用Photoshop里面的"置换"功能或"玻璃"滤镜效果得到，如图7-125所示。

图 7-125

在制作火焰效果的时候，还应该关注易燃物燃烧的状态，例如，木头被点燃的时候是什么形态的？在燃烧的时候是什么形态的？燃尽的时候是什么形态？仔细观察，会发现木头从黑色慢慢开始变红发光，然后又变黑，最后表皮有一层白色的炭灰。除此之外，还需要关注环境的变化，例如，墙壁会被熏黑、铁被烧红等。之所以要关注这些，是因为燃烧是一个正在进行的过程，我们必须知道在燃烧的过程中可能会同时发生什么，才可以将环境效果做得特别真实，如图7-126所示。

图 7-126

任何一种纹理的表现都需要考虑对环境的影响，火也不例外。如图7-127所示为智利的JP1985 Studio设计的一幅关于宇航员的作品。这张图对火焰的处理、纹理的表现，以及环境氛围的表现都非常到位，如果用心观察，会感受到环境中仿佛存在着强有力的热量。

图 7-127

案例：制作森林环境中的火焰

案例位置	案例文件>CH07>05>案例：制作森林环境中的火焰.psd
视频位置	视频文件>CH07>05
实用指数	★★★★☆
技术掌握	森林环境中火焰的制作技法和注意事项

本案例演示的是如何制作森林环境中的火焰，讲解制作火焰效果的通用思路和解决办法，遵循的原则就是尽量让元素融入画面。在实际操作过程中，非常考验设计师的观察能力，并且设计师需要熟练使用Photoshop。对于火焰效果来说，最大的特点其实就是光的表现，所以本案例实操部分大部分是在讲解如何模拟出真实的光。制作好的案例效果如图7-128所示。

图 7-128

操作步骤

01 打开素材文件"树林1.jpg",先分析环境。一般来说,只有在夜晚环境中才能清晰地表现出来,因此这里考虑把时间换成夜晚,如图7-129所示。

图 7-129

02 打开素材文件"天空.jpg",把天空素材拖入画面,并暂时设置图层为不可见状态。执行"菜单>选择>色彩范围"菜单命令,待鼠标指针变成吸管样式后,吸取天空中的白色作为取样颜色,得到选区后选中天空图层,使其图层可见,然后单击"创建图层蒙版"按钮 ◻ 即可,如图7-131所示。

图 7-131

03 新建"色阶"调整图层 ⏸,在打开的对话框中将"输出色阶"里面的白色滑块 △ 往左边滑动到输出值为"122"左右的位置,如图7-132所示。

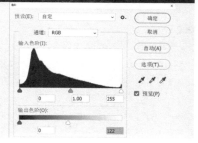

图 7-132

将白天的场景变为夜晚的场景,不仅画面亮度有变化,还需要考虑画面整体冷暖、对比度的改变等,如图7-130所示,下面选了一张夜晚的街道图片作为例子进行了分析,总结如表7-3所示。

表 7-3

整体色调	环境氛围	材质表现	总体思路
画面亮度较低,对比度高,饱和度底,阴影区域色调偏冷	光与环境冷暖对比强烈容易起雾,光源会使镜头产生炫光	由于光线不够,材质的质感几乎靠光的反射来表现	1. 替换天空 2. 画面整体变暗、变冷,饱和度降低 3. 根据光源方向、把局部的反射提亮

图 7-130

很多初级用户在这一步很容易犯一个错误,即习惯性地拖动"输入色阶"里面的中性灰滑块让画面变暗,这样操作会带来两个后果:一是画面当中亮的地方没有任何变化,二是画面的对比度会变强,画面效果看起来非常突兀,如图7-133所示。之所以会产生这样的情况,原因是拖动"输入色阶"的黑色滑块 ▲,就意味着是让画面当中的黑色变得更黑,拖动白色滑块 △,意味着是让画面当中的白色变得更白。如果拖动中性灰滑块 ◆,会影响画面的明暗度,但是绝对的白和绝对的黑不会受影响。如果拖动"输出色阶"的黑色滑块 ▲,意味着是让画面当中的黑色变亮,拖动白色滑块 △,意味着是让画面当中的白色变暗。简单地说,就是无论拖动哪一个滑块,都是让画面变平,这样的操作方式是不可取的,如图7-134所示。

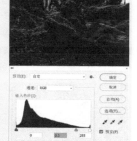

图 7-133

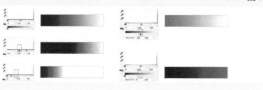

图 7-134

04 新建"色相/饱和度"调整图层 🔳，然后将"饱和度"滑块适当往左滑动，降低画面整体的饱和度，从而使画面看起来更暗一些，如图7-135所示。

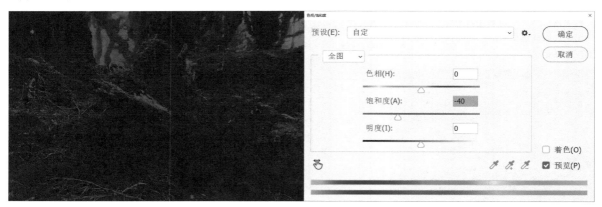

图 7-135

05 新建"色彩平衡"调整图层 🔊，在"色调"下拉列表中选择"阴影"选项，减少红色，增加蓝色，如图7-136所示。

图 7-136

06 打开素材文件"天空1.jpg"，将素材拖入画面中，放在树枝上，将其所在图层命名为"天空1"，设置图层的"混合模式"为"线性光"。选中"天空1"图层，按快捷键Ctrl+G进行编组，将组命名"燃烧"。然后使用"快速选择工具" ✏️ 选中树枝部分，单击"创建图层蒙版"按钮 ▫ 即可，如图7-137所示。

提示

为了方便后续对画面中的树木进行局部控制，先新建一个组，然后给组添加蒙版，再将树木图层都添加到这个组里就可以了。这是一个非常实用的小技巧，以弥补一个图层只能添加一个蒙版的缺陷，如图6-138所示。

图 7-137

图 7-138

07 打开素材文件"天空2.jpg"，将素材拖入画面中，放在树枝上，将其所在图层命名为"天空2"，设置图层的"混合模式"为"叠加"，将"天空2"图层加入图层组"燃烧"中，如图7-139所示。

图 7-139

09 打开素材文件"火焰1.jpg"，发现素材的树枝部分和画面当中选中的树枝的粗细不一样，需要进行处理。因此，用"选框工具"⬚选中"火焰1"素材中的树枝部分，按快捷键Ctrl+T执行"自由变换"命令，然后单击鼠标右键，在弹出的快捷菜单中选择"变形"命令，这时画面中会出现一个九宫格，通过九宫格可以将素材变形，让"火焰1"素材中的树枝变粗，如图7-141所示。

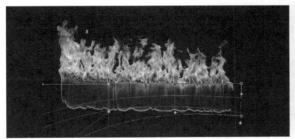

图 7-141

11 执行"编辑>操控变形"菜单命令，给火焰添加控制图钉，然后用鼠标拖动图钉来改变火焰燃烧的方向，如图7-143所示。

图 7-143

08 打开素材文件"天空3.jpg"，将素材拖入文件中并放在画面中的树枝上，将其所在图层命名为"天空3"，设置图层的"混合模式"为"叠加"，将"天空3"图层加入图层组"燃烧"中，如图7-140所示。

图 7-140

10 把做好的火焰素材放入画面中的合适位置，设置图层的"混合模式"为"滤色"，去掉黑色，只留下火焰的颜色，如图7-142所示。

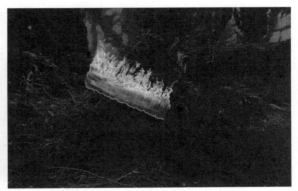

图 7-142

12 给火焰图层添加蒙版，选择"画笔工具"✐，设置"前景色"为"黑色"(R:0,G:0,B:0)、"不透明度"值为"30%"左右，然后对火焰和树枝相交的部分进行适当涂抹，使其均匀过渡，如图7-144所示。

图 7-144

13 前面提到过火焰光的颜色，所以这里至少制作3层光，遵循的原则是先铺基调，再调整最亮区域。新建一个"曲线"调整图层，然后适当调整曲线使其变亮，同时在画面当中增加红色，减少蓝色，最后给调色图层添加蒙版，如图7-145所示。

14 制作第2层光。继续新建一个"曲线"调整图层，通过适当调整曲线让画面中最亮的区域再次被提亮，让画面效果显得更加真实，如图7-146所示。

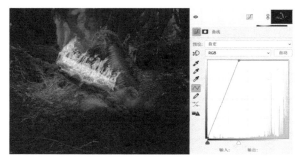

图 7-145

图 7-146

15 进一步对光的环境进行营造。新建一个空白图层，设置图层的"混合模式"为"颜色减淡"，使用"画笔工具" ✐ 吸取火焰的颜色，设置"不透明度"值为"30%"、"流量"值为"30%"，然后在画面当中轻轻涂抹，让环境氛围变得更理想一些，如图7-147所示。

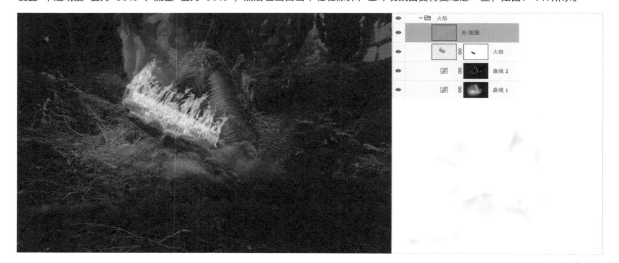

2-147

在这种带纹理的画面中涂抹光效时应尊重物体本身的形态，如图7-148所示。该图展示的是添加第2层光的"曲线"调整图层的蒙版，这里使用的画笔是Photoshop中默认的"干介质画笔"，即"KYLE硬性铅笔"。很多初级用户在涂抹这种元素时，都习惯使用"硬度"值为"0"且画笔较大的柔边圆画笔，这样会使画面的光影变得很平。笔者建议做细节的时候用小画笔，如果带有和元素本身一样的边缘纹理，可以一笔一笔地涂抹，看起来费力，实则非常出效果，这里是顺着叶子的方向一步步涂抹的，如图7-148所示。

图 7-148

16 进一步营造氛围。打开素材文件"火苗1.jpg""火苗2.jpg"。选取素材中偏上方的火苗并将它置入画面当中，同时改变火苗的大小和位置，设置图层的"混合模式"为"滤色"，如图7-149所示。

图 6-149

17 现在画面的大致感觉出来了，接下来继续增强火焰的感觉。继续打开素材文件"火苗2.jpg"，使用"套索工具"⊙选取左侧火焰部分，将其复制并粘贴到文件中所有图层的上方，按快捷键Ctrl+T执行"自由变换"命令，单击鼠标右键，在弹出的快捷菜单中选择"变形"命令，然后拖动九宫格并控制火焰的方向，如图7-150所示。

18 设置"火焰2"所在图层的混合模式为"颜色减淡"，并降低该图层的饱和度，最终效果如图7-151所示。

图 7-150

图 7-151

提示

对初学者来说，在添加火焰素材的过程中，最难的部分往往是光的控制。火焰的颜色是带有明度渐变的，因此要避免只使用"黄色"这一种颜色，否则效果会非常生硬；其次是火焰与环境的互动调整，着重表现在火焰在照亮其他区域的距离上的衰减变化和反射的强弱。

7.4 烟雾的纹理表现

烟雾在Photoshop合成设计中是一个非常重要的元素，它不仅可以用来塑造形状，还可以用来渲染氛围。

7.4.1 概述

在日常设计中，比较常见的烟雾一般用于制作爆炸效果，火焰伴随着滚滚浓烟。烟雾还可以用于营造空间感，或被当作环境元素间接地表达某种感觉。例如，在日常设计中，可以利用刚从冰箱拿出来的啤酒瓶上冒着"烟雾"这一效果来表达一种凉爽的感觉，利用刚运动完的人物身上冒着的"雾气"的效果给人一种散发热量的感觉。

7.4.2 合成要点

从字面上理解，烟雾通常可以分为两种元素。一种是烟，烟一般是由粉尘、颗粒组成的，而一些三维效果就是利用粒子去渲染烟雾的。另一种是雾，雾是由水蒸气组成的，这是一种很常见的物理现象。在利用烟雾进行画面设计与表现时，应根据画面的实际环境来进行使用。

烟雾一般是半透明的，同样也是有体积的。厚的烟雾明暗关系明显，薄的烟雾体积感较弱，但是能够透过它看到后面的场景。基于此，在合成设计中，制作烟雾的时候要留意这个细节，不能把烟雾表现得太实了。

如图7-152所示为巴西艺术家João Marcos Britto为福特卡车设计的一组海报，画面用烟雾云层表现驾驶的舒适性。观察图片，可以看到烟雾的光影关系，并且在比较薄的烟雾区域可以看到后面卡车的轮廓，人物的腿部也若隐若现。

图 7-152

烟雾的体积感可通过它本身的状态来表现。一般而言，烟雾比较轻，是从下到上一层一层地翻滚的，带有一种积极向上的能量。换句话说，我们不能将烟雾当成一个盒子，而应当将其当成由一个又一个盒子堆起来的物体。当然，这是在烟雾快速运动的情况下。如果烟雾本身只是很薄的一层，那就当别论了。如图7-153所示为英国艺术家Lewis Moorhead创作的海报作品，画面中描述的是一个海面石油钻井基地发生灾难的场景。在图中，可以看出烟雾的层次、体积感及翻滚的运动感是非常明显的。

图 7-153

在实际的设计工作中，烟雾一般
是由三维软件渲染的，或者在影棚拍
摄居多。就像前面说的，烟雾是运动
的，它的运动方向在Photoshop中进
行后期处理是非常棘手的。如图7-154
所示为美国艺术家Mike Campau和
他的同事一起创作的一组海报作品，
画面中的烟雾效果非常好，其素材就
运用了CG渲染技术和拍摄技巧，然
后由设计师进行调色、合成等。

图 7-154

当绘制烟雾的时候，除了需要注意块状的体积感，还需要关注烟雾边缘是怎么流动和逐渐消失的，这是决定
烟雾能否融入画面的一个重要因素。当烟雾受到风的影响时，会被吹散或直接被分成几块，它的边缘都是很浅的一
层，这一层烟雾处于较不稳定的状态。当然，在实际设计中，并不需要把烟雾所有的边缘都处理成虚无的效果，否
则会造成结构边缘不清楚的问题。

如图7-155所示为厄瓜多尔艺术团队Alicia Studio设计的作品*UTE: TRANSCEND*，画面中有由烟雾变换的各
种凶猛动物，通过人直面它们的效果来传达人们克服恐惧、勇于挑战自己的寓意。

图 7-155

案例：利用 Photoshop 中的笔刷绘制烟雾

扫码观看视频

案例位置	案例文件>CH07>06>案例:利用Photoshop中的笔刷绘制烟雾.psd
视频位置	视频文件>CH07>06
实用指数	★★★★☆
技术掌握	用Photoshop中的笔刷绘制烟雾的技法和注意事项

合理地使用"画笔工具" ∕可以通过手动绘制的方法创建烟雾纹理。本案例讲解如何用Photoshop中的笔刷绘制烟雾，最主要的是注意层次的表现。制作好的案例效果如图7-156所示。

图 7-156

操作步骤

01 在Photoshop中新建文件，设置"宽度"为"1920像素"、"高度"为"1080像素"、"分辨率"为"72像素/英寸"。创建新图层，保证图层本身是透明的，然后选择"画笔工具" ∕，在工具选项栏中设置画笔类型为"云.abr"画笔、"前景色"为"黑色"（R:0，G:0,B:0）、"不透明度"值为"10%"、"流量"值为"20%"，然后用"画笔工具"在画面中涂抹，绘制第1层颜色（可以稍微浅一点）。如图7-157所示。

02 在同一个文件中创建新图层，绘制第2层颜色（可以稍浓一些，这里将画笔的"不透明度"值设置为"30%"，设置"流量"值为"50%"），如图7-158所示。

图 7-157

图 7-158

03 绘制高光。创建新图层，选择"画笔工具" ∕，设置"前景色"为"白色"（R:255,G:255,B:255），然后在黑色的基础上绘制高光。之后，给画面叠加一层高光。这时如果对烟雾整体的外部形状不满意，可以将所有图层进行编组，然后用蒙版和"画笔工具"控制烟雾边缘，如图7-159所示。

图 7-159

> **提示**
>
> 在绘制时画笔可以稍微小一点，方便表现更多的细节。同时，如果有条件，可以用手绘板绘制高光，这样做出来的效果可能更加理想。不过，用手绘板绘制在一定程度上也比较考验设计师的手绘能力，可根据自身情况选择。

04 给烟雾添加颜色，模拟爆炸后出现的浓烟效果。双击图层组打开"图层样式"对话框，找到渐变叠加图层样式设置界面，设置"混合模式"为"线性光"、"样式"为"线性"，再调整到合适的角度，效果就出来了，如图7-160所示。

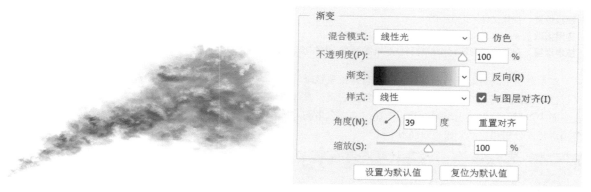

图 7-160

05 观察制作好的烟雾，发现烟雾整体看起来有些散，边缘结构也不清晰。将所有烟雾图层进行编组并创建蒙版，选择"画笔工具" ✐，设置"前景色"为"黑色"（R:0,G:0,B:0），将"不透明度"值设置为"30%"，在图层组的蒙版中涂抹烟雾边缘，控制烟雾下部区域不会太散，如图7-161所示。

图 7-161

通过以上练习，大家可以很好地掌握笔刷的使用技巧及烟雾形态的控制。虽然实际工作中烟雾效果可能并不是手绘的，但可以通过这种方式更深一步理解烟雾的形态，对烟雾的后期处理也会大有帮助。同时，在制作烟雾的过程中，不仅可以使用Photoshop中的"云.abr"画笔绘制，还可以去各个网站下载一些笔刷，再从中选择合适的笔刷进行烟雾的绘制，如图7-162所示。

此类笔刷效果较虚，常被用来营造有雾的
环境，例如早晨的森林

此类笔刷效果相对较实，
常用于绘制爆炸或抓形的效果

此类笔刷边缘轮廓明晰，
多用于制作动感背景

图 7-162

案例：利用烟雾画笔制作带有科技感氛围的画面

扫 码 观 看 视 频

案例位置	案例文件>CH07>07>案例:利用烟雾画笔制作带有科技感氛围的画面.psd
视频位置	视频文件>CH07>07
实用指数	★★★★☆
技术掌握	利用烟雾画笔制作带有科技感氛围画面的制作技法和注意事项

  本案例演示的是如何利用烟雾制作带有科技感氛围的画面。在进行具体的设计之前，需要清楚，烟雾在画面中可以作为主视觉出现，但是一定要注意质感的表现，具体体现在体积分块、光影、边缘等的处理上。不过，当烟雾在画面中以模糊的效果出现时，就不需要追求那么多细节了，只要与环境融合即可。本书找了一张与烟雾相关的参考图进行了分析和总结，如表7-163所示。

表7-4

整体色调	环境氛围	材质表现	总体思路
整体色调偏冷，以青蓝色为主。但是人物整体必须为暖色调，这样画面颜色才不会过于平淡	有一定若隐若现的背景，最好能透过一点光。人物与烟雾互相影响，烟雾包围了人物，人物使烟雾的运动方向发生了变化	烟雾层次分块，光影关系明确，除此之外，人物背景还有用于渲染氛围的烟雾，但只有淡淡的颜色	1. 设计背景 2. 画面整体色调偏冷 3. 注重烟雾与人物的互动

图 7-163

  案例处理前后的效果对比如图7-164所示。

图 7-164

操作步骤

01 打开素材文件"建筑.jpg"和"模
特.jpg",在"模特"文件中打开"路径"
面板,选中储存的路径,并按快捷键
Ctrl+Enter得到选区。将"模特"复制
并粘贴到"建筑"文件中,然后将图层命
名为"模特",并将建筑所在图层命名为
"建筑",如图7-165所示。

图 7-165

02 在"建筑"图层上方创建"曲线"调整图层,然后调整曲线,将画面整体压暗,如图
7-166所示。

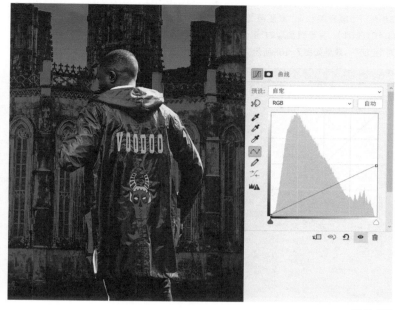

图 7-166

03 继续创建"色相/饱和度"调整图层,选中"着色"复选框,然后适当调整参数,
让画面变暗并且偏蓝色调。选择"画笔工具"✐,设置"不透明度"值为"30%"、"前
景色"为"黑色"(R:0,G:0,B:0),利用"画笔工具"将"色相/饱和度"图层蒙版中模
特头部附近涂抹成灰色,如图7-167所示。

图 7-167

04 绘制烟雾效果,选择"画笔工具"✐
,加载画笔"云.abr"和"烟雾.abr",选
用"云.abr"画笔,设置"不透明度"值为
"20%"、"大小"为"800像素"。在"模特"
图层下方创建新图层,然后在图层中用"画
笔工具"涂抹并修改背景中的烟雾,如图
7-168所示。

图 7-168

05 观察画面，发现背景和烟雾过白，需要将其整体往蓝色调处理一下。在"模特"图层下方创建新图层，按快捷键 Shift+F5 填充颜色为"深蓝色"（R:34，G:48，B:61），并设置图层的"混合模式"为"叠加"，效果如图7-169所示。

06 继续在"模特"图层下方创建新图层，设置"画笔工具"的"前景色"为"蓝色"（R:167，G:203，B:237）、"不透明度"值为"10%"，然后在背景中适当涂抹，让背景的烟雾更加有层次感，如图7-170所示。

07 接下来绘制前景中的烟雾。在"模特"图层上方创建新图层，设置"画笔工具"的"前景色"为"蓝色"（R:75，G:103，B:129）、"不透明度"值为"20%"，然后在前景中进行适当涂抹，设定烟雾的基调，如图7-171所示。

图 7-169

图 7-170

图 7-171

08 在所有图层上方创建新图层，将画笔切换到烟雾画笔"pd4.abr"，设置"大小"为"1800像素"、"不透明度"值为"100%"、"前景色"为"浅蓝色"（R:190，G:220，B:247）。在模特左手位置点一下，绘制出高光烟雾，如果和示意图有细微偏差，再适当调整即可，如图7-172所示。

09 在所有图层上方创建新图层，将画笔切换到烟雾画笔"pd2.abr"，设置"不透明度"值为"100%"、"前景色"为"暗蓝色"（R:20，G:28，B:37），在左下角位置点一下，绘制出暗角效果，如图7-173所示。

10 在所有图层上方创建新图层，将画笔切换到烟雾画笔"pd4.abr"，设置"小大"为"200像素"、"不透明度"值为"100%"、"前景色"为"浅蓝色"（R:230，G:243，B:252），然后在模特背上绘制更亮的烟雾，如图7-174所示。

图 7-172

图 7-173

图 7-174

11 为了拉开模特前景和背景的层次，在"模特"图层下方创建新图层，然后将画笔切换到烟雾画笔"pd4.abr"，设置"小大"为"800像素"左右、"不透明度"值为"100%"、"前景色"为"暗蓝色"（R:20，G:28，B:37），然后在右下角模特腿部附近点一下，让右下角区域变暗，如图7-175所示。

图 7-175

12 在"模特"图层上方创建新图层并创建剪贴蒙版，设置图层的"混合模式"为"正片叠底"，然后使用与上一步相同的画笔在模特右下角点一下，压暗模特腿部，如图7-176所示。

图 7-176

13 现在看起来模特左边脸部有点太空了，需要适当调整。在"模特"图层下方继续创建新图层，将画笔切换到烟雾画笔"pd7.abr"，设置"小大"为"1900像素"、"不透明度"值为"100%"、"前景色"为"浅蓝色"（R:190，G:220，B:247），在脸部附近点一下，然后旋转一下图层，找到一个合适的位置，并将多余的烟雾去掉，如图7-177所示。

图 7-177

14 绘制光。在"模特"图层下方创建新图层，选择"画笔工具"✐，然后将画笔切换到"柔边圆"画笔，设置"大小"值为"700像素"、"不透明度"为"20%"、"前景色"为"浅蓝色"（R:190，G:220，B:247），之后在画面上方绘制一些光线，将此图层命名为"光线"，如图7-178所示。

图 7-178

15 观察画面，发现光看起来太硬了。选中"光线"图层并添加图层蒙版，选择"画笔工具"✐，将画笔切换到"云.abr"画笔，设置"大小"为"500像素"左右、"不透明度"值为"30%"、"前景色"为"黑色"（R:0，G:0，B:0），然后在蒙版中涂抹，让光产生烟雾的质感，如图7-179所示。

图 7-179

16 在"模特"图层上方创建新图层，设置"前景色"为"浅蓝色"（R:190，G:220，B:247），然后使用与上一步相同的画笔在人物前方绘制一点光线，让光线与画面更加融合，如图7-180所示。

图 7-180

17 现在画面颜色整体看起来有些平淡。在"模特"图层下方创建新图层，按快捷键Shift+F5填充颜色为"蓝色"（R:54，G:93，B:121），并设置图层的"混合模式"为"叠加"、"不透明度"值为"40%"，效果如图7-181所示。

图 7-181

18 在所有图层上方创建"曲线"调整图层，设置图层的"混合模式"为"柔光"，并适当调整曲线，效果如图7-182所示。

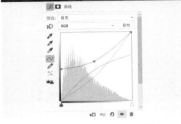

图 7-182

19 继续观察画面，此时画面中的光效还是不够强烈，需要进一步处理。在所有图层上方创建新图层，选择"画笔工具"，设置画笔类型为"柔边圆"、"大小"为"200像素"左右、"不透明度"值为"30%"，在模特头部上方绘制向下照射的光线，最后设置图层的"混合模式"为"叠加"。之后如果发现效果太强，可以通过控制图层的"不透明度"来进行调整，如图7-183所示。

图 7-183

20 为了营造出更加强烈的科幻效果，接下来再简单地处理一下画面。按快捷键Shift+Ctrl+Alt+E合并并复制所有图层，然后双击图层，打开"图层样式"对话框，在"高级混合"选项组中取消选中R通道和B通道复选框并单击"确定"按钮。回到画面中，将该图层往右边移动10像素，会出现错位的视觉效果，然后利用蒙版和画笔将图层的左侧在蒙版中涂抹成黑色，如图7-184所示。

图 7-184

21 在"图层"面板最上方创建新图层，选择"画笔工具"，使用"柔边圆"画笔，设置"大小"为"20像素"左右、"不透明度"值为"100%"、"前景色"为"白色"。在画面中间绘制出又长又短的垂直线，然后执行"滤镜>模糊>动感模糊"菜单命令，设置"角度"为"90度"、"距离"为"1000像素"。最后设置图层的"混合模式"为"叠加"，并通过图层的不透明度来控制强弱即可，最终效果如图7-185所示。

图 7-185

第 8 章

元素造型

在 Photoshop 合成设计中，有时为了体现某一个主题或世界观（如未来、科幻、魔法）等，往往需要对素材进行创造与改变，也就是本章所说的元素造型。在合成设计中，元素造型主要有建筑造型、液体造型、树木造型和人物造型。

◎ 建筑造型　　　◎ 液体造型　　　◎ 树木造型

◎ 人物造型

8.1 建筑造型

合成设计中的建筑造型大多是偏科幻类的。科幻类建筑造型的制作并不是凭空想象的，更多的是结合现实中的一些场景得到的。

8.1.1 建筑造型的基本分析

对任何一个元素进行造型设计，都会观察现实生活中的环境，或从影视、绘画作品中去寻找线索。如果仅自己凭空想象进行设计，很容易犯一些错误。例如，描绘一个古老文明的场景，里面的建筑应该体现哪些特征？这些特征应该怎么去表现？这些问题的答案需要寻找很多参考素材并进行仔细观察和分析才知道。

如图 8-1 所示为加拿大艺术家 Jessica Woulfe 的作品 *Odyssey*，表现的是一个古老的外星球文明社会。由于画面里的场景不是真实存在的，设计师只能通过寻找与"古老"相关的建筑、场景，然后结合一些未来科技元素进行组合，以将主题表达清楚。如图 8-2 所示为笔者针对作品本身寻找的一些可参考的素材。

图 8-1

图 8-2

建筑给人的第一认知就是用于人类居住、存放物品。在设计中，如果建筑造型不具备这些功能，那么只会让其看起来不真实。

如图 8-3 所示为美国艺术家 Beeple 的作品 *OVERGROWTH*，画面描绘的是一个类似热带雨林的场景，粗大高耸的树木，人们依树而居，将房子建在树上。这本身是一个大胆的想法，但这样的房子在具体设计时会是什么样子的呢？怎样设计才会让观者觉得这确实是真实可信的？在这里，我们可以找很多热带雨林的房子素材，看一下房子是靠什么结构和材料支撑起来的，人怎么进入房子，如图 8-4 所示。当然，设计师也可以加入自己的想法，例如，在 Beeple 的作品中，考虑到了居住者的防护安全问题，将支撑房子的木头设计成朝外的尖锐的结构，包括屋檐的勾刺等。

图 8-3

图 8-4

建筑的造型不仅可以表达某个场景的特点(如古老遗迹、热带雨林、水底建筑等)或气氛(如神秘的、温馨的等),还可以通过与其他物体结合起来设计,让画面具有多重含义。不过,在将建筑与其他物体进行结合设计时,一定要抓住物体主要的特点。

如图8-5所示为美国艺术家Dana Radic利用建筑和计时器这两个物体设计的组合造型,以此来表达效率高的含义。从图中可以看到,到计时器的特征主要体现在显示器和轮廓造型上,材料多采用门、床等元素。

图 8-5

8.1.2 建筑造型的表现方式

在进行元素造型的时候,需要将主要的创作时间放在主视觉上,一些辅助元素、远景元素则只需注意轮廓剪影即可。特别是一些游戏场景设计,既要考虑这个建筑在距离很近的情况下看起来是什么样子的,又要考虑这个建筑在距离很远的情况下是什么样子的。如果远景都能看得到非常多的细节,这是一个非常损耗资源的做法,平面设计亦如此。

建筑造型如果使用Photoshop来制作难度比较大,它更加适合使用三维软件进行建模渲染。如图8-6所示为瑞士艺术家Yvan Feusi创作的作品*Dreamstate Australia*,描绘的是一个未来空中城市,其中的元素模型就是利用三维软件进行渲染的,但依然可以看到建筑造型有点像现实生活中的陀螺,并且未来感很强。

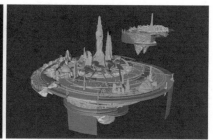

图 8-6

　　带有未来感的建筑会给人一种科技感，它的造型和现代的建筑对比更加抽象，功能也更加全面，可能见不到车水马龙的景象，而是悬空的……所有我们能想象的情景在画面里也许都可以实现。当然，这与作品的世界观、价值观设定有关系。在日常生活中，我们所见的很多影视作品都可以反映出导演对未来城市的设想。例如，弗里茨·朗导演拍摄于1927年的影视作品《大都会》、雷德利·斯科特导演拍摄于1982年的影视作品《银翼杀手》等。

　　我们可以猜测未来的建筑会越来越多元化，但在猜测的同时，也需要了解这些元素存在的必要性是什么。例如，假设一个建筑体上方有一个圆形的建筑元素，那么我们可以理解里面会有一个物理反应堆，它的存在就是用于产生能量供人类使用。又如，假设我们看到的是一个像卫星的建筑，那么我们可能认为它的功能是用于信息、能量的传输。

　　如图8-7所示为法国艺术家Sebastien Hue设计的一些科幻题材作品。这些作品里面的建筑就反映了设计师对未来的想象。除了建筑本身，其他的运输、建筑内的设计都有很好的表现。当然，除了想象，设计师也参考了很多现实的建筑或物体，例如最后一张图，看起来特别像现在的火箭推进器。

图 8-7

　　如果是遗落的、破旧的建筑，又应该是什么样子的呢?我们可以想象可能里面的很多建筑体已被炸毁，或者场地经过燃烧之后呈现出寸草不生的景象。同时，我们也可以想象它可能经历过某次人类危机，例如病毒爆发、人类大迁徙等，这个时候建筑保留得比较完善，但与此同时可能都被植物包围住，并且墙面砖块掉落，呈现被遗弃的汽车等。

　　如图8-8所示美国艺术家Max Ramirez设计的一个小场景作品。我们从其环境、元素设定可以大概判断这是关于废弃工厂之类的场景，画面中所有元素的形状和表面的纹理都是经过三维软件建模后并用Photoshop进行精心处理的。

图 8-8

在日常生活中，我们所见到的建筑的风格或房子的造型种类太多，在设计创作时不可能做到面面俱到，但可以在动手之前多寻找一些不同的参考，例如影视作品、游戏等。从技术方面来说，建筑造型可以实现的途径也非常多，有的是直接通过三维软件渲染输出作品，再在Photoshop里面进行调色合成，也就是通过Photoshop贴图进行制作。

如图8-9所示为美国艺术家Michael Chaize设计的一个太空场景作品。通过下图我们可以看到它完整的设计流程：首先通过黑白关系图确定透视、构图，然后在Photoshop里面贴上不同的素材（这个工作量是非常庞大的），最后通过调色将整个画面的真实感表现出来。

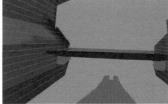

图 8-9

案例：制作科幻城市场景

案例位置	案例文件 >CH08>01> 案例：制作科幻城市场景.psd
视频位置	视频文件 >CH08>01
实用指数	★★★★☆
技术掌握	制作科幻城市场景的技法和注意事项

本案例演示的是一个关于科幻城市场景的创作流程和建筑造型的制作方法。由于操作步骤非常烦琐，因此在讲解过程中笔者不会一步一步演示，而是挑选重要的知识点进行讲解。制作好的案例效果如图8-10所示。

图 8-10

　　这里设定的时间大概是在21世纪末，人类科技、交通开始多元化发展，建筑造型更加高大且有个性，但是环境受到了很大的破坏，整个城市被笼罩在烟雾之中。在动手设计之前，我们需要找一些参考图片，这里先从大体的氛围开始，搜索"纽约""现代建筑"之类的关键词。通过搜索，笔者找到了几个自己觉得氛围和整体感觉还不错的照片，如图8-11所示。左图是构图和烟雾效果参考，右图视平线下的建筑群体、楼顶的反光特别有科技感。

图 8-11

　　现在建筑群体的感觉大概有了，但是画面中缺少信息明确的一些辅助元素，如交通轨道、机场、高楼等。找这类素材的时候最好在确定好透视之后再开始，要保证后续创作时可以使用，这样找素材才会更加高效。地面的交通找到的是迪拜的一个交通图片。还有一些桥梁建筑，也可以在一些比较有名的地区搜索相关素材，如图8-12所示。

图 8-12

　　21世纪末的建筑造型会是什么样子的？笔者去看了《造梦空间》《星际穿越》等科幻电影，也找了一些其他艺术作品，可能我们并不一定要做得一模一样，但大体的方向应该是差不多的，如图8-13所示。第1张图是艺术家JonasDeRo的作品，该画面中的建筑造型非常尖锐、大胆，但这一点并不适用于目前我们正在设计的作品，不过画面中的空间层次不错，可以参考；第2张图是艺术家MeckanicalMind的作品，我们可以学习它的光效制作、配色，以及一些交通工具的摆放技巧；第3张图的建筑造型相比第1张图的建筑造型稍微收敛一点，更适合用于当前的设计。

图 8-13

在实际工作中，以上整个查找素材并理清思路的过程是非常漫长的。这里出于练习的目的，仅花费了几个小时去寻找灵感和素材。整个场景所有的建筑包括交通工具的来源有3个，最多的就是利用现实生活中的建筑进行拼接，从而组成一个其他造型的建筑。例如，画面中视觉焦点的建筑，其实就是利用3个素材拼合的，当然也结合了一点手绘的造型，如图8-14所示。

图 8-14

除此之外，也借助了绘图+贴图的制作方法。大致的思路就是先用"钢笔工具"确定造型和明暗关系，然后找到一些纹理素材并通过叠加的方式融入造型。这个建筑被放置在画面右方的前景处，因为较暗，并没有做太多的细节处理，如图8-15所示。

图 8-15

当然，也可以尝试更加大胆的想法，例如，可以参考金字塔造型制作一个三角形的超大型建筑，也可以参考数字产品的线路板制作一个密集度非常高的城市建筑场景，或者参考城堡建筑制作出一圈一圈往中间靠拢，并且建筑体也会越来越高的场景。在制作造型之前，要先确定好建筑的结构、轮廓，然后确定受光面和背光面，最后添加纹理。如果是刚接触这类创作的设计师，可以多参考一些相关的优秀作品，借鉴别人的设计思路。如图8-16所示为意大利艺术家Massimo Porcella的作品，可以看出他非常擅长设计这类场景，他制作的很多建筑造型都非常有趣。

图 8-16

当然，我们也可以通过画面里一些具体元素的模型如运输机、飞行器等对设计思路有更多的了解。在实际创作中，这些模型作品一般是由三维设计师帮忙制作完成的。当然，如果自己本身会建模，也可以尝试自己建模，如图8-17所示。

图 8-17

操作步骤

01 思考画面，整个作品会以表现建筑为主，所以构图时确定地平线稍微偏中心上方。首先将地面的场景搭建完成，然后确定透视网格，如图8-18所示。

图 8-18

02 添加建筑、车道等元素，让场景看起来更丰富。同样的，在添加这些元素的时候，注意构图的引导线。这里将重点放在消失点的位置，与此同时需要尽量让建筑的高度、路面的指引都往焦点集中，如图8-19所示。

图 8-19

03 利用烟雾效果打造空间层次，让画面看起来更加干净，纵深感更加明显。此时基本上把画面的整体色调确定下来了。同时，为了不让建筑看起来太沉闷，这里制作了一些室内的高光效果，如图8-20所示。

图 8-20

04 接下来希望画面中能够代表未来的元素更多一些，因此添加了一些由三维设计师制作的飞行器。在添加飞行器时，要注意整体画面的光影和构图，让大部分飞行器都向画面焦点集中，如图8-21所示。

图 8-21

05 对画面整体的光影、色彩、氛围进行调节，单独给建筑添加光效，使其从画面中凸显出来，如图8-22所示。

提示

在日常生活中，针对建筑造型的制作可以多学习原画里面的建筑造型设计。同时，因为篇幅有限，针对建筑造型的制作笔者不能一一讲解到位，大家可以通过与本书配套的视频多加演练，或者参详第10章的内容。

图 8-22

8.2 液体造型

关于液体的内容这里已经是第3次提到了，从最开始的液体抠图，到后来液体纹理的处理，再到现在的液体造型制作，相信大家对于液体元素的表现已经有比较深刻的认知了。关于液体造型的讲解，这里主要以水为例。

8.2.1 液体造型的基本分析

在合成设计中，水的造型制作与控制一般是通过Photoshop里面的"自由变换"和"操控变形"命令来完成的。当然，许多好的合成作品里的大多液体素材都是通过前期拍摄得到的，并不都是通过后期制作获得的。这里之所以要对液体造型的制作方法与制作技巧进行讲解，是为了适应大部分读者的实际情况，希望大家能够好好学习和掌握，以备不时之需。

水的造型往往是为了表现产品的某种特点，有的时候它作为一种辅助元素出现，常出现在啤酒、饮料等产品的海报当中。水的造型如果能够伴随一定的动态效果出现，会让作品看起来格外出彩。

如图8-23所示为哥伦比亚艺术家Felipe Ruiz创作的一幅关于啤酒的概念海报。为了突出产品冰爽的特质，设计师在利用啤酒元素造型的基础上，在啤酒周围添加了液体造型元素。

图 8-23

8.2.2 液体造型的表现方式

在合成设计中，水元素可以作为辅助元素使用，也可以和建筑一样与另一个物体的轮廓进行融合，以此来表达双重含义。这个时候需要着重考虑的是元素的轮廓形状与体积感的表达。

如图8-24所示为土耳其艺术家Kaan Topalo lu为西门子洗衣机设计的一组海报，主要突出产品的i-Dos新技术。在设计过程中，设计师将衣物和水完美结合，表现水对衣物的保护。

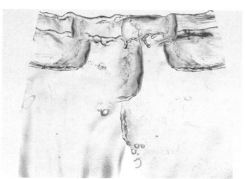

图 8-24

与此同时，水造型的制作难点还在于形态的控制。水是流动的，并且是非常容易被打散的。在合成设计中，如果想要通过水的造型表现出足够的画面动感，就必须考虑到水在变形过程中应该会产生什么变化，以及局部和整体的感觉。在没有合适的素材可以利用的情况下，只能通过对多层水的控制和叠加让画面看起来更加真实一些。当然，如果精通三维软件的使用和渲染技术，也可以制作出这种动感效果。

如图8-25所示为阿根廷艺术家Martin Ledesma为联合利华的产品设计的一组海报。在设计过程中，设计师利用三维软件制作流体模型，并将水材质渲染出来，再在Photoshop中进行修饰，从设计图中也可以很容易地看到，水在即将遇到产品时，被产品阻隔在外面，以此来凸显产品的防水性能。

图 8-25

下面通过一张图片（如图8-26所示）来简单看一下水在运动过程中其形态会产生哪些变化，并提炼出设计时需要注意的几个问题。这些注意事项主要包括：第一，越薄的地方越透明，越厚的地方放射效果越强；第二，水链条刚断开的部分会很细；第三，收尾部分一般会有一颗圆形水滴凝聚。

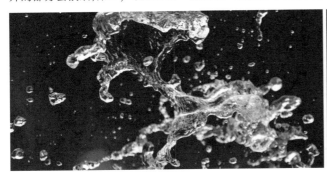

图 8-26

水的形态既要考虑局部，也要考虑整体感觉。水的整体给人感觉是流动的，在运动过程中非常有张力，并且若在运动过程中遇到一个阻碍物，会呈现出飞溅的效果。如图8-27所示为俄罗斯艺术家Ivan Smirnow设计的一组关于啤酒的海报作品，主要利用螺旋缠绕式的水造型表现啤酒冰爽、激烈的感觉。

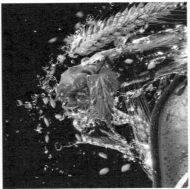

图 8-27

案例：制作液态三叉戟

案例位置	案例文件 >CH08>02> 案例：制作液态三叉戟.psd
视频位置	视频文件 >CH08>02
实用指数	★ ★ ★ ★ ☆
技术掌握	制作液态三叉戟的技法和注意事项

扫 码 观 看 视 频

本案例演示的是手握三叉戟的液态造型的制作，参考的是电影《海王》的海报，将主视觉海王的手握三叉戟的形态以水的形态表现出来，最终效果如图8-28所示。

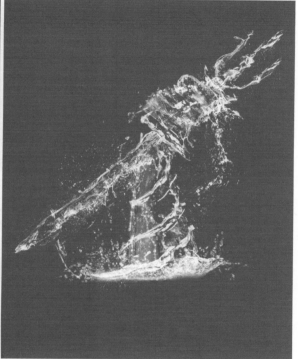

图 8-28

操作步骤

01 打开素材文件"背景.psd"，如图8-29所示。

02 打开素材文件"水1.jpg"，将素材复制并粘贴到背景文件的最上方，设置图层的"混合模式"为"滤色"，按快捷键Ctrl+T执行"自由变换"命令，将其变形并缩放到合适的大小，然后通过蒙版和画笔控制其显示区域（这里只需显示下面一层的水元素即可），如图8-30所示。

图 8-29

图 8-30

03 打开素材文件"水2.jpg"，将素材复制并粘贴到背景文件的最上方，按照之前的方法，将上面一层的水元素显示出来，如图8-31所示。

图 8-31

06 接下来制作手的造型。为了让手的轮廓更加清晰明确，并确保水元素边缘比较实，打开素材文件"水2.jpg"，选择中间部分复制并粘贴到设计文件中，将图层命名为"手臂"。按快捷键Ctrl+T执行"自由变换"命令，单击鼠标右键，在弹出的快捷菜单中选择"自由变换"命令，然后通过控制九宫格让水的形状看起来像手臂一样粗，如图8-34所示。

图 8-34

04 继续将水元素的造型进行完善，处理水和海面过渡的区域。创建新图层，选择"画笔工具" ✐ ，设置"前景色"为"白色"（R:255，G:255，B:255）、"不透明度"值为"20%"，然后在两者过渡的区域轻微地涂抹出一层水面效果，如图8-32所示。

图 8-32

07 将"手臂"图层的"混合模式"改为"滤色"，然后通过蒙版和画笔控制手右边的形状，使其简化，如图8-35所示。

图 8-35

05 为了让画面两边颜色的过渡更加均匀，在最上方创建新图层，设置图层的混合模式"为颜色"。选择"画笔工具" ✐ ，设置"不透明度"值为"30%"、"前景色"为橙色"（R:218，G:152，B:74），然后在画面中间偏左的位置进行均匀涂抹，让红色部分在画面中占比更多，如图8-33所示。

图 8-33

08 制作一圈旋转的水缠绕着手臂。这里可以重复使用"水3.jpg"素材，处理方式和前面一样，区别是针对缠绕的效果需要多分层来实现。使用"套索工具" ◯选取素材中合适的一部分，然后复制并粘贴到设计文件中，并通过操控变形实现缠绕效果，如图8-36所示。

图 8-36

09 使用相同的方法，制作出3层缠绕手臂的水效果，然后设置图层的"混合模式"为"滤色"，如图8-37所示。

图 8-37

10 到这一步，笔者并不希望手臂中间是完全透明的，需要有一层淡淡的水体现出来。打开素材文件"水4.jpg"，然后选取中间半透明的水，复制并粘贴到设计文件中，并移动到手臂的左侧，最后设置图层的"混合模式"为"滤色"，如图8-38所示。

图 8-38

11 制作武器三叉戟部分。针对三叉戟的制作，这里都是从水2.jpg素材中提取局部并进行单独变形来实现的，方法和前面一样，操作流程如图8-39所示。

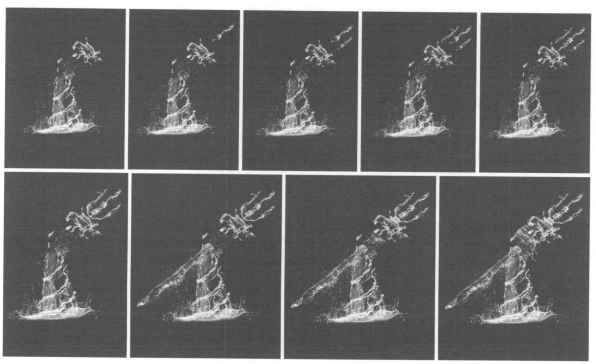

图 8-39

12 现在看来，水还不够有动感。观察现实生活中的水可以发现，将手中的水甩出的时候会有很多水溅出来的感觉。打开素材文件"水5.jpg"，使用"套索工具" ⟍ 选取局部并进行制作。这里需要多点耐心，一点一点地叠加出效果，避免急于求成，如图8-40所示。

13 最后通过一些光效来让画面更加有动感。打开素材文件"光1.jpg""光2.jpg""光3.jpg"，将光效复制并粘贴到设计文件中，同时缩放至合适的大小，并移动到合适的位置，设置图层的"混合模式"为"滤色"，最后通过调整图层的"不透明度"控制强弱，制作好的效果如图8-41所示。

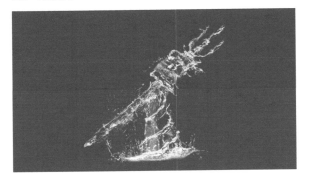

之前

之后

图 8-40

图 8-41

8.3 树木造型

每一个物体造型的表现思路其实都是相通的，只是因项目不同和设计师的个人习惯不同，设计的理念和方法会有所不同。在日常工作中，大部分Photoshop合成设计师是不具备非常专业的原画、三维渲染能力的，比较常用的是借助现实生活中真实的物体进行重新编组操作，以让它们看起来真实可信。

8.3.1 树木造型的基本分析

在许多合成作品中，相对来说，树木造型较少作为主视觉使用，并且它的种类较多，生长的形状也各不相同。如图8-42所示为阿拉伯艺术家Fabio Araujo的作品*Fantasy Island Festival 2015*，为了配合整个场景的和主题的气氛，设计师将树干的造型设计成了一个面具，并且保持树枝部分弯曲，制造出一种恐怖的环境氛围。

图 8-42

8.3.2 树木造型的表现方式

在制作以树干为主的造型时，应该重点表现树干本身的材质特点，例如凹槽、压痕、苔藓等。与此同时，要注意其结构粗细。粗的部分一般控制大的形态和方向，常用扭曲、变形等命令控制树结构的块面，变形不可太过明显。细的部分用于细节表现，变形相对较明显，并且针对其中的一些辅助元素采用复用的形式进行表现。如图8-43所示为美国艺术家sarah wang的作品*God of War Vista art*，为了表现出一些魔法空间的视觉效果，设计师将树木在画面中放大，然后将树干作为主要部分进行表现。同时针对里面的一些植被、蘑菇等元素，采用了复用的形式进行表现。

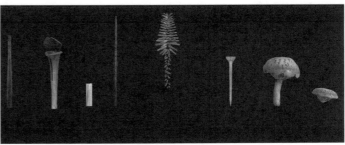

图 8-43

针对树木造型的表现，除了可以利用树干制作许多创意造型，还可以利用树叶进行更多表现。树叶造型相比树干造型来说更加注重排序与质感的表现，如果控制不好形态，会让人感觉非常凌乱。如图8-44所示为塞尔维亚艺术家Jovana Rikalo的作品*Tree of Love*，为了表现出"爱"的主题，设计师将树叶的造型设计为一个心形，再搭配粉色调，整体给人幸福的感觉。

图 8-44

和建筑、液体的造型一样，可以通过变形将树叶或树干，让它们和另一个形状的物体结合在一起进行表现。如图8-45所示为约旦艺术家Abdullah Mezher为一家银行制作的一组以"绿色环保"为主题的创意海报，利用绿色的树叶将树叶与灯泡、奖杯等物体的形状进行组合来表达主题。

图 8-45

在Photoshop中制作图8-45所示的效果一般有两个思路：第1个思路是用平面的素材，通过蒙版来控制其形状，然后通过塑造光影使其产生立体感。利用这种方法制作树叶造型相对快捷、简单，但细节不够，比较适合远景树叶造型的制作；第2个思路是寻找到合适的图形纹理，然后利用变形、液化等操作进行重组，这种操作相对麻烦，特别是一些造型比较复杂的树叶的制作，但是细节的效果会好很多，如图8-46所示。

图 8-46

在一些场景类的合成作品中，培养对树的造型能力可以让作品看起来更加有个性。这其实是一个思维的培养过程，即主动改变一些元素的形状，让它更加适合主题、环境、构图等。当然，在画面处理过程中，并不需要对所有物体的造型都进行强调和处理，但至少要保证画面的部分元素是经过精心设计的。如图8-47所示为哥伦比亚设计团队ZUMO Studio为客户Ecopetrol设计的作品*Barriles Limpios*，在画面中可以看到这一作品的设计重点是利用了树的造型表现文字效果，同时将其他元素进行了弱化表现。

图 8-47

案例：制作情人节场景

案例位置	案例文件 >CH08>03> 案例：制作情人节场景.psd
视频位置	视频文件 >CH08>03
实用指数	★ ★ ★ ★ ☆
技术掌握	制作情人节场景的技法和注意事项

扫 码 观 看 视 频

　　本案例主要演示如何用心形的树枝造型打造出一个情人节环境，主要采用了变形操作，与此同时，还可以培养大家的场景搭建能力。案例最终效果如图8-48所示。

图 8-48

操作步骤

01 在Photoshop中新建文件，设置"名称"为"情人节"、"宽度"为"2500像素"、"高度"为"1600像素"、"分辨率"为"72像素/英寸"、"颜色模式"为"RGB，8位"、"背景内容"为"灰色"（R:249,G:254,B:246）。选择"画笔工具" ✐，设置"前景色"为"青色"（R:146,G:172,B:175）、"大小"为"2000像素"，然后在画布左上角涂抹，使其变亮，如图8-49所示。

02 打开素材文件"云朵.jpg"，将云朵复制并粘贴到"情人节"文件的最上方，同时缩放到合适的大小。双击图层，打开"图层样式"对话框，通过"混合颜色带"中的"蓝"控制天空，如图8-50所示。

图 8-49

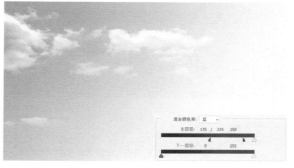

图 8-50

03 打开素材文件"草地.jpg"，将"草地"复制并粘贴到"情人节"文件的最上方，同时缩放到合适的大小。目前草地看起来不够平整。按快捷键Ctrl+T执行"自由变换"命令，然后单击鼠标右键，选择"自由变换"命令，利用网格控制变形让草地更加平整。之后通过蒙版让草地的天空部分消失，如图8-51所示。

图 8-51

04 打开素材文件"远景.jpg"，使用"色彩范围"命令将天空选中，然后按快捷键Ctrl+Shift+I选取部分草地并进行反选，将选中的草地复制并粘贴到"情人节"文件的最上方。按快捷键Ctrl+T执行"自由变换"命令，将"远景"缩放到画面地平线的位置。在"情人节"文件中选中"远景"图层并添加图层蒙版，选择"画笔工具"，设置"不透明度"值为"50%"、"前景色"为"黑色"（R:0,G:0,B:0），将左边的树和草地部分在蒙版中涂抹成黑色，效果如图8-52所示。

图 8-52

05 将远景复制一层并进行水平翻转，将复制的远景移动到画面的右边。选择"画笔工具"，设置"不透明度"值为"50%"、"前景色"为"黑色"（R:0,G:0,B:0），然后在蒙版中对两个远景过渡的地方进行涂抹，如图8-53所示。

图 8-53

06 在"情人节"文件的最上方创建新图层，选择"画笔工具"，在工具选项栏中设置"画笔类型"为"柔边圆"、"前景色"为"浅黄色"（R:236,G:232,B:190）、"不透明度"值为"20%"，然后在环境中由远及近地绘制一层云雾，增加画面的景深，如图8-54所示。

图 8-54

07 继续创建新图层，设置"前景色"为"暗绿色"（R:38,G:51,B:8），然后在近景草地部分进行涂抹，将其压暗，如图8-55所示。

图 8-55

08 制作主视觉中间的心形树枝。打开素材文件"树1.jpg"，使用"色彩范围"命令选中天空部分，并将天空的像素删除，如图8-56所示。

图 8-56

> **提示**
>
> 当然，这里也可以使用前面讲过的方法来增加草地的层次感，并加强草地的质感表现。但因为这个案例主要针对树的变形，所以针对草的质感的表现不过多描述。

09 使用"套索工具"⌒单独选中树枝的树干部分，然后复制并粘贴到设计文件中，并缩放到合适的大小，如图8-57所示。

图 8-57

10 打开素材文件"树1.jpg"，使用"色彩范围"命令选取天空部分，并将天空的像素删除，如图8-58所示。

图 8-58

11 使用"套索工具"⌒单独选取中间那棵树，然后对树枝进行复制，返回"情人节"文件中进行粘贴，并将其和之前的树素材拼贴在一起。在这里为了保持变形的弧度，对其进行了水平翻转操作，如图8-59所示。

图 8-59

12 使用"套索工具"⌒复制左右两棵树并在场景中进行拼合，如图8-60所示。

图 8-60

13 为了让弧度更加圆润，将"树1.jpg"的树叶复制过来并放置在"情人节"文件中，如图8-61所示。

图 8-61

14 选取所有树的素材，按快捷键Ctrl+G编组，然后按快捷键Ctrl+T执行"自由变换"命令，将元素进行水平翻转并移动到合适的位置，如图8-62所示。

图 8-62

15 经过上一步操作，心形的大致形状出来了，但是细节还不够完善。首先是下面树干的部分太过干净了，需要进行处理。打开素材文件"树藤.jpg"，然后用前面讲到的"色彩范围"命令将背景抠干净，如图8-63所示。

图 8-63

16 为了避免两边的元素过于重复对称，这里使用"套索工具"⌒选取左边树藤并放置在左侧的树干部分，选中右边树藤并放置在右侧的树干部分，如图8-64所示。

图 8-64

17 选中树藤素材进行编组，在图层组上方创建"曲线"调整图层并创建剪贴蒙版，调整曲线，让树藤整体变暗，绿色减少，如图8-65所示。

图 8-65

18 继续处理树干部分的造型，使其不会太过平滑，打开素材文件"树2.jpg"，同样使用"色彩范围"命令进行抠图，然后选取素材中的树干部分，复制并粘贴到"情人节"文件中的心形树干部分，如图8-66所示。

图 8-66

19 全选树的造型素材并编组，将组命名为"树"，选中"树"图层组，快按捷键Ctrl+J进行复制，然后按快捷键Ctrl+E合并图层，并将图层命名为"阴影"，设置图层的"混合模式"为"正片叠底"。选中"阴影"图层，按快捷键Ctrl+T执行"自由变换"命令进行变形，将阴影往下翻转并往左倾斜。给阴影图层添加图层蒙版，然后通过"画笔工具" ✐ 在蒙版中涂抹控制阴影的强度，如图8-67所示。

图 8-67

20 对"树"图层组进行调色，在"树"图层组上方创建"曲线"调整图层并创建剪贴蒙版，让树整体偏绿黄色，如图8-68所示。

图 8-68

21 为了拉开空间层次，适当让树整体偏暗一点。继续在上方创建"曲线"调整图层并创建剪贴蒙版，控制曲线让树整体偏暗。从天空来看，光源被设置在画面的右侧。选择"画笔工具" ✐，设置"前景色"为"黑色"(R:0,G:0,B:0)，在曲线蒙版中树的受光面位置进行涂抹，让树的受光面保持亮度，图中所示的红色区域即涂抹区域，如图8-69所示。

图 8-69

22 单独提亮受光面。受光面相对刚才的涂抹区域要稍微再扩大一点，这样才会有层次。继续在上方创建"曲线"调整图层并创建剪贴蒙版，控制曲线让树整体偏亮并增加黄色。选中曲线蒙版图层，按快捷键Ctrl+I对蒙版的颜色进行反相处理。选择"画笔工具" ✐，设置"前景色"为"白色"（R:255,G:255,B:255），然后在树的受光面进行适当涂抹，让这一部分看起来更舒服，如图8-70所示。

图 8-70

24 观察画面，发现人物两边位置显得太过干净，因此尝试在人物前面添加"LOVE"字样。这里考虑用树枝的造型来搭建这个字形。打开素材文件"树枝.jpg"，使用"色彩范围"命令选中天空的颜色，然后按住Alt键，同时单击图层缩览图，添加图层蒙版，如图8-72所示。

图 8-72

26 使用"套索工具" ♀ 选取树枝的局部并进行字母的组合，在组合过程中可以利用变形工具对字母的笔画进行变形，以增加识别度。这一步要根据自己的经验从树的造型来判断哪一部分折弯的树枝适合字母的笔画，如图8-74所示。

图 8-74

23 当树的造型基本确定之后，接下来添加人物。人物建议选择一些有互动动作的素材，避免呆板。当然，也可以单独添加一些气球和小狗元素，让画面气氛更好。分别打开素材文件"模特.png""小狗.png""气球.png"，然后置入并放置在场景的中心位置，如图8-71所示。

图 8-71

25 选择蒙版图层，执行"滤镜>其他>最小值"菜单命令，在打开的对话框中设置"半径"为"5像素"，并单击"确定"按钮确认操作。继续选中蒙版，单击鼠标右键，在弹出的快捷菜单中选择"应用图层蒙版"命令，如图8-73所示。

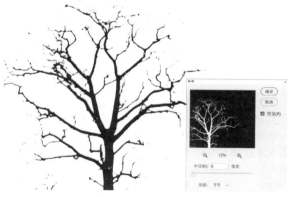

图 8-73

27 观察上一步处理的字母，发现字母太纤细了，需要加粗一些。将字母拼合的图层一起选中，然后按快捷键Ctrl+E合并图层，并将合并的图层命名为"字母"。按住Ctrl键的同时单击图层缩览图来得到字母的选区，执行"选中>修改>扩展"菜单命令，设置"扩展"为"5像素"左右，然后将扩展的选区填充为"黑色"（R:0,G:0,B:0）。这时，如果字体出现一些毛边或多余的像素，需要单独删除。如果纹理不够，可以用"沙丘草"画笔绘制出被草遮挡的纹理，如图8-75所示。

图 8-75

28 给字母添加树干纹理。打开素材文件"树干2.jpg"，使用"套索工具"单独选取树干部分，然后复制并粘贴到字母图层上方并创建剪贴蒙版。这里要注意纹理的方向和字母笔画的方向，如果笔画是竖笔，树干部分最好也选取垂直方向的纹理；如果笔画是横笔，则建议选中水平方向的纹理，如图8-76所示。

图 8-76

30 观察字母和整体环境，发现字母的立体感还是不够。在其上方创建新图层并创建图层蒙版，设置图层的"混合模式"为"叠加"。选择"画笔工具"，设置"前景色"为"浅黄色"（R:214，G:215，B:188）、"不透明度"值为"30%"，在图层中沿着字母的受光面进行涂抹，并绘制出高光，如图8-78所示。

图 8-78

32 为了避免文字和中间模特部分过于融合，可以给字母绘制一些侧面高光。之后在其上方创建新图层并创建图层蒙版，设置图层的"混合模式"为"滤色"，选择"画笔工具"，设置"前景色"为"浅黄色"（R:208，G:210，B:145）、"不透明度"值为"30%"，在图层中沿着字母的受光面涂抹，绘制高光，最后通过控制图层整体的"不透明度"来控制强度，避免高光过亮，如图8-80所示。

图 8-80

29 为树干制作一定的立体感。选中并双击"字母"图层，打开"图层样式"对话框，控制"斜面和浮雕"设置界面中的"结构"和"阴影"，如图8-77所示。

图 8-77

31 在其上方创建"曲线"调整图层并创建剪贴蒙版，然后对曲线进行适当调节，让字母整体变暗，如图8-79所示。

图 8-79

33 选中"字母"图层，按住Alt键的同时往下拖动并复制一层，然后将复制的图层的"混合模式"设置为"正片叠底"，按快捷键Ctrl+T执行"自由变换"命令，将其变形以添加阴影，最后通过蒙版来控制阴影的层次，如图8-81所示。

图 8-81

34 进一步处理字母造型，使其效果看起来更加丰富。打开素材文件"树4.jpg"，使用"色彩范围"命令将树单独抠取出来，然后使用"套索工具"选取部分树叶，然后将它们单独复制到字母的端口，增加造型的设计感，如图8-82所示。

图 8-82

提示

在对树叶进行摆放的时候，一定要随时注意元素的变形控制，避免效果生硬。

36 在"图层"面板最上方创建新图层并填充为"黑色"（R:0，G:0，B:0），设置图层的"混合模式"为"滤色"，然后执行"滤镜>渲染>镜头光晕"菜单命令，为画面制作一些光照效果，如图8-84所示。

图 8-84

35 为了减少画面的对比度，在"图层"面板最上方创建新图层，选择"画笔工具"，设置"不透明度"值为"10%"、"大小"为"800像素"、"前景色"为"浅黄色"（R:253，G:250，B:235），然后轻轻地在画面中涂抹几笔，如图8-83所示。

图 8-83

37 在"图层"面板最上方创建"照片滤镜"调整图层，然后使用默认的"加温"滤镜（85），设置图层的"混合模式"为"滤色"、"不透明度"值为"20%"，如图8-85所示。

图 8-85

38 至此，大的场景基本已经搭建完成，之后可以尝试在前景添加一点树枝、花等元素来增加空间感。关于元素的添加方法可以参考前面介绍的方式，这里不再过多描述。最终的设计效果如图8-86所示。

提示

前景的添加最重要的就是素材的选择。在选择素材时可以着重从3个方面来考虑：元素本身的含义；元素的造型与原本的空间构图关系；元素颜色与画面整体的配色关系。

图 8-86

8.4 人物造型

在前面的构图章节，曾提到在画面中生成焦点的一个方法就是人物的造型。试想一下，在街上穿上汉服是不是格外被人关注？虽然人物的角色在一开始就设定了，人们不太可能去改变人物的整体形象，但可以尝试通过控制表情、发型、配饰、动作等来让画面更有有设计感。这里以"小丑"的角色为例进行介绍，如图8-87所示。仔细观察，你会发现，不同的动作、神态搭配不同服装、道具的小丑，给人的暗示信息是完全不一样的，作为创作的元素，如果角色的暗示信息传达错误，也会让人觉得很奇怪。

图 8-87

8.4.1 人物造型的基本分析

关于人物造型这个话题，讨论的前提是，在没有足够拍摄条件的情况下，如何对人物元素进行造型。在做这类造型之前，可以先尝试把自己能想到的一些元素列出来，例如帽子、头饰、眼镜、烟斗、围巾、披风、靴子、配件等。将这些元素都罗列出来之后，根据现有的素材对其进行合成，让人物设定看起来更加丰满，画面也更加好看。如图8-88所示为法国艺术家Jean-Charles Debroize的作品*Creative Rush*，画面里小孩的动作、飘动的围巾、背包里面的元素，以及狐狸的动作等，都是经过精心摆放再合成的，效果非常自然和生动。

图 8-88

人物造型这个话题涉及很多领域，包括化妆、服装设计等。作为Photoshop合成设计师，应该先确定好画面的风格，仔细理清画面的故事，再在一些经典的影视作品、原画作品中汲取相关的设计思路，并利用照片素材进行拼合。在日常生活中，大家所见的很多合成作品都充满了对角色设定丰富的探索和想象力。如图8-89所示为哥伦比亚艺术家Carlos Quevedo设计的一系列作品，充满了魔幻风格，他通过将现代机械零件、动物头骨、天使翅膀等进行组合，更加张扬地表现人物皮肤的肌理、透视、发型等。

图 8-89

8.4.2 人物造型的表现方式

在日常生活中，针对人物造型的练习可以先从简单的替换开始，即一开始只替换人物的某一五官，如耳朵等，让其看起来像精灵，或者替换眼睛，让其看起来像X战警一样酷。在替换过程中，相比前面建筑、液体、树林的造型处理，人物造型更加注重细节，因为人物的权重在画面中是非常大的。如图8-90所示为俄罗斯艺术家Vitaliy Art设计的一系列作品，通过画面可以看出对人物都进行了重新设计，虽然没有像Carlos Quevedo的作品那么魔幻，但机械感和未来感还是比较强的。

图 8-90

当确定了主视觉的人物素材之后，需要围绕主视觉去寻找相应的素材，这个过程相对比较简单。笔者曾给学生提供一个悬浮的人物素材，要求学生将他打造成一个巫师的角色，他们可以通过电影《指环王》《哈利·波特》去看演员的造型，从中提取出很多有价值的素材，如法杖、巫师帽、长袍、法器等。将素材提炼好之后，需要再选择一个适合的环境来突出这个主题，如图8-91所示。

图 8-91

当然，在真正的角色设计中，需要考虑的问题比目前本书所讲的多得多。我们可以通过一些游戏、影视作品的设定集，看到很多人物的设计过程，简单来说，包括从最开始的草图阶段，到后来的三视图，再到立体建模等。如图8-92所示是瑞典艺术家Victor Petersson完成某个项目时设定的一个角色的设计。

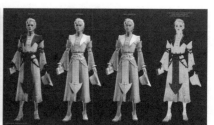

图 8-92

在Photoshop合成领域中，动物、机器造型也经常可见，这可以让画面更加活跃。造型的方法其实都大同小异，将透视关系正确的元素拼合在动物身上，然后进行调色控制，让其更加融合，但本案例还考验设计师的创造能力，要考虑画面里还能够添加什么，以及需要表现出画面的最大特点是什么等。图8-93所示为巴西艺术家Jhonnys Langendorf的作品*Adote Um Animal*，该作品将不同角色的服装赋予不同的动物，最终呈现出的效果也非常好。

图 8-93

案例：制作棕熊造型

案例位置	案例文件 >CH08>04> 案例：制作棕熊造型.psd
视频位置	视频文件 >CH08>04
实用指数	★ ★ ★ ★ ☆
技术掌握	制作棕熊造型的技法和注意事项

本案例演示的是棕熊模拟人物动作的造型设计。设定的环境是一个丛林里，主角是两只棕熊，棕熊爸爸带着小棕熊回到家中时，发现了洞口还没完全熄灭的火堆，察觉到洞里可能有不安全因素，所以开始紧张并准备拿出猎枪防卫，旁边的小棕熊因为害怕靠在棕熊爸爸身上。案例的最终效果如图8-94所示。

图 8-94

　　当然，这里主要讲解的是棕熊的造型拼合部分。在有了故事脚本之后，就去网上寻找素材，一开始需要找到姿势整体正确的棕熊素材，再去寻找动作合适的棕熊、配饰等素材，这个过程要花费比较多的时间，需要有耐心，如图8-95所示。

图 8-95

操作步骤

01 打开素材文件"棕熊1.jpg"，新建图层，用第2章介绍的用"画笔工具"抠图的方法将左边的棕熊抠取出来，并将抠取出来的棕熊所在图层命名为"棕熊1"，如图8-96所示。

图 8-96

02 在"棕熊1"图层上方创建新图层并创建剪贴蒙版，选择"仿制图章工具"♣，设置"样本"为当前图层和下方图层，然后拾取棕熊肚子的肤色作为防制源，并将棕熊右掌涂抹至消失，如图8-97所示。

图 8-97

03 打开素材文件"棕熊2.jpg"，将棕熊的右臂抠出来，复制并粘贴到设计文件的最上方，将图层命名为"手臂"，将"手臂"缩放至合适的大小并移动到合适的位置，如图8-98所示。

图 8-98

04 现在"手臂"毛发颜色偏黄，需要纠正毛发的颜色。在其上方创建"曲线"调整图层并创建剪贴蒙版，控制参数让毛发偏红色。在调整参数的时候一定以眼睛看到的为准，整体色调是稍微偏暗一点、红一点，如图8-99所示。

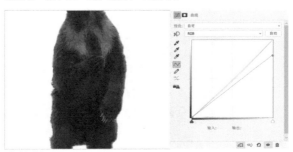

图 8-99

241

05 为了让手臂与原图之间的过渡更加自然，绘制并添加一些高光部分的毛发。在"手臂"图层上方创建新图层，选择"画笔工具"，然后载入"毛发.abr"画笔，设置"不透明度"值为"30%"、颜色"为"浅棕色"（R:203,G:173,B:149），然后沿着手臂的方向涂抹，如图8-100所示。

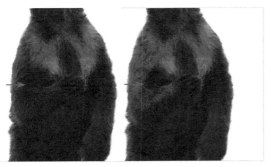

图 8-100

07 选中"枪"图层并添加图层蒙版，选择"画笔工具"，设置"前景色"为"黑色"（R:0,G:0,B:0），然后在蒙版中适当涂抹枪被手遮挡的地方。在"枪"图层下方创建新图层，设置图层的"混合模式"为"正片叠底"，然后使用"画笔工具"绘制枪的阴影，如图8-102所示。

图 8-102

09 按照同样的方法，打开素材文件"帽子.jpg"，将帽子抠出来并粘贴到棕熊图层上，同时缩放到合适大小。这里需要注意棕熊的耳朵部分，将耳朵藏在帽子里面。针对耳朵的多余部分，回到"棕熊1"图层，然后利用蒙版将耳朵隐藏。除此之外，将帽子的帽顶部分通过变形适当放大一些，让穿戴效果更自然。最后在帽子上方创建"色相/饱和度"调整图层并创建剪贴蒙版，让帽子颜色变暗，如图8-104所示。

图 8-104

06 打开素材文件"枪.jpg"，使用"钢笔工具"抠图，将抠出的枪复制并粘贴到设计文件的最上方，将图层命名为"枪"，如图8-101所示。

图 8-101

08 按照同样的方法，打开素材文件"斧头.jpg"，将斧头抠出来并粘贴到棕熊的背面，如图8-103所示。

图 8-103

10 接下来绘制帽子在棕熊头部的阴影。在"棕熊1"图层上方创建新图层并创建剪贴蒙版，设置图层的"混合模式"为"正片叠底"。选择"画笔工具"，加载"毛发.abr"画笔，设置"不透明度"值为"30%"、"前景色"为"深棕色"（R:47,G:38,B:29），然后在帽子下方绘制阴影，如图8-105所示。

图 8-105

11 为了让棕熊面部表情看起来更凶，营造紧张感，打开素材文件"棕熊2.jpg"，将棕熊的嘴部复制并粘贴到"棕熊1"图层的上方，然后按快捷键Ctrl+T执行"自由变换"命令，将棕熊嘴缩放至合适的大小并移动到合适的位置，将图层命名为"熊嘴"，如图8-106所示。

图 8-106

12 选择"熊嘴"图层并创建图层蒙版，然后选择"画笔工具"✐，在工具选项栏中设置"画笔类型"为"柔边圆"、"不透明度"值为"50%"、"前景色"为"黑色"（R:0,G:0,B:0），然后将嘴部边缘涂抹均匀使其过渡自然，最后在其图层上方创建"曲线"调整图层并创建剪贴蒙版，纠正毛发的颜色，如图8-107所示。

图 8-107

13 打开素材文件"棕熊2.jpg"，将小棕熊抠取出来，并复制、粘贴到设计文件的最上方，将图层命名为"棕熊2"，按快捷键Ctrl+T执行"自由变换"命令，将小棕熊缩放至合适的大小，并移动到"棕熊1"的左侧，通过蒙版将"棕熊2"的另一个手掌隐藏，如图8-108所示。

图 8-108

14 在"棕熊2"图层上方创建"曲线"调整图层并创建剪贴蒙版，调整曲线，让其毛发色调与"棕熊1"接近，如图8-109所示。

图 8-109

提示

进行到这一步，可以回顾一下整体合成思路，大体就是通过颜色调整来控制棕熊在同一个环境中呈现出自然的效果，然后通过绘制纹理制作阴影来增加真实感。这个思路适合绝大多数合成拼图，因此对于小棕熊的合成操作也可以采用同样的方法完成，然后在具体的操作中进行一些细微的调节和变化即可。

15 处理"棕熊2"肚子的亮度问题。在"棕熊2"图层上方创建新图层，选择"画笔工具"✐，在"棕熊2"图层右侧的肚子部分绘制阴影，如图8-110所示。

图 8-110

16 打开素材文件"枪2.jpg"，将帽子和枪分别进行抠图，并将抠出来的帽子放置在"棕熊2"图层的上方，戴在小棕熊头上，将抠出来的枪放在小棕熊的背上，如图8-111所示。

图 8-111

17 在小棕熊的帽子图层上方创建"色相/饱和度"调整图层，降低帽子的饱和度和明度，在小棕熊的帽子图层下方创建新图层，选择"画笔工具" ✐，绘制帽子在小棕熊头上的阴影。在小棕熊的枪图层上方创建"曲线"调整图层，将枪整体压暗，如图8-112所示。

图 8-112

18 将所有图层选中并进行编组，然后将组命名为"棕熊"。在"棕熊"图层组上方创建"曲线"调整图层，提高整体的明度，如图8-113所示。

图 8-113

19 仔细观察画面，会发现大棕熊的脚部有残缺，要解决这个问题，可以继续按照前面的思路去寻找相关的素材进行拼合处理。同时，也可以利用场景的添加对这个缺陷进行弱化。例如，利用地面上的石头、草地等场景元素进行修饰，最终得到的效果如图8-114所示。

图 8-114

20 由于本案例重点是讲解棕熊造型的制作，并且由于篇幅限制，关于环境光线的渲染和剩余元素的添加不做过多讲解。最终制作好的案例效果如图8-115所示。

图 8-115

Photoshop 合成的核心技法详解

第 9 章

色调的把控

在合成设计中，一幅作品的色调理想与否直接决定着效果是否真实、作品是否成功。本章主要针对合成设计中的调色知识进行讲解，与调色相关的知识点包括光线的控制、氛围的营造和颜色质量的把握，在具体讲解时也会围绕这3大内容来进行。

◎ 光与色调　　◎ 氛围与色调　　◎ 质量与色调

9.1 光与色调

物体是有体积的，塑造画面中物体的体积感可以利用光。光能塑造调性，也是合成调色最基本、最重要的知识点，因此在合成设计中，如果不能很好地理解和控制光，也就没有办法设计和制作出好的作品。

关于光的讨论在前面构图阶段就已经开始涉及，例如，空间的黑白深度、空气密度、菲涅尔效应等，都是光对空间、大气影响的结果。

下面通过两张海报的对比来看一下光对画面的影响，如图9-1所示。第1张海报是1980年理查德·唐纳和理查德·莱斯特联合导演上映的《超人2》的电影海报，第2张海报是2013年克·施奈德导演的《超人：钢铁之躯》的电影海报。经过对比分析可以知道，较早的《超人2》电影海报采用了顶部投射的光来突出超人胸前的标志及脱下外套的动作，这里超人的脸部是完全看不见的，这样表达更具暗示寓意；较新的《超人：钢铁之躯》电影海报是利用背光来刻画超人的，具体表现在形体、服装、表情等的刻画。

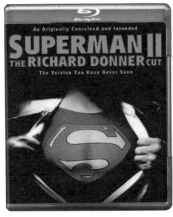

图 9-1

9.1.1 光的特征

要理解光，首先需要了解光有哪些特征。后期创意海报合成，基本都是围绕着光的特征来进行的。针对光的特征，本书主要从3个方面进行讲解。

光的方向

当人们行走在夜晚的树林里时，如果看不清前方的路，会拿起手电筒进行照明。这时候，手电筒指向的地方会被照亮，而其他地方漆黑一片，说明光是沿直线传播的。光沿直线进行传播，被照到的地方变亮，没被照到的地方变暗，从而产生阴影。这是光的首要特征，也是一个常识问题，并且是合成设计非常重要的一个知识点。

以人物照片为例，假设画面中的人物正对前方，光源在人物的正前方，意味着人物面对光源的部分都将被照亮，这样的画面看起来过于扁平，缺少立体感。但这并不表示在合成设计中不能选择这样的素材，具体选择哪种素材进行使用，主要取决于画面设计的动机和对光的选择。如果要突出人物的表情特征，那么这个方向的光必然是不太适合的。如果需要表现出柔和且细节较多的画面特性，那么这个光线就是合适的。

如图9-2所示为巴西摄影师Cristiane Paulino拍摄的作品，看到人物正面有一个光源，整个场景和人物的皮肤看起来非常柔和，但是五官的立体感被削弱了。

图 9-2

假设将光源往人物头部移动，直到人物的鼻子下方出现类似蝴蝶形状的阴影，这时人物整体将会开始变得更加立体，并且人物的颧骨、下巴都将产生明显的阴影，画面整体也会变得更戏剧化。蝴蝶光在摄影当中是比较常见的一种布光方式，它常用于但不限于女性的拍摄，可以让女性面部表现更加动人。如图9-3所示为印度艺术家Anil Saxena的一组摄影作品。观察画面，可以看到光主要是从人物顶部投射下来的，因此让人物整体看起来非常立体，同时在鼻子下方和脸颊下方也形成了较明显的阴影。

图 9-3

每一个方向的光的存在都会产生不同的作用，在控制光的方向时，要注意同时把握好光的角度。例如，针对刚刚提到的蝴蝶光，如果继续将灯光往上移动，让人物的额头和眉毛将光线挡住，人物的眼睛将完全被阴影覆盖，鼻子的阴影也会越来越长，脸部也会显得特别沉沉；如果继续将灯光往下移动，则会出现夜晚在篝火旁拍照的效果，人物脸部的阴影将被拉得很长。这种特殊的光照效果在合成设计中如果能巧加利用，可以制造出一些出其不意的效果，如制造神秘感、烘托恐怖的氛围等。

假设将光源往两边旋转移动，直到人物的脸颊上出现一个三角形照明区域，会形成环形照明效果。这时阴影的方向开始倾斜，人物脸部一侧被照亮，另一侧出现弧形的阴影，鼻子的影子也被拉长，人物的脸部看起来也会更加瘦长。这时的光可以称为伦勃朗光，如图9-4右图所示为巴兹·鲁赫曼执导的电影《了不起的盖茨比》的宣传海报，海报中人物的打光方式就是伦勃朗光。

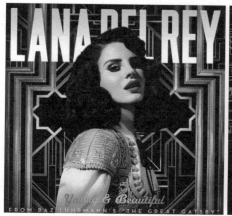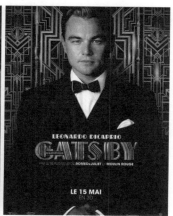

图 9-4

假设将光继续移动到人物的一侧，直至光线将人物分割为"非黑即白"的效果，这种画面立体感强，往往具有很强的戏剧性，让观众有更多的遐想空间，如图9-5所示。

假设将光移动到人物背后，直至人物正面只有微弱的光线或人物完全变成剪影，只有人物轮廓被照亮，这种光可以称为背光。这种光将人物主体和背景分离开来，可以让画面看起来更加有层次，并且戏剧性也更强。如图9-6所示为由克瑞格·麦克林恩指导的电影《郎溪2》的电影海报，该海报就运用了这种光，人们看不清海报中人物的面部，会给观者更多的神秘感，并且营造出更强烈的危险氛围。

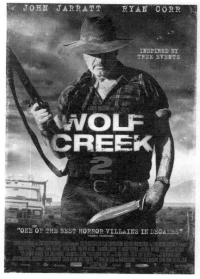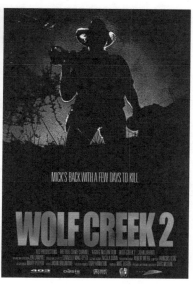

图 9-5

图 9-6

　　在海报合成设计中，上边介绍的背光和侧光都可以作为主光源使用，也可作为辅助光使用，可以提亮主体的局部边缘，或者照亮背景。如图9-7所示为美国艺术家Michael Kutsche为一本与丛林相关的图书制作的角色设计作品。从画面中可以看到，背景与棕熊毛发的颜色在明度上差别不大，很容易混在一起，设计师利用太阳光从背后照过来制作侧光，来提亮熊和孩子的轮廓边缘，使得背景与人物主体被明显分离开来，让主体更加立体。

　　光是沿直线传播的。当光遇到障碍物的时候，便会形成折射或反射。其中，折射光比直射光更柔和，在合成设计中也需要巧加利用。如图9-8所示为俄罗斯艺术家Nikita Pilyukshin的作品，描绘的是1920年伦敦的街景，整个画面的照明全部来自太阳直射光线，但依然可以看到没有被直接照射的区域也被提亮了，这种现象就叫作折射现象。当然，由于路面和墙面是凹凸不平的，因此此时的光也带有漫反射的效果。

图9-7

图9-8

　　从构图上来说，光的方向也可以引导观者的视线。如图9-9所示为由韦斯·安德森指导的电影《布达佩斯大饭店》的一组镜头。描绘的是穆斯塔法在讲述自己的故事时，停顿了1秒钟，场景的布光开始改变，让观众从放松的情绪一下就紧张起来，人物性格的刻画也变得更加具有戏剧性了。

图9-9

光的大小

　　光的大小指的是光源尺寸大小及强度，最直接受影响的是被照射物体的曝光程度和阴影大小。一般情况下，中午时分的太阳光和小范围的光源所产生的阴影都是比较硬的，会让物体的明暗关系对比非常强烈，造型也硬朗，轮廓清晰，但与此同时也会让物体看起来少了很多细节，因此在设计中较少被使用。但这也并不是绝对的。假设刻画某一个物体的纹理，如生物模型或场景的材质，就可以使用这种光线。如图9-10所示为白俄罗斯艺术家Nikola Sinitsa的作品Caravan，利用强光"绘制"了石头的纹理，同时利用强烈的阴影去分割画面进行构图，使得整个画面对比非常强烈，阴影的形状也较明确。

图9-10

反之，如果光源范围较大，光源微弱，物体光影对比较弱，画面看起来也会更柔和，并且细节增多。相对来说，这种光线比较好控制，也被更多地应用到设计当中。如图9-11所示为埃及艺术家Alaa Abo Elmagd的作品 *The Jungle*，描绘了丛林的画面，为了体现出画面的温馨感，画面里的灯光布置比较柔和，阴影也比较软，从整体上看，光影对比也没有图9-10的作品那么强烈。

图 9-11

前面所说的布光，是指在Photoshop里模拟光线的传播方式、光线的照射方向和光线的强弱，从而制造出令人感到自然、真实的画面。在后期制作光源的时候，需要注意控制亮度大小，避免出现过曝的情况，但同样也要注意距离的远近对光线传播的强衰影响。一般来说，光的强度会随着距离呈平方性衰减，越远的地方，光衰减得越快，反之，衰减得越慢。在Photoshop中制作光效时，只有考虑到这一点，做出来的光才会有层次感。如图9-12所示为俄罗斯艺术家Andrey Vozny的作品，从中可以看到画面整体照明的明暗变化和衰减情况、飞船照明灯光线的衰减情况，以及画面底下石头反射光的衰减情况。

图 9-12

光的颜色

火焰是黄色且偏暖的，在照亮人的皮肤后会让皮肤色调偏暖；荧光灯的光是绿色且偏冷的，在照亮人的皮肤后会让皮肤色调偏冷。由此可见，光是有颜色的，并且不同颜色的光会给人冷暖不同的感受。如图9-13所示为西班牙艺术家Diego Speroni的作品*THE ASH PROJECT/FCB HEALTH NY*，仔细观察画面，会看到画面整体色调偏冷，并且画面中有大量的烟雾，整体呈现出一种低迷、堕落的氛围。

图 9-13

颜色是带有情感的，这与我们所接受的文化和生活的环境有很大关系。在诸多影视作品中，许多场景的颜色都是经过精心设计的，例如，许多好莱坞的科幻片中常常会出现大量的蓝色与洋红色撞色的配色效果，魔幻片场景中会出现大量偏冷的绿色和青色，刚烈动作片中会出现大量偏暖的红橙色。不同的颜色，会带给人不同的情绪。如图9-14所示为由韦斯·安德森指导的电影《布达佩斯大饭店》中的镜头，画面整体给人非常舒服的感觉，色彩变化也随着故事情节的变化而改变。最开始的粉色画面总能给人美好的童话般的感受，到后来以黑白色为主的画面暗示了故事情节的转折和发展情况。

图 9-14

针对光的颜色的使用，还需要注意饱和度。饱和度高的颜色给人一种青春、充满生命力的感觉，饱和度低的颜色给人一种消极、颓废的感觉。如图9-15所示为波兰艺术家Bartosz Domiczek的作品*Northern Wisps*，针对同一个场景，随着气候的不同，画面整体颜色的饱和度也不一样，或荒芜，或现代。

图 9-15

在合成设计中，光的颜色在很大程度上决定了画面的配色方案，因此需要引起重视，对此可以遵循色温的冷暖程度进行配色，也可以按照色环的配色原理进行配色。

9.1.2 理解大自然中的光

在合成设计中，要想处理好大场景的布光问题，除了了解并尊重光的特征，还要考虑真实环境。例如，想要制造的场景是早上还是晚上？是城市还是海边？是晴天还是雨天？……明确了这些问题，就能更好地把握住场景光的一些特点，从而制造出更加符合现实的场景。

晨曦时分，太阳还未完全出来，天空中还依稀可见月亮，整个场景也只带有微弱的光。这个时候的场景一般偏冷色调，整个画面给人昏暗的感觉，远景的大部分元素都看不清，并且只能看到一些轮廓和剪影，如图9-16所示。

图 9-16

晨曦类场景多出现在一些科幻类的合成场景中。如图9-17所示是捷克艺术家Erik Johansson的作品，从画面中可以看到故事发生在晨曦，并且天空的纹理质感强烈，神秘感十足。

图 9-17

清晨，太阳逐渐从地平线升起，从最开始的鸡蛋黄色开始逐渐变成天蓝色，并且环境中出现大量雾气，场景景深感较强，物体的对比度较强，如图9-18所示。

图 9-18

假设身处清晨的丛林，会看到非常神奇的丁达尔光。光束透过树林倾洒下来，整体给人一种生气、神圣的感觉。与此同时，场景景深感极强，光影对比强烈，在合成设计中需要注意表现，如图9-19所示。

图 9-19

除此之外，丁达尔光线还可以增加画面的通透感，让画面主体更加突出，并且增强画面氛围。如图9-20所示为巴西艺术家João Cavalcante的作品*Planet Oc.*，画面描绘了一个探险家发现神奇生物的场景，设计师将场景设定在清晨，并且通过丁达尔光表现出极强的冲击力。

图 9-20

中午时分，太阳正当头，被照射的植物的光影对比明显，并且极容易因曝光丢失细节。在合成设计中，常常用于表现一些沙漠或偏金色的场景。如图9-21所示为俄罗斯艺术家Glazyrin的作品*Hay-tractor*，强烈的光线让画面看起来非常明亮，稻草的边缘和天空几乎变成白色，画面甚是美好。

傍晚时分，天光逐渐变冷，这个时候的画面没有中午时分画面那么强的对比，但是整体明度会降低。同时这个时候的场景颜色是比较丰富的，天光变化也很快，可以根据设定的天气和选择的天空素材确定色调，但一般选择暖色的情况偏多。如图9-22所示为捷克共和国艺术家Erik Johansson的作品*Give Me Time*，故事设定在傍晚时分，以暗示时间的流逝，画面整体偏暗，亮部颜色偏暖色调，暗部颜色偏冷色调。

图 9-21

图 9-22

　　夜晚时分，场景整体呈现为青蓝色，并且随着天光的逐渐消退，空间深度也变得更深，背景的纹理、对比度也逐渐削弱，如图9-23所示。而图9-24所示为俄罗斯艺术家Glazyrin的作品，画面中的金色非常好看，而背景中的大部分建筑都隐藏在黑暗之中，只保留了一些照明环境。

图 9-23

图 9-24

　　大自然的光千变万化，在合成设计中不仅要考虑时间段对光的影响，而且要考虑天气对光的影响。除此之外，不同地域的光也会有所差异，例如，北极雪地的光、非洲沙漠的光等。但无论什么光，在处理时都可以围绕三大特征进行，即方向、强度和颜色。

9.1.3 光的运用技巧

　　针对光的运用技巧，本节主要从6个方面进行讲解。

设置主光源方向

　　主光源方向决定了阴影的方向。一般而言，人们会将主光源设置在画面左上方45°角的位置，这是因为左上角是人眼第一时间就能注意到的地方。与此同时，如果光源在左上角，物体的投影会与画面保持一定的倾斜关系，从而起到打破画面构图的作用。如图9-25所示的埃及艺术家Hosam Ahmed的作品正是采用了这样的光线效果。

图 9-25

提示

在Photoshop合成设计中，一旦确定了画面主光源的位置，就需要对照射在所有元素上的光进行统一。在实际运用中，可以根据光源的方向，通过调色命令来绘制、强调画面中物体的亮面和暗面，以此来统一画面中所有元素的光影关系，让画面看起来更真实。当然，在画面的光线控制上，除了亮面、暗面，色调的统一、饱和度的统一和对比度的统一都是需要注意的问题，如图9-26所示。

图 9-26

制作长阴影

阴影的位置是由光的方向决定的，当光源离我们很远，或者角度偏低的时候，就会出现长阴影。在合成设计中，长阴影一般可以作为引导线，可以起到引导观者视线的作用。在画面元素阴影轮廓较清晰的时候，阴影也具有比较好的装饰效果，让画面整体看起来更加大气。

除此之外，一般长阴影在画面中所占的比例较大，在某些时候利用这一点，可以起到分割画面的作用，让画面构图更理想。如图9-27所示为德国艺术家Marie Beschorner的作品。从左图中可以看到阴影的轮廓非常清晰，效果非常好。从右图可以看到画面的主光源位置偏低，可以利用山体的阴影分割画面制造出中景，让画面看起来空间感更强烈。

图 9-27

提示

在Photoshop合成设计中，如果想制作出真实的投影或阴影，需要注意以下5个方面的细节问题。

造型：阴影的形状、光的照射方向及物体本身的形状有非常密切的关系，阴影不仅反映了物体与光的关系，还反映了物体与地面的关系。

颜色：很多人在刚开始练习合成设计时都习惯用黑色制作阴影，这是非常不好的习惯。因为大自然中几乎没有绝对的黑色，使用黑色会让阴影看起来太沉闷和生硬。在这种情况下，可以用工具吸取画面中与阴影相关的物体上较深颜色，再将饱和度降低一些进行使用。

材质：主要针对一些透明或半透明的物体，这种材质的物体的阴影要考虑到透光效果的表现。

层次：任何细节要做出品质来都需要多层控制，阴影也不例外。在制作阴影时，应该由远到近地进行，层次变化要由浅到深地进行，一般需要三层。

环境：环境的考虑相对比较复杂。当将一个元素置入一个新的场景并绘制元素的阴影时，一定要考虑到光的反射情况。如果物体本身是红色的，那么阴影中会带一点红色。除此之外，也要考虑到物体本身的阴影，以及环境本身的质量问题。例如，如果需要制作阴影的物体原本因反光存在高光，最好先手动去除高光，再制作阴影；如果要制作阴影的物体表面或投射的位置本身是凹凸不平的，阴影边缘也要这样处理。

针对以上5个问题，为了方便大家进一步理解，这里再用表9-1补充解释。

表 9-1

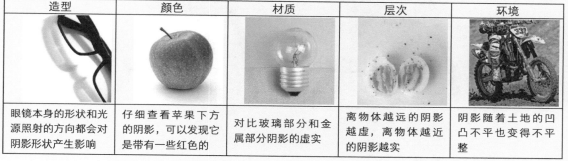

造型	颜色	材质	层次	环境
眼镜本身的形状和光源照射的方向都会对阴影形状产生影响	仔细查看苹果下方的阴影，可以发现它是带有一些红色的	对比玻璃部分和金属部分阴影的虚实	离物体越远的阴影越虚，离物体越近的阴影越实	阴影随着土地的凹凸不平也变得不平整

使用边缘光

在合成设计中，边缘光的作用主要有两个：一个作用是分离主体和背景，另一个作用是强调物体的轮廓，让画面元素的主次关系变得更加分明。需要注意的是，如果画面想表现更多的神秘感，边缘光的使用就不那么适合了。如图9-28所示为俄罗斯艺术家Nikita Pilyukshin设计的作品，从作品中可以看到边缘光的使用。

图 9-28

在现实生活中，被背光、侧光照射的物体都会产生边缘光。如果是为硬边缘物体制作边缘光，只需直接使用Photoshop中的"画笔工具" ✏ 沿着物体的结构边缘进行绘制，并使其变亮即可。边缘光的制作就如同阴影的制作，一般需要绘制2~3层光。当然，如果为软边缘如带有毛发的物体制作边缘光，建议先新建图层，再利用"画笔工具" ✏ 进行绘制。如图9-29所示为西班牙艺术家Rui Gon Alves的作品，从图中可以看到人物边缘光的制作情况。

图 9-29

利用撞色强调画面的调性

在一些合成作品中，为了避免让画面看起来太过平淡，并呈现出较强烈的视觉效果，可以尝试使用撞色进行配色。如图9-30所示为瑞典艺术家Sanna Nivhede的作品，通过3幅图的对比，可以看出布光和颜色对人物的影响。

图 9-30

如图9-31左图所示为法国艺术家Etienne Hebinger的作品，作品中使用了撞色对比技巧，具体表现为天光是冷色调，屋内的光和门口的挂灯是暖色调。右图所示为澳大利亚艺术家Ankur Patar的作品，场景同样采用了撞色搭配，具体表现为黄色和蓝色光的对比。

图 9-31

利用灯光添加纹理

光沿直线传播，当遇到物体时就会产生反射。如果空气中有烟雾、灰尘、雨等，会让光变得更加有质感，在烟雾比较稀薄的情况下，还会产生非常好看的体积光。同样，在一些电影特效里面，有非常多好看的光效，在合理的场景中运用这些技巧，可以让作品质量得到提升，如图9-32所示。

图 9-32

在Photoshop中制作光，一般来说有两种思路：第1种是利用"画笔工具" ✓ 绘制光效，第2种是利用调色工具将环境提亮来制作光效。同样的，如果需要制作体积光或有烟雾纹理的光效，需要利用蒙版和烟雾笔刷来进行绘制，下面演示制作流程。

首先，观察图9-33，给这个街景中的路灯添加灯光。选择"烟雾"画笔，然后设置其"不透明度"值为10%，绘制一个较大区域的光，如图9-34所示。执行"滤镜＞模糊"命令，然后通过变形让上面的光小一点。该图层原本应该采用"叠加"混合模式，为了方便观察，这里采用的是"正常"混合模式，如图9-35所示。

图 9-33   图 9-34   图 9-35

其次，新建一个图层，继续绘制烟雾效果。这里画笔大小可以相对小一点，并且图层使用"正常"混合模式，如图9-36所示。再次新建图层，然后设置图层的"不透明度"值为10%，绘制一个更大区域的光。为了方便观察，这里同样采用的是"正常"混合模式，并且不透明度有所调高，如图9-37所示。

图 9-36   图 9-37

继续新建图层，绘制烟雾，注意这里的烟雾是断层的，不是连续往下的，并且图层采用"叠加"混合模式，效果如图9-38所示。利用画笔绘制出光的颗粒感（为了方便操作，这里可以从网上下载颗粒效果的笔刷），如图9-39所示。最终制作好的效果如图9-40所示。

图 9-38   图 9-39   图 9-40

利用阴影添加纹理

当光穿过物体时会投射出阴影，如果想要强调出物体的立体造型感，通过制作阴影表现出更多的纹理是一种可取的方案，如百叶窗阴影的制作、树枝阴影的制作等，如图9-41所示。

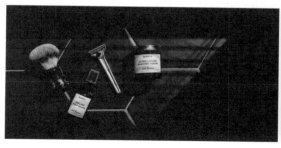

图 9-41

在制作这种有形状的阴影时，一般需要通过调色和使用蒙版控制阴影的形状，下面演示制作流程。

首先，打开原图，如图9-42所示。使用"曲线"命令调出曲线，将画面整体压暗，效果如图9-43所示。利用"选框工具"在"曲线"调整图层的蒙版中创建选区并填充黑色，如图9-44所示。

图 9-42　　　　　　　　　　　　图 9-43　　　　　　　　　　　　图 9-44

其次，选中蒙版，按快捷键Ctrl+T对蒙版进行变形，如图9-45所示。考虑到长阴影一般出现在上午或傍晚，颜色会偏暖，新建"曲线"调整图层，通过调整曲线让画面整体变黄，如图9-46所示。

最后，将上一个蒙版复制给后面这个"曲线"图层蒙版，并将蒙版颜色进行反相处理，使其只照亮偏暖的区域，如图9-47所示。

图 9-45　　　　　　　　　　　　图 9-46　　　　　　　　　　　　图 9-47

光有很多种，在Photoshop合成设计中可以选择不同的光来完成画面的制作。但是无论使用哪种光，都需要在画面故事的驱动下完成，而不是为了制作光而制作光。

9.2 氛围与色调

氛围营造和光的制作一样，也是合成调色中非常重要的一环。在Photoshop合成设计中，影响氛围的因素有很多，如光、构图、服装等。它的存在主要是让观者对画面整体产生情感上的认同。

关于氛围的知识本节将主要从3个方面进行讲解。

9.2.1 氛围的基本感知

氛围营造在生活中经常被提到，例如，这家餐厅的灯光给人一种隐私、暧昧的氛围，除夕家家户户张灯结彩、放鞭炮、贴对联，营造出了一种热闹、和睦的氛围。

如图9-48所示为俄罗斯艺术家Andrey Vozny的作品，这张作品整体色调都偏冷，画面整体偏暗，只有一些零星的灯光点缀画面，整体给人一种漂泊不定、不真实如梦境一般的感觉。

图 9-48

如图9-49所示为英国艺术家Pedro Fernandes的作品*Hidden Gem*。这是一张建筑类的合成作品，虽然画面整体色调并非暖色调，但设计师有意用黄色调和了绿色，画面的空间比较宽广，近景的背包客及头顶的黄色侧光都给人一种有朝气、充满生命力的感觉。

图 9-49

如图9-50所示为加拿大艺术家Nolan Martin的作品，仔细观察画面，会发现整个画面通过灯光的布置、色调的把控表现出了阴森、恐怖的氛围。

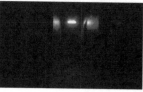

图 9-50

如图9-51所示为俄罗斯艺术家Vladimir Manyukhin的作品*Dark Ages*，画面整体偏暗，搭配湿漉漉的地面、微弱的灯光和弥漫的烟雾，营造出一种神秘的氛围。

图 9-51

如图9-52所示为日内瓦艺术家Yvan Feusi设计的作品，场景中包括具有大量未来感的建筑，配合灯光的设置，整体给人一种科技感和未来感。

图 9-52

提示

注意，科技感的画面在颜色、光和造型的表现上与神秘感的画面是有区别的。就科技感的画面制作而言，一般以冷色调或撞色风格居多，画面颜色饱和度偏低，元素造型的几何感很强，一般会出现一些类似对称、矩阵造型的场景，在制作时需要特别注意。

在感知氛围方面，这里主要针对梦幻、朝气、恐怖、神秘及科技感等氛围进行分析。除此之外，在实际操作中，根据画面需要，还有很多氛围的制作值得大家尝试，希望大家可以多加体会和练习。

9.2.2 氛围的变化

针对同样的场景，不同的氛围给人带来的感受是不一样的。如图9-53所示为一组摄影照片。观察照片可以看出，长城在一天中不同时间段的环境光线下会呈现出不同的视觉氛围，具体表现在从早晨的暖阳变化到中午的晴空万里，再到晚上的深蓝色。

图 9-53

在合成设计中，早晨或傍晚的氛围营造是比较常见的。针对这两个时间段，场景中的元素一般会被烟雾笼罩，清晰度很低，容易给人一种神秘感，并且这个时间段场景中的颜色是相对比较丰富的，对画面的氛围营造也可以起到很好的烘托作用。如图9-54所示为德国艺术家Uli Staiger的作品*Sewing Work*，仔细观察，可以看到素材虽然是白天拍摄的，但画面的时间设定却是晚上，整体氛围给人一种神秘感。

图 9-54

与此同时，针对画面氛围的制作，也可以根据故事设定在前期选择一个气候比较合适的拍摄素材，例如雨天、雾天、雪天等。如图9-55所示为秘鲁艺术家Christian Castro的作品，从中可以看到前后场景气氛的变化。

图 9-55

无论环境中的气候如何变化，对于大部分作品而言，影响氛围的因素主要有6个，即光、颜色、对比度/清晰度、服装/造型和环境。如图9-56所示为俄罗斯艺术家Nikita Pilyukshin的作品，画面的整体氛围主要受光、清晰度、造型的影响。具体表现在两个方面。首先，设计师依靠非常微弱的天光让画面整体非常昏暗，并制作出一些辅助光作为修饰；其次，远处触须造型非常庞大且复杂，类似大章鱼，加上弥漫的烟雾，让画面整体清晰度降低，给人一种神秘的感觉，让人产生更多的联想。

如图9-57所示为英国艺术家Steven Cormann的作品。该作品是根据阿拉伯的一个场景迸发的灵感绘制的画面，我们可以看到沙漠的气氛表现非常好，主要利用了颜色、造型、环境细节来表现沙漠的神圣感。同时，天空的造型有一种强势的往下压的感觉，但是山的造型有一种向上反抗的力量，表现出一种张力，画面的冷暖对比，加上环境中吹起的沙尘和零零碎碎的小石头，营造出了一种了无人烟、荒凉的氛围。

图 9-56　　　　　　　　　　　　　　　　　　　　　　　　　　　　　　　　　　　图 9-57

对于合成设计而言，渲染气氛是对设计师美术功力和技术功力的综合考验，因为并不只是完成融图就可以了，更多的是需要注意如何通过氛围表现出画面的故事感。

9.2.3 如何寻找参考素材来控制氛围

在合成设计中，针对氛围的控制可以提前找一些素材作为参考，如摄影作品、电影作品等。

在寻找参考素材时，可以根据关键词进行分类检索。例如，制作一个夜晚下雪的场景，则可以通过"夜晚雪景""夜景"等关键词进行检索，检索到的图片如图9-58所示。

图 9-58

　　当然，把合成设计寻找参考理解为抄袭是不正确的。参考只是思路或形式的借鉴，在实际设计中是需要进行创造和改变的。如图9-59所示为土耳其艺术家Harid Takn的作品。该作品整体的气氛、光线、天气都参考了影视剧《权力的游戏》里面的场景及其他的作品。

图 9-59

9.3 质量与色调

　　在合成设计中，所谓调性是指画面整体给观者的感受或认知。对于质量，主要从光影质量和色彩质量这两方面进行讲解。当然，这并不是说合成设计的调性就是指画面的光影和色彩，更多的是指如何通过光影和色彩的质量提升画面整体的调性。

9.3.1 光影质量

　　针对光影质量的分析，这里主要分两个部分来讲，首先是黑白灰。提到黑白灰，人们会想到空间构图的亮面、暗面、三大面、五大调等概念。如果物体缺少立体感，多半是因为物体的黑白灰关系不理想，如图9-60所示。

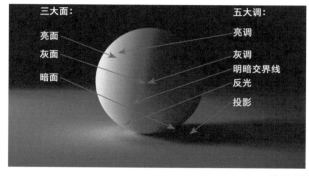

图 9-60

就Photoshop合成设计而言，需要非常注重画面黑白灰关系的处理。画面的黑白灰关系直接决定了光影质量。以一幅黑白灰关系理想的设计作品为例，即使将其转为黑白照片，依然可以清晰地看出画面的黑白灰关系是怎样的，并且觉得图片是好看的，这就是黑白灰原理的魅力所在。

与此同时，在设计中人们常会提到一个词，那就是"高级灰"，几乎没有人提到"高级黑""高级白"等概念。这是因为对画面而言灰度更加友好，不容易犯错，并且允许展示更多的细节。因此，在处理黑白灰关系的时候，黑白都需要小面积地出现，除非打算制作非常戏剧化的画面，更多的是灰面。如图9-61所示为美国艺术家Sung Choi的作品，画面中黑白关系的层次非常明显，大部分颜色信息均呈现为灰面。

图 9-61

可以说，只要画面整体的黑白灰关系层次分明，灰调的颜色信息细节比较多，那么整个画面大体的光影质量都可以得到保证。在平时练习的过程中，可以多根据作品或照片绘制这种黑白图。在绘制的过程中，不需要太多的细节，即使使用"钢笔工具"绘制色块，也可以通过这个方法提升自己对整体画面黑白灰的感知能力，如图9-62所示。

图 9-62

下面通过一个简单的例子说明如何将画面的黑白灰关系调整到一个理想的状态。

首先，使用"色相/饱和度"命令去掉画面的饱和度，使其变为黑白画面。观察画面，会发现在画面缺少层次感，黑白灰关系层次比较弱。这时可以为画面增加黑色的信息来加强对比。这里主要考虑对画面的阴影进行强加表现，如图9-63所示。

图 9-63

确定好暗部信息之后，绘制高光部分。在绘制高光时，需要遵循草地的起伏走势及原本的阴影关系去强化亮部信息。此时，画面中仍缺少白色信息，这时可以利用"画笔工具" ✓ 绘制一些白色的信息，将天空的黑白灰关系调整协调，如图9-64所示。

图 9-64

最后，使用"曲线"命令对画面整体光影进行调节，并将画面还原为彩色，再来对比观察一下，会发现画面的光影层次感增强了许多，并且更立体了，如图9-65所示。

图 9-65

提示

这里只是处理画面整体的光影质量，如果想要将画面的光影质量处理得更好，则需要对画面的颜色、构图等进行控制。

针对光影质量的处理，还要注意物体的结构。在Photoshop合成设计中，对于单个物体黑白关系的处理，需要了解其具体的结构。如图9-66所示为法国艺术家Two Dots的作品，画面描绘了一个恐龙主题的公园场景，画面中很多元素的质量都是比较高的，哪怕眯着眼睛去看，也可以看到一些清晰的光影结构。

图 9-66

　　在日常练习或设计中，针对画面中的某个元素，如果想要表现出理想的光影结构，开始就需要忽视掉表面纹理的细节，并将复杂的物体简化，有助于人们理解物体的光影结构。在基本的几何形态下，物体的光影变化、黑白灰关系更加好把握一些，对物体的光影重塑也会有更多的指导作用，如图9-67和图9-68所示。

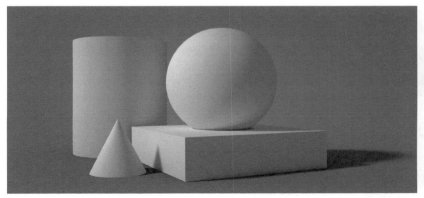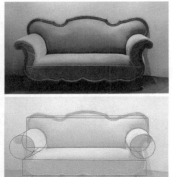

图 9-67　　　　　　　　　　　　　　　　　　　　　　图 9-68

　　针对一些表面、体积变化特别夸张的物体（如浮雕建筑、树皮的纹理等）的光影关系处理，在确定好大的几何形态之后，可以将其设想为由一个个网格组成并附着的几何表面，然后只需重点对网格变化区域的光影进行强化即可。这其实和三维建模布线特别相似，线会影响面，面会影响体积的变化。如图9-69所示为美国艺术家Sarah Wang的作品，可以看到附着在树干上的面和发生的变化。

图 9-69

　　下面以一个场景中结构稍微复杂的人物为例进行分析（如图9-70所示）。这里可以将人物的肢体拆解为一个一个的圆柱体，将人物手中的吉他拆解为一个立方体，将人物坐着的石头拆解为一个圆柱体。

图 9-70

掌握了元素简单的结构之后，可以新建一个中性灰图层，即50%灰图层，然后用笔刷绘制光影。当然，这只是第一层，这里只需根据几何形态绘制一个大概的趋势即可。之后通过另外一个50%灰图层控制表面纹理细节，如图9-71所示。画面处理前后的效果对比如图9-72所示。

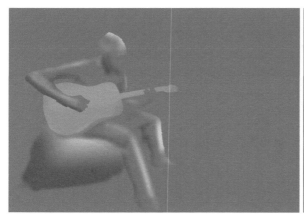

图 9-71

图 9-72

提示

　　利用中性灰修饰光影，即选择"叠加"图层混合模式，再选择"画笔工具" ✎ ，利用50%灰在图层中涂抹黑色和白色，控制亮面和暗面。其中，50%灰并非必要因素，在很大程度上只是为了方便观察。在实际操作中，可以使用"加深工具" ◉ 或"减淡工具" ✐ 工具进行绘制。当然，在使中性灰修饰光影时，除了"叠加"混合模式，也可以使用"柔光"或"线性光"等混合模式，只是相对而言，"叠加""柔光"的效果更加容易被观者接受。

　　无论采用哪种操作方式，在绘制中性灰的时候，切记不要过度修饰，调整过度，颜色容易溢出，造成失真，如图9-73所示。

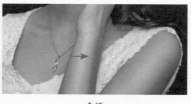

原图　　　　　　　　　　　　不合适　　　　　　　　　　　　合适　　　　图 9-73

一般情况下，在合成设计中，每一次对画面的结构优化对于画面质量来说都是一次新的提升。但一定不可过度，否则会适得其反。

9.3.2 颜色质量

对于合成设计中颜色质量的把控，本节主要从3个方面进行讲解。

替换黑色和白色

在大多数合成作品中，都存在黑色和白色这两种颜色。虽然它们在画面中的比重较小，但是如果能对它们进行调整，也可以让画面色调更加出彩，并给人更多的惊喜。例如，针对一幅主色调为红色的画面，可以尝试用黄色的渐变色去替代高光区域的白色调，这样会让画面在一定程度上看起来更加高级且令人舒服，如图9-74所示。

纯白色的高光　　　　　　　　　　　　　　　　黄色渐变的高光　　　　　　　　图 9-74

如图9-75所示为俄罗斯艺术家Michael Black的作品。画面用色非常大胆。仔细观察画面的暗部细节，会发现其色调并非黑色，而是深紫色。同时高光的白色也不是纯白，而是带有一些黄色火焰的属性。

图 9-75

再来看一下德国艺术家Cornelius Dämmrich的作品，如图9-76所示。整幅作品以青色调和暖黄色为主，画面中白色区域的绝对白色只有在左下角的灯管上出现，其他白色要么偏青色，要么偏黄色，画面的暗部信息并非纯粹地由黑色进行呈现，而是整体偏红色。

图 9-76

添加惊喜色

所谓的惊喜色，就是考虑整体环境的色调，适当地在单调、重复的颜色中添加一些辅助色，可以让作品看起来细节增多，并且颜色看起来有更多的变化，并且不容易被观者察觉到。如图9-77所示为俄罗斯艺术家Maxim Kostin的作品，仔细看可以发现设计师有意在画面中下方建筑的后面添加了红色，在画面右上角的纹理中也混入了红色，使得画面整体的细节增多，并且气氛也更好了。

注意，当往合成作品中添加惊喜色时，要注意尽量与纹理的调性保持一致，如此可以让颜色更好地融入画面当中。如图9-78所示为美国艺术家John Park的作品，设计师有意在画面中的很多地方都添加了蓝紫色，蓝紫色区域的纹理有类似烟雾的感觉，在保证画面整体和谐统一的同时，让画面充满了梦幻感。

图 9-77

图 9-78

更丰富的同类色

在最后调色阶段，画面的整体色调基本已确定，这时可以在合适的地方添加一些同类色，从而丰富画面色调，使画面颜色过渡更加自然，并且增强了氛围感。如图9-79所示为俄罗斯艺术家Vladimir Manyukhin的作品，从中可以看到同类色的增加情况，使得画面的颜色变得更加丰富了，并且氛围感特别好。

图 9-79

针对色调的控制，光、氛围和质量之间存在着千丝万缕的关系。在合成设计中，并非需要将所有的知识点全部应用在一幅作品里面，而是需要根据画面需求有选择地使用。

下面通过一个综合案例讲解如何通过画面中的光线、氛围及画面质量来控制画面的色调。

案例：孤独的旅行者场景调色

案例位置	案例文件 >CH09>01> 案例：孤独的旅行者场景调色.psd
视频位置	视频文件 >CH09>01
实用指数	★ ★ ★ ★ ☆
技术掌握	孤独的旅行者场景调色的技法和注意事项

扫 码 观 看 视 频

　　打开素材在文件"开始.psd"。由于本次练习主要针对色调和整体氛围进行控制，同时免去抠图操作，所以直接使用的是PSD分层源文件进行演示。案例处理前后的效果对比如图9-80所示。

图 9-80

　　本案例主要是要打造一个孤独的旅行者形象，场景时间设定是夜晚时分。在前期构思阶段，笔者将场景设定在一个非常空旷的草地上，远处是浓密的丛林，附近带有一些荒废的小场景，用到了石头、枯树、废弃的汽车和房屋等元素。在开始制作之前，针对具体的场景设计及整体的色调，笔者找了一些参考素材，如图9-81所示。左图拍摄于瑞典的一个湖泊边，整张图片的感觉给了我们一个对素材的大致处理方向——在大雾笼罩之前，元素的虚实、场景的深度，以及绿色调之中的暖色光，给人一种很舒服的感觉。右图拍摄的是一个城市的天空，它的黑白层次非常好看，有那种"拨开乌云见日月"的感觉，中间区域的亮度也合适。

图 9-81

　　除了上面的图片，还找了作为人物和场景元素处理的参考素材。其中，左图拍摄于印度尼西亚，画面中一个男人坐在石头上，状态较好。在合成过程中，如果想要通过类似的场景突出人物主体，可以让人物站在石头上，然后在人物附近设计另外一些石头场景进行衬托。右图展示的是大雾之下的树林，远处的树只显示出树尖，如图9-82所示。

图 9-82

271

再看最后一张图片，如图9-83所示。这是芬兰艺术家Juhani Jokinen的作品，通过这张图片，可以确定画面的整体色调，以及明暗交界处轮廓的处理方式。

在构图方面，整个画面采用的是居中对称式构图，因为一开始就确定了让主体人物站在石头上，并且确定了天空的处理方向，所以居中是比较合适的选择。除此之外，包括画面中的地平线也设置在了画面居中的位置。为了避免画面构图过于呆板，在画面左侧放置了一个火堆，右侧通过旗帜和近景狼眼睛里的光达到动态平衡，如图9-84所示。

关于画面中的黑白灰关系，因为场景基调为暗调，加上使用了非常厚重的烟雾效果，所以这里主要通过将树林和部分中景色调加深，起到分割画面的作用，如图9-85所示。

图 9-83

图 9-84

图 9-85

操作步骤

01 确定光源在画面正中心。因为几乎所有的物体都处于背光状态，所以画面中的天光仅起到调和整体画面色调和分割明暗的作用。在这种情况下，辅助光源的使用就特别重要。本案例在画面左侧设置一个火堆元素，同时让人物手持一个类似火把的元素来照亮场景。在将所有元素压暗之前，先拉开原本远景和中景的黑白层次，让背景变亮一点，如图9-86所示。

图 9-86

02 将背景中的石头和树压暗，如图9-87所示。

03 这一步通过将画面背景整体压暗来确定大的环境照明情况，注意不要刻意改变中景和前景的颜色，如图9-88所示。

图 9-87

图 9-88

04 对比之前找的参考图观察画面，发现远景的层次不够，石头和房子的纹理过于清晰，影响空间深度。这里可以利用烟雾画笔对树与房子、石头等元素进行适当涂抹，并将其层次过渡一下，让它们仅仅保留一点纹理，并突出轮廓即可，如图9-89所示。

图 9-89

06 按照同样的思路，再单独将近景的元素压暗，如图9-91所示。从处理后的画面可以看出，画面中间区域的色调设置得比其他地方偏亮一点。

图 9-91

08 处理草地部分的光源。将背景中的草地复制到上面，因为它原本就是在夕阳下拍摄的，所以只需用蒙版让其显示一部分即可，如图9-93所示。

图 9-93

05 处理中景部分的光影，单独让中间的元素都变暗。和之前的思路相同，将物体变暗，需要单独将中景与远景衔接的素材进行处理，例如，左侧的大车和右侧的小车，在将它们往背后延伸的时候，单独利用烟雾画笔处理边缘，让它们与背景过渡更加自然，如图9-90所示。

图 9-90

07 添加火焰光。先处理人物手上的火焰效果。打开素材文件"火焰.jpg"，将素材放置在人物右手手持的木棍上方，然后对其进行变形处理，使其呈现出被风吹过往右偏移的感觉，最后通过蒙版和烟雾画笔处理图像的边缘，如图9-92所示。

图 9-92

09 将中景的石头部分和树枝等元素进行提亮来模拟光照效果。注意，此时画面中有两个火焰光源，所以要根据方向来绘制光影，如图9-94所示。

图 9-94

273

10 从整体来看，画面中共有两个火焰光源，有点单调且突兀。为了解决这个问题，在石头上绘制一些火焰和光效，让光效和颜色有一个过渡。这里会用到"火焰.jpg"等素材，如图9-95所示。

图 9-95

12 调整整体氛围。首先，人物在画面中的表现有些单薄，主要原因是所占面积有些小，这里可以通过适当改变其造型让人物有一定的故事性。具体操作为使用"套索工具"◯在人物身后绘制长袍，并且打开素材文件"法杖.jpg"，抠取其中一个树枝作为法杖放在人物左手上，如图9-97所示。

图 9-97

14 通过在最上方绘制一些深青色的烟雾，来让画面前景和四周的对比度降低，营造一种模糊的视觉效果来渲染主题。画面右下角缺少了光源的照射，看起来深色太重，可以单独给右侧的狼眼睛添加一些青色的光，如图9-99所示。

图 9-99

11 处理天光。继续观察画面，发现画面中最明亮的地方已经被左侧的火堆占据，而天空部分较灰，失去了层次，自然就没办法突出人物了。这里可以尝试处理天光，让它整体变亮的同时，呈现出青色调的氛围。纹理的形状控制可以参照前面找的参考图。打开素材文件"天空1.jpg""天空2.jpg"，将它们放置在"背景"图层的上方，适当调整大小和显示区域，通过叠加图层和调色来达到想要的效果，如图9-96所示。

图 9-96

13 处理火焰纹理。观察画面，发现火焰的纹理不够理想，这里利用"火焰.jpg"给模特手持的火炬火焰添加细节，让整体氛围更加理想，如图9-98所示。

图 9-98

15 最后，画面中除了青色和红色，还可以带有一些绿色，这样会让颜色更加柔和、舒服，这里是使用Camera Raw滤镜进行调色的，如图9-100所示。

图 9-100

第 10 章

合成创意四大表现手法

什么是合成创意？当Photoshop合成技术达到一定的水准之后，就需要开始思考这个问题了。合成创意就是在能够准确表达故事和主题的情况下，利用一些较隐晦的方式或多重寓意进行设计，让画面给予观者更多的想象空间。本章主要介绍4种在设计工作中常用的合成创意表现手法，并不是想直接告诉读者如何利用这些表现手法制作出多么好看的作品，而是让读者通过这4种创意表现手法清楚这些设计手法并不是绝对的，而是要拓展自己的思路，使后续的设计练习或设计水平有更大的提升。

◎ 双重曝光　　◎ 视觉对比　　◎ 移花接木　　◎ 立体空间

10.1 双重曝光

双重曝光，是指在摄影过程中，通过在同一张底片上进行多次曝光来产生令人惊喜的效果。对于Photoshop合成创意设计而言，双重曝光的技术难度较低，能够呈现出两张或多张照片共存于一个轮廓中的视觉效果，让画面传达出多重关联的寓意。

10.1.1 概述

双重曝光在海报设计中比较常见，一般主视觉会以人物为主，再利用人物的轮廓叠加一张照片，通过这种创作手法来表达隐藏在表象下的多重含义。如图10-1所示为美国艺术家Tim Tadder的一组以世界杯为主题的海报作品，画面通过将球员和赛场背后的场景进行双重曝光并融合，来传达球员与赛场背后更多的故事。

图 10-1

10.1.2 注意要点

要制作出好看的双重曝光效果，一般对素材选择要求比较高。当将两张照片融合之后，在质量不好的情况下会显得特别凌乱，并且主次不分明。一般情况下，在双重曝光效果的海报中，主视觉照片一定要保留故事关键部分的完整性。例如，一张海报的主视觉图片是一张人物图片，那么人物的五官和眼睛就属于关键元素。在选择用于叠加的素材图片时，就需要是相对干净的，并且故事感强一些。如图10-2所示为马丁·斯科塞斯执导的电影《沉默》的宣传海报，观察海报。可以看到海报中人物的面部信息被保留得比较完整，而故事的场景图像则通过衣服或头发等辅助信息区域替换，确保了画面的整洁，并且让画面主次分明，看起来很舒服。

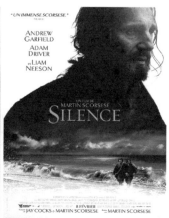

图 10-2

　　双重曝光效果既然是通过将两张或多张图片拼合实现的，那么在具体操作时需要特别注意的问题有两点：一个是元素轮廓的表现，另一个是纹理的叠加。一般而言，在制作一张双重曝光效果的海报时，设计师首先需要提取的就是素材的轮廓信息（如发丝轮廓、树的边缘等），然后做类似剪影的效果，这也是画面中最主要也最具识别性的内容。纹理的叠加需要设计师留意到两者纹理的颜色和纹理样式过渡的区域，这部分区域决定了照片叠加之后看起来是否令人舒服。如图10-3所示为波兰的Analog/Digital工作室设计的一组公益海报。从这组海报中可以看到，即使在两个场景被叠加在一起的情况下，它们的主轮廓依然被清晰地保留和识别，如鹿角、熊的四肢等。同时，对场景和动物本身毛发、皮肤的选择也进行了有目的的控制，如鹿的身体可能本身并不是这个颜色的，但是为了效果会对其进行适当的调色处理。

图 10-3

　　另外值得一提的是，对于双重曝光的创作方法一般有两个选择：一个是通过调色和蒙版来控制叠加部分图像的表现形态；另一个是直接使用图层混合模式进行叠加。在合成设计中，如果选择的是后者，需要特别注意图像与图像之间的黑白关系，因为我们一般会使用"正片叠底""滤色""叠加"等图层混合模式来叠加两个图像，而它们之间的结果色与黑白都有直接的关系（具体内容参阅本书第3章内容）。

　　下面通过一个简单的案例来做一下演示。

　　首先，打开素材文件"模特.jpg"和"草丛.jpg"，将草丛图片复制并粘贴到模特文件中，草丛效果如图10-4所示。为了方便观察黑白关系，在文件的最上方创建一个"色相/饱和度"图层，并确保将图层的饱和度降到最低，然后设置"模特"图层的"混合模式"为"变亮"，效果如图10-5所示。

　　然后，观察处理后的画面，发现看到的主要是草丛和模特的部分头发细节，关于想要凸显的模特眼睛等信息却并没有显现出来，需要做进一步调整。按快捷键Ctrl+T执行"自由变换"命令，将草丛部分放大，并将草丛的一些叶子移动到模特的眼睛位置，得到的画面效果如图10-6所示。

提示

　　这个结果是可以预料到的。因为"变亮"混合模式是通过对比每个通道的颜色信息，只留下"基色"或"混合色"中最亮的颜色作为结果色，而黑色则完全被替换。

图 10-4　　　　　　　　图 10-5　　　　　　　　图 10-6

进一步观察画面，发现画面的主次关系有些混乱，需要将草丛的纹理处理得更淡一点。在草丛图层上方创建一个"曲线"调整图层并创建剪贴蒙版，然后在"曲线"对话框中将右边的白色滑块往下移动，得到的画面效果如图10-7所示。

如果需要让画面右侧部分草丛的信息显示得更多，可以在两个图层中间创建新图层，然后选择"画笔工具" ✐，设置"前景色"为"黑色"(R:0, G:0, B:0)，之后在右侧区域适当涂抹，得到的画面效果如图10-8所示。

事实上，在一些商业创作中，我们更愿意选择一些人物的侧面作为曝光图像，以达到更强的装饰性与识别性。如图10-9所示为美国艺术家Ozan Karakoc的图书*Bir Bar Filozofu Book Cover*的封面，这个封面就是通过双重曝光的方式表达书中人物关系的。

图 10-7   图 10-8   图 10-9

基于以上讲解的内容，在制作双重曝光的画面效果时，设计师就人物素材的挑选或拍摄需要尽量选择侧面的，或层次与轮廓较清晰的图片。同样的，也可以通过控制调整图像的大小、位置、蒙版和绘制中间层来控制显示区域。如图10-10所示的素材就特别适合采用双重曝光的创作手法。

图 10-10

案例： 制作双重曝光海报

案例位置	案例文件 >CH10>01> 实战：制作双重曝光海报.psd
视频位置	视频文件 > CH10>01
实用指数	★ ★ ★ ★ ☆
技术掌握	制作双重曝光海报的技法和注意事项

扫码观看视频

本案例讲解的是一张双重曝光效果海报的制作。在制作这张海报时，需要根据主题选择单色或同类色，整个画面保持干净，同时注意轮廓的形状与文字的排版方式。制作好的最终效果如图10-11所示。

图 10-11

操作步骤

01 在Photoshop中新建一个文档，设置"宽度"为"1420像素"、"高度"为"2000像素"。打开素材文件"男人.jpg"，将其复制并粘贴到设计文件中，同时缩放到合适的大小，如图10-12所示。

图 10-12

02 打开素材文件"背影.jpg"，将其复制并粘贴到设计文件中，然后缩放至合适的大小，并移动到合适的位置，同时设置背影图层的"混合模式"为"滤色"，效果如图10-13所示。

图 10-13

03 选择背影图层并为其添加图层蒙版，选择"画笔工具"，设置"前景色"为"黑色"（R:0,G:0,B:0）、"不透明度"值为"20%"，然后在蒙版中适当涂抹，将背影图层左边的图像隐藏，效果如图10-14所示。

图 10-14

04 在背影图层上方创建"曲线"调整图层并创建剪贴蒙版，然后通过调节曲线将背影提亮，再通过"画笔工具"涂抹调色图层的蒙版来控制显示区域。这一步是为了强化背影的亮部信息，主要是人物脸部左侧和边缘的光的亮度，如图10-15所示。

图 10-15

05 在设计文件最上方创建新图层，然后选择"画笔工具"，设置"前景色"为"黑色"（R:0,G:0,B:0），之后将人物的衣服涂抹成黑色。进行这一步操作有两个原因：一个是考虑到下面要摆放文字，另一个是为了让画面的亮色区域集中在右上角，如图10-16所示。

图 10-16

06 打开素材文件"光.jpg"，将其复制并粘贴到设计文件的最上方，然后修改图层的混合模式"为"滤色"，并将其缩放到合适的大小，如图10-17所示。

图 10-17

07 选中光图层，然后给该图层添加蒙版，选择"画笔工具"，设置"前景色"为"黑色"，然后在蒙版中将人物部分的光涂抹成黑色，如图10-18所示。

08 在设计文件最上方创建"渐变映射"调色图层，进入控制面板，然后将黑色替换成"暗蓝色"（R:3,G:18,B:34），将白色替换成"浅蓝色"（R:217,G:244,B:255），最后手动输入一些文字并进行排版，如图10-19所示。

09 整体检查画面，发现画面的光源方向不集中，这里尝试通过蒙版将人物头部左侧包括左耳进行渐变处理直至消失，使观者的视线集中在人物面部，如图10-20所示。

图 10-18

图 10-19

图 10-20

10.2 视觉对比

视觉对比的手法在Photoshop创意合成中经常被用到，一般是为了体现产品与人物之间的对比、效果与效果之间的对比，以及场景与场景之间的对比等。对比手法的运用相对来说更加侧重于构图和透视，所以对素材的透视是否统一要求较高。

10.2.1 概述

在创意合成设计中，最常见的视觉对比手法就是制造小人国或大人国效果，通过将人物缩小放在一个更小的空间里，营造一个微观世界，或者将人巨大化，让建筑变得特别小，这种形式的视觉对比一般在摄影后期比较常见。如图10-21所示为荷兰艺术家Adrian Sommeling的后期作品，都是将人物放大与场景建筑互动来进行设计的。这种创作风格目前在国际上比较流行，比较注重作品创意和前期的素材拍摄。

同时，在一些日常设计作品中还有更常见的视觉对比效果，那就是场景切换对比。切换场景的目的一般是为了体现产品某一个强大的功能，或者体现主题本身与空间特征有关的主题。如图10-22所示为大卫·格罗斯曼执导的电视剧《十二猴子·第二季》的宣传海报，就是利用视觉对比的创作手法表达时空穿越前后效果的。

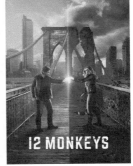

图 10-21

图 10-22

10.2.2 注意要点

视觉对比比较重要的还是保持空间透视正确、过渡区域创新等。通常情况下，一些场景对比效果的制作都是通过将光效素材放在场景的中间，或者直接用一条直线切开画面来完成的。除此之外，也可以借助场景中的元素（如窗帘、投影幕布等）进行巧妙的过渡。如图10-23所示为捷克艺术家Erik Johansson的作品，观察画面，可以看到场景的切换非常巧妙。

图 10-23

案例：制作春冬视觉对比场景

案例位置	案例文件 >CH10>02> 实战：制作春冬视觉对比场景.psd
视频位置	视频文件 >CH10>02
实用指数	★★★★☆
技术掌握	制作春冬视觉对比场景的技法和注意事项

本案例讲解的是春冬视觉对比场景设计。主要运用视觉对比中场景对比的一些技巧和难点。在制作过程中，需要注意的是过渡形式的选择、素材颜色的过渡处理及纹理的过渡处理，尤其是草地部分的过渡处理。制作好的最终效果如图10-24所示。

图 10-24

操作步骤

01 在Photoshop中新建一个文档，设置"宽度"为"2000像素"、"高度"为"1300像素"，打开素材文件"雪地.jpg"，将雪地素材复制并粘贴到设计文件中，同时缩放到合适的大小，如图10-25所示。

图 10-25

02 打开素材文件"草地.jpg"，将草地复制并粘贴到设计文件中，同时缩放到合适的大小，如图10-26所示。

图 10-26

03 选中草地图层并为其添加蒙版，然后选择"画笔工具"✐，设置"前景色"为"黑色"（R:0,G:0,B:0）、"不透明度"值为"20%"，在蒙版中对两个图像相交的地方和天空进行涂抹，如图10-27所示。

图 10-27

04 观察画面，会发现草地和雪地的过渡只是边缘上的过渡，实际上纹理并没有真正地融合。接下来尝试给草地加点雪。进入"通道"面板，将"蓝"通道复制一层，然后按快捷键Ctrl+M打开"曲线"对话框，通过曲线调整画面的亮度，并且增加黑白对比，如图10-28所示。

图 10-28

05 按住Ctrl键的同时单击"蓝 拷贝"通道缩览图，得到一个白色选区。回到"图层"面板，在"草地"图层上方创建新图层，然后将图层命名为"草地-雪"并创建剪贴蒙版。将选区填充为"白色"，如果雪的效果不明显，可以将雪图层多复制几层，如图10-29所示。

图 10-29

06 选中"草地-雪"图层并添加图层蒙版，选择"画笔工具"✐，设置"前景色"为"黑色"（R:0,G:0,B:0），然后对画面左侧适当涂抹，使其左侧的雪消失，如图10-30所示。

图 10-30

07 在"草地-雪"图层上方创建一个"色相/饱和度"图层并创建剪贴蒙版，然后将饱和度适当降低，让草的颜色和雪地的颜色接近，之后通过蒙版将效果控制在过渡区域，如图10-31所示。

图 10-31

08 观察画面，发现过渡依然不太自然，需要在画面中增加一些雪的纹理，如图10-32所示。

图 10-32

09 打开素材文件"雪景.jpg"，然后执行"选择>色彩范围"菜单命令，在打开的对话框中设置"选择"为"高光"、"颜色容差"值为"70%"、"范围"值为"190"，之后得到一个选区。复制选区并粘贴到设计文件中，然后利用曲线将选区中的颜色适当提亮，如图10-33所示。

图 10-33

10 选中粘贴并处理好的图层，按快捷键Ctrl+T将雪顺时针翻转90°，并通过"自由变换"命令让它与草地更好地贴合，然后用图层蒙版将过渡区域的一些雪清除掉，如图10-34所示。

图 10-34

11 打开素材文件"天空.jpg"，使用"选框工具"将天空部分选取出来，然后复制并粘贴到设计文件中。按快捷键Ctrl+T将天空变形并调整到合适的大小，然后通过蒙版控制显示区域。在"天空"图层上方创建"曲线"调整图层，并控制参数，让天空的颜色和右侧的天空更加接近，如图10-35所示。

图 10-35

12 给草地素材后面的山添加上一层烟雾，使画面更加真实。在"草地"图层上方创建新图层，选择"画笔工具"，设置前景色"成浅灰色"（R:205,G:211,B:207）、"不透明度"值为"20%"，之后在远景的山上适当涂抹，如图10-36所示。

图 10-36

13 利用"钢笔工具"选中左侧的部分木栏，然后复制并粘贴一份，同时去除饱和度，再放在雪地右侧，如图10-37所示。

图 10-37

14 在设计文件最上方创建新图层，选择"画笔工具"，设置"前景色"为"白色"（R:255,G:255,B:255）、"不透明度"值为"10%"，继续在远景部分涂抹烟雾效果，并拉开景深层次，如图10-38所示。

图 10-38

15 本案例在场景对比分界的地方放置了一棵树，并对树同样设计了视觉对比效果，因为制作方法与草地类似，因此制作的方法不再过多描述，效果如图10-38所示。

图 10-39

10.3 移花接木

在Photoshop创意合成设计中，移花接木，顾名思义，就是将一个物体的元素放置到另一个物体上，通过某种暗喻来表达主题。移花接木的创意手法也非常常见，它可以很好地强调一个产品的功能，或者传达出带讽刺意味的信息。

10.3.1 概述

移花接木最常用的方法就是用一个元素直接替换另一个元素，这种替换在元素轮廓接近的情况下会产生比较好的结果，例如，用头部替换头部、用机械臂替换手臂等。如图10-40所示为澳大利亚设计集团Hub为品牌Hooked创作的一组海报，为了突出主题——健康的海鲜，设计师用鱼头替换正在运动的人的头部。

图 10-40

移花接木有3种方式，包括添加、替换和删除。例如，想让一幅画面表现出梦幻、自由的氛围，可以给画面中的某个元素如人物、动物等添加一对翅膀，或者为了突出某个产品，如轮胎贴地能力的强大，可以将轮胎表面的纹理替换成其他的元素，如图10-41所示。这是韩国设计机构Innocean Worldwide为品牌Hankook设计的一组海报，主要是为了表现轮胎能够适应各种天气和环境并随时为顾客保驾护航的寓意，将轮胎表面的纹理替换成了更显强劲和耐磨的钢铁组织结构。

图 10-41

10.3.2 注意要点

在利用Photoshop进行创意合成的时候，"移花接木"这一手法其实和前面介绍的造型技巧有些类似，主要还是注意光影的统一和动作的协调。有一种比较简单的手法，那就是替换局部，也是本节主要介绍的手法。替换局部只需要保证替换位置的纹理、透视和光影关系差不多就行。如图10-42所示为英国设计公司JWT为Misu设计的一组海报，利用了狗的头部展示出产品的局部结构，以此来表达产品的安全性和可靠性。

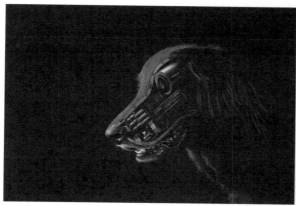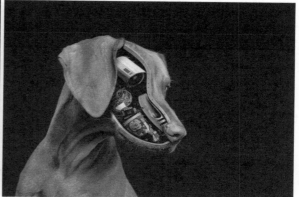

图 10-42

> **提示**
>
> 在实际的商业合成创意制作过程中，这类创意执行难度比较大，目前被观众接受的程度还有限，也需要找到一个很好的切入口。但是我们可以把这些想法运用到实际工作中，用元素去替换一些微小的局部，或者只是纹理表面的替换，也可以让设计作品呈现出人意料的结果，并凸显一些自我风格。

案例： 制作床与梦境合成场景

案例位置	案例文件 >CH10>03> 实战：制作床与梦境合成场景.psd
视频位置	视频文件 >CH10>03
实用指数	★★★★☆
技术掌握	制作床与梦境合成场景的技法和注意事项

本案例是将梦境与实物结合表现的一个创意画面。综合来看，需要将照片中的棉被替换成雪地的场景，来表现模特睡觉时的梦境。使用的案例素材并不多，但需要留意两个物体在融合时的形状，所以会更加注重细节。制作好的最终效果如图10-43所示。

图 10-43

操作步骤

01 打开素材文件"人物.jpg"。在替换场景的时候，不仅要考虑到色调的统一，而且更应该注意物体的体积感，例如人物躺着的时候，身体起伏特征的表现等，如图10-44所示。

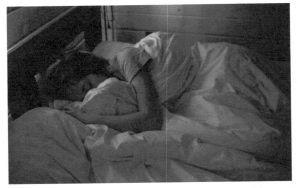

图 10-44

03 现在雪山与人物上半身衔接有点问题，再次打开素材文件"雪山1.jpg"，使用"套索工具"选取右侧的山体，复制并粘贴到设计文件最上方，然后将图层命名为"雪山2"。之后按快捷键Ctrl+T将"雪山2"缩放到合适的大小，并移动到人物的上半身区域，然后添加图层蒙版，使用"画笔工具"适当涂抹，使"雪山2"与人物和"雪山1"的过渡更加柔和，如图10-46所示。

图 10-46

05 打开素材文件"雪地.jpg"，将雪地全部复制并粘贴到设计文件的最上方，然后将图层命名为"雪地"，设置图层的"混合模式"为"正片叠底"，之后按快捷键Ctrl+T将雪山整体缩放至合适的大小，并移动到画面下部雪山道路延伸的地方，如图10-48所示。

图 10-48

02 打开素材文件"雪山1.jpg"，将雪山全部复制并粘贴到设计文件中，将图层命名为"雪山1"，之后按快捷键Ctrl+T将雪山整体缩放至合适的大小，并移动到右上角，然后添加图层蒙版，选择"画笔工具"，设置"前景色"为"黑色"（R:0，G:0，B:0）、"不透明度"值为"30%"，用"画笔工具"在蒙版中将多余的地方涂抹成黑色，如图10-45所示。

图 10-45

04 打开素材文件"雪山2.jpg"，将雪山全部复制并粘贴到设计文件中，然后将图层命名为"雪山3"，之后按快捷键Ctrl+T将雪山整体缩放至合适大小，并移动到画面下部，注意与"雪山1"纹理的衔接，之后添加图层蒙版，同样利用"画笔工具"处理"雪山1"与棉被的衔接，使其过渡柔和，如图10-47所示。

图 10-47

06 打开素材文件"雪山3.jpg"，将雪地全部复制并粘贴到设计文件最上方，然后将图层命名为"雪山3"，之后按快捷键Ctrl+T将雪山整体缩放至合适的大小，并移动到画面左下方，之后添加图层蒙版，并继续利用"画笔工具"处理与"雪山3"和棉被的衔接，使其过渡柔和，如图10-49所示。

图 10-49

07 在"雪山3"图层上方创建"曲线"调整图层并创建剪贴蒙版，将"雪山3"整体压暗，然后选择"画笔工具" ✎，设置"前景色"为"黑色"、"不透明度"值为"30%"，之后选中"曲线"调整图层，将山头部分在蒙版中涂抹成黑色，如图10-50所示。

图 10-50

09 在设计文件最上方创建新图层，选择"画笔工具" ✎，设置"不透明度"值为"30%"，按住Alt键的同时单击雪山的云层吸取云层颜色，然后涂抹云层，让雪山的云层部分均匀过渡，如图10-52所示。

图 10-52

11 现在雪山区域缺少光影变化。这里设定光是从左侧窗户外面照射进来的，在人物手臂右侧和山体右侧添加一些阴影。在设计文件最上方创建"曲线"调整图层并创建剪贴蒙版，让画面整体变暗。选择"画笔工具" ✎，设置"前景色"为"黑色"（R:0,G:0,B:0），然后在蒙版中涂抹，模拟出阴影的效果，如图10-54所示。

图 10-54

08 打开素材文件"雪地2.jpg"，将雪地全部复制并粘贴到设计文件的最上方，并将图层命名为"雪地2"，设置图层的"混合模式"为"正片叠底"，之后按快捷键Ctrl+T将雪地整体缩放至合适的大小，并移动到画面左下部，然后添加图层蒙版，利用"画笔工具" ✎处理"雪地2"边缘过渡不均匀的部分，如图10-51所示。

图 10-51

10 选中除人物图层的所有图层，按快捷键Ctrl+G进行编组，并将图层组命名为"雪山"，然后在图层组上方创建"曲线"调整图层并创建剪贴蒙版，调整曲线，让雪山整体变暗，并且色调偏冷，如图10-53所示。

图 10-53

12 打开素材文件"云.jpg"，将云素材全部复制并粘贴到文件最上方，并将图层命名为"云"。双击"云"图层，打开"图层样式"对话框，调整"混合颜色带"，让"本图层"黑色部分消失。之后给"云"图层添加图层蒙版，选择"画笔工具" ✎，设置"前景色"为"黑色"（R:0,G:0,B:0）、"不透明度"值为"30%"，然后在蒙版中将突兀的白色区域涂抹为黑色，再将图层的"不透明度"值设置为"85%"，效果如图10-55所示。

图 10-55

13 制作光。创建新图层，设置图层的"混合模式"为"滤色"，选择"画笔工具"，设置"前景色"为"浅蓝色"（R:220，G:235，B:255），然后在画面左侧绘制光效，如图10-56所示。

图 10-56

15 最后整体进行光影调色。在"图层"面板最上方创建"曲线"调整图层，让画面整体变暗，选中蒙版，按快捷键Ctrl+I将颜色进行反相处理。选择"画笔工具"，设置"前景色"为"白色"（R:255，G:255，B:255）、"不透明度"值为"20%"，在蒙版中进行适当绘制，使阴影部分整体变得更暗，如图10-58所示。

图 10-58

17 在"图层"面板最上方创建"色彩平衡"调整图层，让画面整体偏青色和蓝色，如图10-60所示。

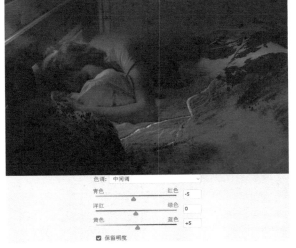

图 10-60

14 仔细观察画面，发现画面整体偏冷，需要在画面中添加一些暖色。打开素材文件"灯光颜色.jpg"，将素材复制到雪地的道路上，然后添加图层蒙版，使用"画笔工具"在蒙版中绘制出道路的光效。这里需要重复复制几段并进行单独控制，如图10-57所示。

图 10-57

16 在"图层"面板最上方创建"曲线"调整图层，让画面整体变亮，选中蒙版，按快捷键Ctrl+I对颜色进行反相处理。选择"画笔工具"，设置"前景色"为"白色"（R:255，G:255，B:255）、"不透明度"值为"20%"，在蒙版中进行适当绘制，使整体的高光部分变得更亮，如图10-59所示。

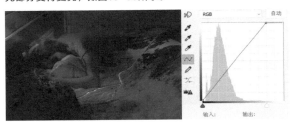

图 10-59

18 打开素材文件"颗粒.jpg"，将素材全部复制并粘贴到设计文件最上方，然后设置图层的"混合模式"为"滤色"，并将颗粒素材放置在左侧光源位置。在"图层"面板最上方创建新图层，选择"画笔工具"，设置"前景色"为"暗蓝色"（R:33，G:39，B:50）、"不透明度"值为"20%"、"混合模式"为"正片叠底"，然后在人物手臂右侧加重阴影效果，如图10-61所示。

图 10-61

19 最后，按快捷键Ctrl+Shift+Alt+E合并所有可见图层，执行"滤镜>Camera Raw滤镜"菜单命令，在弹出的对话框中适当调整画面的对比度、清晰度、暗角，最终效果如图10-62所示。

图 10-62

10.4 立体空间

在Photoshop创意合成设计中，很多设计师习惯利用立体造型和透视制作出一些令人震撼的空间效果。这类手法相比传统的场景合成拥有更多的创意和发挥空间，给人耳目一新的感觉。

10.4.1 概述

所谓立体空间，就是用一个具体的立体图形打造一个独立的空间体，最常见的就是制作一个方形的盒子，类似从地面上单独切了一块蛋糕出来，成为一个单独的三维物体。它体型虽小，但是环境元素应有尽有（类似的手法在第3章中已有介绍）。对于这类创作，在实际操作中一般先将底座制作好，其余内容的合成和前面介绍的常见的空间合成方法差不多，底座常用的元素有泥土、石头、水、沙漠等，如图10-63所示为阿拉伯艺术家Fabio Araujo的作品。

图 10-63

10.4.2 注意要点

对于之前没有尝试过这类创意合成的设计师，建议先制作底座并固定好，然后通过"钢笔工具" ✐绘制大致的空间效果，再在上面根据透视方向贴入相关的素材。如图10-64所示为波兰艺术家Dominik Laurysiewicz某个创意作品的创作过程。

图 10-64

除了利用传统的几何图形，还可以利用我们身边的任意元素(如帽子、钢琴、手掌等)打造立体空间，然后设计一个场景。这类表现相比几何体而言更加有寓意，也更能与观众产生共鸣。如图10-65所示为哥伦比亚艺术家Camilo Marin创作的一组管弦乐青年音乐家海报。这组海报需要体现音乐生活的场景，所以选择了将乐器和空间结合在一起进行表现，极富创意。

图 10-65

立体空间不仅可以通过集合体、物体作为底座来打造空间，还可以将画面塑造成一个"影棚"，让"模特"站在"影棚"里进行拍摄。只是这个"影棚"不是纯色的背景，而是一个单独的空间。如图10-66所示为美国艺术家Mike Campau的一组作品。

图 10-66

平面设计师经常利用文字造型打造立体空间，不仅要求需要直观地传达文字信息，还要求通过一些丰富的场景细节来表达文字的含义。其实这类风格的创作思路都差不多，都是先绘制一个基础空间，然后在空间上搭建场景。当然，也有很多设计师使用三维软件来辅助创作。如图10-67所示为印度尼西亚Apix10工作室的一幅设计作品，该作品便借助三维软件制作了基础的模型。

图 10-67

如果将立体空间和视差结合在一起，会产生非常惊艳的效果，让人感觉画面中同时存在两个空间。如图10-68所示为印度尼西亚Apix10工作室的作品。为了表达产品抽油烟的效果，作品运用了立体空间的手法，给人画面中的人物看起来在屋子里，而实际上又如同在室外一样的空间感受。

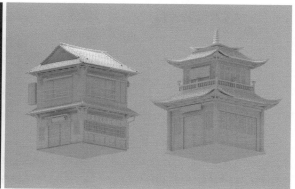

图 10-68

案例：制作悬浮立体城堡场景

案例位置	案例文件 >CH10>04> 实战：制作悬浮立体城堡场景.psd
视频位置	视频文件 >CH10>04
实用指数	★★★★☆
技术掌握	悬浮立体城堡场景制作技法和注意事项

扫码观看视频

本案例演示的是如何使用立体空间手法制作悬浮的山体这一视觉效果的海报，主要讲解立体空间的塑造方法和思路。在操作过程中，需要注意造型边缘的处理和素材的灵活使用。制作好的最终效果及应用场景如图10-69所示。

图 10-69

操作步骤

01 在Photoshop中新建一个文档，设置"宽度"为"1200像素"、"高度"为"1400像素"。打开素材文件"山1.jpg"，将其复制并粘贴到设计文件中，同时缩放到合适大小，并将图层命名为"山体"，如图10-70所示。

图 10-70

02 打开素材文件"山2.jpg"，将其复制并粘贴到设计文件中，然后将图层命名为"底座1"。设定光源方向为画面的左上方，阴影在右侧，因此这里需要将山体翻转以确保两者光源方向保持统一。利用图层蒙版将底座的其他部分在蒙版中涂抹为黑色直至消失。因为这里需要突出的是山的上面一部分，所以需要将底座中的山适当压扁一点，如图10-71所示。

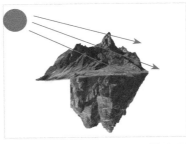

图 10-71

03 打开素材文件"山3.jpg"，将其右侧的山复制并粘贴到设计文件中，然后将图层命名为"底座2"。将"底座2"图层缩放至合适的大小，并移动到山体下方左侧，再利用蒙版将多余的部分涂抹掉，如图10-72所示。

图 10-72

04 在两个底座的中间，还需要一个山体作为过渡。继续使用"山3.jpg"，取左侧的山其中一部分复制并粘贴到设计文件中，然后将图层命名为"底座3"，并改变其大小和方向，保持光源的统一及山的高度起伏节奏感的统一，如图10-73所示。

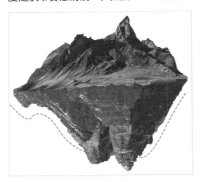

图 10-73

05 统一底座的颜色。以"底座1"的颜色为标准，利用"曲线"调整图层对"底座2"图层和"底座3"图层进行调色控制。以"底座3"为例，在"底座3"图层的上方创建"曲线"调整图层并创建剪贴蒙版，然后通过调整曲线减少画面中的蓝色，如图10-74所示。

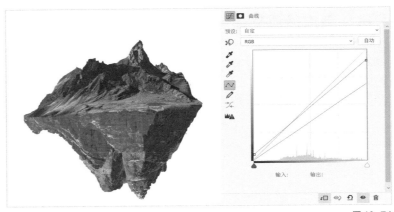

图 10-74

06 观察画面，发现经过以上操作之后，底座的颜色统一了，但是光影关系并没有统一，而且左侧两个底座看起来太平面了。以"底座3"为例，在"底座3"图层上方创建"曲线"调整图层并创建剪贴蒙版，然后通过调整曲线将图层整体提亮。接着使用"画笔工具" ✐ 在蒙版中适当涂抹，表现出山体的亮面。再继续在"底座3"图层上方创建"曲线"调整图层并创建剪贴蒙版，然后将曲线往下拉使画面变暗，使用"画笔工具" ✐ 在蒙版中涂抹，表现出山体的暗面。之后，将"底座2"图层按照相同的方法进行调整，效果如图10-75所示。

图 10-75

07 给底座增加一些青苔纹理。打开素材文件"青苔.png"，分别选取左边的青苔和右边的青苔，然后复制并粘贴到底座上方，同时设置图层的"混合模式"为"叠加"。适当控制图像的大小，利用图层蒙版控制青苔集中显示在底座上。对于需要纹理比较明显的地方，缩放素材时注意不要缩太小，并且需要多复制几层来叠加效果，使其看起来更明显，如图10-76所示。

图 10-76

08 之前对底座与草地边缘只是通过涂抹的方式进行初步处理，接下来需要深入地处理边缘区域的细节。打开素材文件"边缘.jpg"，然后从素材中选取能运用在边缘地方的元素。这里可以局部选取(本案例总共选取了边缘的6~8处)，之后一点一点地复制过去，再利用蒙版让每一个边缘素材得以均匀过渡，如图10-77所示。

图 10-77

09 将所有边缘的素材进行编组，然后将组命名为"边缘"。在"边缘"图层组上方创建"曲线"调整图层并创建剪贴蒙版，让图层组整体变暗以融入环境，如图10-78所示。

图 10-78

10 制作城堡部分。打开素材文件"城堡.jpg"，然后将城堡抠取出来，再复制并粘贴到山体的上方。将城堡缩放到合适的大小，之后通过蒙版控制城堡与山体交界的地方，让过渡更加自然，如图10-79所示。

图 10-79

11 目前来看，城堡的颜色太艳，可以通过"色相/饱和度"命令调整"饱和度"，然后利用前面处理"底座3"图层的方法，通过两个曲线控制城堡的光影质量。适当的时候，可以让城堡的亮面比环境中其他的亮面更亮，并突出重点，如图10-80所示。

图 10-80

12 为了让城堡的造型看起来更加丰富，继续从素材"城堡.jpg"中选取一些单独的建筑，然后复制并粘贴到设计文件中，再将建筑缩放至合适的大小，并移动到山体中间区域，如图10-81所示。

图 10-81

13 同样的，接下来要适当处理城堡的饱和度和光影。关于元素的饱和度和光影的处理在之前已经讲过，这里不再重复讲解。只是在对这部分进行处理时，要注意城堡在山体阴影中的区域应该更暗一些，因为光线被山挡住了，如图10-82所示。

图 10-82

14 为了让画面细节更丰富，更具戏剧性，可以在画面中添加一些人物素材。打开素材文件"军队.jpg"和"骆驼队伍.jpg"，然后使用"钢笔工具" 🖊 沿着人物轮廓将其抠取出来，复制并粘贴到设计文件中。由于素材里的人物轮廓和背景都比较复杂，抠图稍微有点麻烦，因此需要有耐心，如图10-83所示。

15 整体观察画面，发现山的造型稍微生硬了一点，可以尝试在城堡后面再添加一个山元素。打开素材文件"山.jpg"，选取背景右中侧的山，然后复制并粘贴到城堡的后面，如图10-84所示。

图 10-83

图 10-84

16 继续观察画面，发现背景的山看起来太实了，可以通过创建"色相/饱和度"和"亮度/对比度"调整图层并创建剪贴蒙版，降低饱和度和对比度，使其产生距离感，而且不要和城堡融合在一起，如图10-85所示。

17 这一步通过中性灰图层强化光影的质量，让边缘部分的亮面、暗面对比更加明显。最后在城堡中间位置添加一颗宝石，如图10-86所示。

图 10-85

图 10-86

18 为了让画面更加生动，可以在画面中添加一些如水流、流沙等装饰元素。打开素材文件"瀑布1.jpg"和"瀑布2.jpg"，然后将素材中的瀑布抠取出来，复制并粘贴到山体右侧部分。同时调整瀑布的位置，使其层次效果更理想，如图10-87所示。

图 10-87

19 在设计文件最上方创建新图层，选择"画笔工具" 🖊，选择"沙石.abr"画笔，保持"不透明度"值为"100%"，设置"前景色"为"深棕色"（R:69，G:60，B:56），然后在山体右下角和下方绘制一些掉落的碎石。绘制的时候需要控制笔刷的大小和颜色，使其尽量和底座的颜色相贴合，最终效果如图10-88所示。

图 10-88

第 **11** 章

综合演练之产品场景合成

经过前边一些基础理论与基本技法的学习，想必大家已经掌握一些Photoshop的合成技术了。从本章开始，会通过3个综合场景的制作，让大家巩固之前所学的知识。相较于繁复的技术与技巧，掌握设计思路和提升解决问题的能力是后面这3章学习的重点。本章介绍的是产品场景合成案例。

◎ 掌握项目初期思考的方法　　◎ 学习判断风格走向　　◎ 综合运用前文所学的知识点和技巧

11.1 概述

案例位置	案例文件 >CH11> 案例：综合演练之产品场景合成.psd
视频位置	视频文件 >CH11
实用指数	★★★★☆
技术掌握	产品场景合成技法和注意事项

　　产品场景合成多见于平面广告设计和电商类Banner设计，其主要作用是宣传产品的新功能、使用场景及表现竞品差异等。在进行这类设计的时候，需要将重点放在设计前期与客户的沟通上，确定1~2个商品的较大特点与一些重要的创意手法之后，再进行设计，有助于后续设计执行的顺利展开。

　　本案例是一款运动鞋的宣传场景合成制作。这款鞋子整体配色大胆，并且非常时尚。虽然是高底设计，但它的舒适性特别好，如图11-1所示。

图 11-1

11.2 确定概念和参考素材

　　通过对产品特性的挖掘，本案例决定以旅行场景为主来凸显产品的舒适性。同时，为了表现出鞋子适用于更多的户外环境，考虑设置更多不同的场景，如海、山、平原、草地等。为此，这里找到了一些参考图，如图11-2所示。

图 11-2

通过找到的这些参考图，可以确定几个初步的想法。第1张图可以通过动物的展示让场景变得更加生动、弱化视觉压迫，增加画面舒适感；第2张图的构图特别好看，天空与环境的配色也很柔和、很通透；第3张图观察的角度非常好，给人一种"一览众山小"的感觉，在场景合成中可以通过这种大小对比的构图方式来凸显产品。

不过，这些图片只是让我们有一个大概的想法和感觉，在脑海里并没有成形的画面。这时需要通过参考其他设计师的作品来获得一些灵感。如图11-3所示是阿拉伯艺术家Fabio Araujo的作品。他的作品为本案例提供了一些执行上的参考方向，例如，采用异空间作为表现手法，通过搭建小场景和大产品来凸显商品。当然，这里不用把场景做得过于复杂，因为画面还是以商品为主。

图 11-3

针对场景素材的寻找，除了可以从一些如"草地"等基础元素入手，还可以通过搜索"园林""绿色""旅行"等关键词来获得。这里有大量的草地素材，但并不是所有这类素材都适合用来完成这次设计，需要进行筛选，并且筛选的对象还是偏向于透视角度、光源及草地的质感比较理想的，如图11-4所示。像湖面对比度太强的、草地上元素太复杂的图片等都不能选择。

图 11-4

这里需要明白一点，寻找素材的同时也在寻找创意，所以这是一个非常耗时的过程，需要多尝试不同的方式和方法。在草地素材大体感觉还可以的情况下，可以收集一些其他的元素，如山、树、湖面、动物等。关于树元素的收集是花费时间较多的，在选择素材的时候，画面中树的造型需要尽量特别一些，这样可能会给画面加分不少。经过筛选后，其他素材的选择如图11-5所示。

最后一点需要注意的是商品图片。因为鞋子在画面中作为主体出现，如果是一个全正面的角度，产品图片的表现力就稍弱。所以这里选择的是一个侧面带俯视角度的照片，以此来完成合成设计，如图11-6所示。

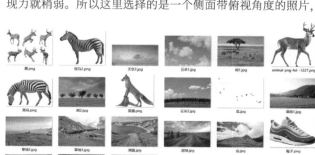

图 11-5　　　　　　　　　　　　　　　　　　　　　　　　图 11-6

11.3 设计流程

本章案例主要是通过立体空间的创作手法表现产品特点的，采用居中构图，并通过放大主体商品的方式来制造一定的视觉冲击。先将立体的背景搭建起来，然后往场景中添加相关细节。

搭建场景

01 在Photoshop中新建一个文档，设置"宽度"为"1920像素"、"高度"为"1080像素"，然后使用"钢笔工具" ⌀ 绘制底座的形状，并将其填充为任意颜色，如图11-7所示。

图11-7

02 打开素材文件"草地1.jpg"，然后将素材放置在图形中，如图11-8所示。

图11-8

03 将绘制的路径往下移动适当的距离，这个距离就是底座的高度。将鼠标指针移动到图层上方，单击鼠标右键，在弹出的快捷菜单中选择"栅格化图层"命令，然后用"套索工具" ⌀ 将具有弧度的地方做适当的填补处理，并填充为"黑色"（R:0,G:0,B:0），如图11-9所示。

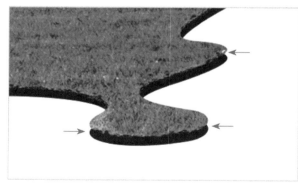

图11-9

04 打开素材文件"泥地.jpg"，选取素材图片中的泥地部分，放置在黑色区域内作为纹理，然后对泥地进行适当调色，使其饱和度降低且整体变暗，能与画面自然融入，如图11-10所示。

图11-10

提示

在处理底座边缘的时候需要特别注意的是，因为这是使用"钢笔工具" ⌀ 绘制的路径，会导致草地的边缘看起来特别平滑且失真，所以这里会用带有纹理的画笔去涂抹边缘，打破平滑。涂抹的时候可以稍微随意一些，不用太规整，如图11-11所示。

图11-11

05 打开素材文件"草地2.jpg"和"草地3.jpg"，然后将道路部分抠出来放置在场景当中，并通过"曲线"命令将颜色整体提亮，如图11-12所示。

图 11-12

06 打开素材"山.jpg"，然后将山抠取出来并放置在草地上方，并将图层命令名为"山体"，如图11-13所示。

图 11-13

07 现在山的部分看起来没有距离感，需要单独调色，降低远处山的对比度，使其呈现出远虚近实的景深变化。同时，提亮左侧的山体部分，以此来明确光源方向，如图11-14所示。

图 11-14

08 打开素材文件"湖面.jpg"，将湖面抠取出来，然后复制并粘贴到草地上方，同时注意用"画笔工具" ✐ 处理其边缘，通过湖的凹陷表现出草地的立体感，如图11-15所示。

图 11-15

处理背景

09 在背景的处理上，本案例希望草地下面有湖水色调的扩展处理，一是为了让场景环境更加丰富，二是为了通过蓝色来缓冲画面单一的绿色调。使用"钢笔工具" ✐ 在草地下方描边绘制一个湖的形状，并保持画面颜色稍淡，如图11-16所示。

图 11-16

10 用上一步的方法制作出第2层湖，增加场景的细节和层次，并绘制一层草地的倒影，如图11-17所示。

图 11-17

11 制作天空部分。使用"画笔工具" 在背景中的天空部分绘制一层颜色作为天空的基调，颜色为"浅橙色"（R:247,G:231,B:220），如图11-18所示。

图 11-18

12 打开素材文件"天空1.jpg"和"天空2.jpg"，将天空素材复制并粘贴到山体后面，然后通过调整不透明度和混合模式让天空呈现出隐隐约约的纹理，如图11-19所示。

图 11-19

13 为了让山体部分和背景更加融合，打开素材文件"天空3.jpg"，选取素材偏黄色的部分，然后复制并粘贴到"山体"图层的上方，同时利用图层蒙版让左侧显示半透明的云朵图像，如图11-20所示。

图 11-20

添加主体

14 打开素材文件"鞋子.png"，将鞋子放置在画面中，作为画面的主体，如图11-21所示。

图 11-21

15 给鞋子绘制阴影。考虑到这个产品比较大，阴影比较明显，所以这里通过4层阴影表现出从远到近、从虚到实的细节效果，如图11-22所示。

图 11-22

16 观察画面，发现鞋子的色调还未完全融入画面，这时可以通过调色让鞋子整体偏暖、侧面偏暗一点，并且完全融入画面，如图11-23所示。

图 11-23

完成场景细节

17 现在整个场景看起来稍显单调，需要添加更多的细节。打开素材文件"树1.jpg"，然后将其放在画面的左侧，如图11-24所示。

图 11-24

19 确定好树的造型之后，将之前的树冠多复制几个摆放在其他树枝上并调整它们的大小与造型，如图11-26所示。

图 11-26

21 打开素材"树2.jpg"，然后选取素材图中合适的部分放置在场景中的不同位置，最后统一添加一些光影，使其自然融入画面，如图11-28所示。

图 11-28

18 继续观察画面，发现放在左侧的树看着太过单调，这时可以通过手动造型的方法将其造型处理得看起来更生动一些，具体操作为将其往上移动，然后用"画笔工具"绘制树枝，如图11-25所示。

图 11-25

20 进一步观察树，发现树整体上看起来过黑，与画面的融合感不够。这时可以用"泥地.jpg"里面的泥土纹理做叠加处理，处理的时候只需要一点即可，不可太多。之后，可以对整棵树进行适当调色，如图11-27所示。

图 11-27

22 打开动物素材"鹿.png""鸟.png""斑马.png""狐狸.png"，将动物素材复制到场景中，并添加一些光影。打开素材文件"模特.png"，将模特复制并粘贴到场景中，进行适当调整，模拟出模特坐在鞋子上眺望远方的效果，让画面有一定的情景设置，增加画面细节，如图11-29所示。

图 11-29

23 最后，打开素材文件"云朵1.jpg"和"云朵2.jpg"，然后复制并粘贴到文件中，将云朵抠图，通过设置图层"混合模式"为"滤色"来让画面细节更加丰富，如图11-30所示。

图 11-30

25 继续提升光影质量。新建一个50%中性灰图层，然后设置图层的"混合模式"为"叠加"，并且使用"画笔工具"✐画面补充一些光影细节，如图11-32所示。

26 对画面做整体锐化处理，并将鞋子部分单独提亮，使主体更加突出，如图11-33所示。

图 11-33

调色

24 强化光源的位置。用"画笔工具"✐在画面左上角绘制一层透明的亮黄色，让这个位置成为画面中最亮的部分，如图11-31所示。

图 11-31

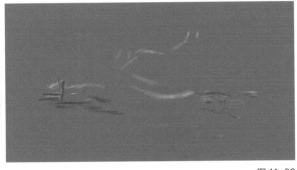

图 11-32

总结

从整个案例来看，在操作过程中大家比较容易忽视的问题主要有3个。

（1）整体形状的控制。

在使用"钢笔工具"✐绘制画面底层的湖水形状时，一定要注意整体弧度美感的把控，同时注意变形效果的控制。一般来说，离观者视线较近位置的湖水变形越大，反之越小。

（2）树的造型。

树的造型大部分都是需要手动控制完成的，因此需要有较多的耐心。同时，在绘制树的造型时要遵循树本身的形状特征，不要太直。

（3）色调控制。

从整体来看，画面主要凸显鞋子这个元素，所以要保持周围的素材包括背景和湖的颜色饱和度都尽量低一些，并且元素看起来尽量虚一些，不要太实。

第 **12** 章

综合演练之概念场景合成

概念场景也是场景类的合成，需要在创作前期对概念进行设定，在创作过程中，最大的难点主要是空间层次及场景的搭建。很多初学者在面对这个问题的时候，因为作图流程或习惯问题，大多采用一边做一边拼凑素材的方法，因此导致画面空间层次不够或画面凌乱。本章将通过一个完整的案例讲解概念场景合成的完整流程，让大家学会有目的地进行合成。

◎ 掌握场景合成的完整流程　　◎ 学习前期的思考以及执行阶段元素的选择

◎ 综合运用构图、造型等知识点和技巧

12.1 概述

扫 码 观 看 视 频

案例位置	案例文件 >CH12> 案例：综合演练之概念场景合成.psd
视频位置	视频文件 >CH12
实用指数	★ ★ ★ ☆
技术掌握	概念场景合成制作技法和注意事项

　　虽然笔者没有专门从事过原画工作，但笔者一直觉得原画技术和合成技术是相通的。同时，在没有接触合成设计之前，笔者并不是太明白什么是概念场景，后来翻阅了不少资料和书籍，仍然一知半解。随着合成经验的积累和合成技术的提升，笔者慢慢开始接触合成中许多好的概念作品，也更深入地感受到了它的乐趣所在。

　　所谓"概念"，本身就是创作之前提供创意的一种手段，即打破一些传统的思维和理性认识。对Photoshop合成设计者来说，养成制作概念图的习惯是培养创意和技术一个很好的途径。

　　最终的概念场景合成效果如图12-1所示。

图 12-1

12.2 确定概念和参考素材

　　本章讲解的是一个影视类概念场景合成案例的制作，这个案例受美剧《西部世界》的影响。在这里，笔者希望体现出时间线的混乱，将具有中世纪和现代特点，以及未来感的元素融合在一个画面里面。当然，画面也参照了《西部世界》的场景，设定在了沙漠环境里。

　　对于元素的选择，需要考虑到画面整体的故事性，因此这里希望通过3个时间线元素构造一个完整的故事，设想一个关于人类家园的故事：随着外星生物的入侵，人类开始抛弃曾经居住的土地，在杳无人烟的沙漠建造了一个超大的城堡。这个时候的文明和文化是多元化的，既有科技感十足的运输设备和建筑，又有古老的骑士和神秘的符文。面对日益艰苦的生活条件和枯竭的资源，人类开始更加紧密地团结在一起，将现代科技与古老的智慧发挥到极致。

在整个画面中，需要体现4个元素:沙漠、未来建筑、风力发电、骑士。

首先寻找参考图片，先确定好场景元素——沙漠，在搜索"沙漠"的时候并没有太多合适的关联性关键词，但依然可以通过"沙尘暴""干旱""古迹"等词语辅助搜索。在搜索的时候明确几个寻找方向:(1)颜色和气候;(2)沙漠的层次;(3)装饰性的元素。此外，一些图面的构图、透视等也可以作为参考，如图12-2所示。

图 12-2

第1张图主要是对大场景的参考，可以观察天空的层次、山的位置及沙漠里的一些植被。第2张图主要是对画面色调及远景氛围的参考;第3张图展示的这种硬朗的山体造型非常好看，可以尝试把它融入画面中;第4张图展示的地面的压痕特别合适，可以清晰地看到机器行驶过的痕迹。

除此之外，在寻找人物的时候要考虑到人物的动作、服装，特别是头部朝向问题。因为从构图上来看，人眼望着的方向是很重要的，具有很强的指引性。在这个案例中，笔者并没有自己设计带有科技感的建筑，而是使用了Molotoc分享的一张图片素材，这张素材的造型在本次设计中是笔者想要的。在寻找风力发电机素材的时候要注意到光影关系，尽量不要选择对比度强烈的素材。在寻找参考图片时，笔者发现沙漠往往给人带来神秘感，充满了各种奇怪的符文，这对画面的装饰和故事叙述非常有帮助，如图12-3所示。

图 12-3

经过以上操作，在设计上如果还是没有明确的大方向，可以参考一些其他设计师的作品或者影视作品，提取自己喜欢的元素，再进行具体的设定。如图12-4所示为澳大利亚的艺术家Wayne Haag的作品，仔细观察图片，可以看到其构图非常巧妙，空间的黑白灰层次分明，中远景沙漠的气氛，以及飞扬的沙尘质感特别清晰。

图 12-4

为此笔者找到了雷德利·斯科特执导的电影《火星救援》的剧照和海报，整体氛围和画面元素非常接近笔者的需求，如图12-5所示。

图 12-5

12.3 设计流程

本案例主要是设计一个概念场景图，需要表现沙漠环境的荒芜和人类家园的破旧。这里面涉及几个新的知识点，例如爬山虎的制作方法、风的制作方法等。这里先来看一下最终效果，如图12-6所示。

图 12-6

搭建场景

01 新建一个1600像素×900像素的文件，打开素材文件"沙漠1.jpg"，将素材放置在设计文件中，并将图层命名为"沙漠1"，如图12-7所示。

图 12-7

03 打开素材文件"沙漠3.jpg"，将图像复制并粘贴到设计文件最上方，然后设置图层的"混合模式"为"正片叠底"，注意与前两张沙漠图片的地平线位置保持一致，并将图层命名为"沙漠3"，效果如图12-9所示。

图 12-9

05 这一步给沙漠地面添加一些纹理细节，打开素材文件"草地1.png"，将它放在画面的右侧，如图12-11所示。

图 12-11

02 打开素材文件"沙漠2.jpg"，将素材复制并粘贴到设计文件最上方，然后设置图层的"混合模式"为"叠加"，注意两张沙漠图片的地平线位置要保持一致，并将图层命名为"沙漠2"，效果如图12-8所示。

图 12-8

04 现在整体画面左边太重，右边太轻。将"沙漠2"复制一层到文件最上方，然后设置图层的"混合模式"为"正常"，通过蒙版让地面和右侧的山显示出来，并将图层命名为"沙漠4"。再单独对"沙漠4"的曲线进行调整，让两边的环境色保持一致，重点需要保留一定的路面轮胎的痕迹，如图12-10所示。

图 12-10

06 打开素材文件"路面.jpg"，将路面单独抠图放置在画面中间，将图层命名为"路面"，然后对其进行变形和调色，让它稍微区别于沙漠。这样做的目的自然是为了让其更加具有引导性，如图12-12所示。

图 12-12

07 继续使用"路面.jpg"素材，单独对路面一侧的泥土部分进行抠取，并放置在设计文件中路面的左侧来丰富细节。这里融图的调色部分大家可以根据实际情况来进行，最后将所有图层进行编组，并将图层组命名为"背景"，如图12-13所示。

添加远景建筑

08 打开素材文件"建筑.png"，将建筑复制并粘贴到设计文件中，将其置在左侧远景山后面，并将图层命名为"建筑"，如图12-14所示。

图 12-13

图 12-14

09 在"建筑"图层上方创建"亮度/对比度"调整图层和"色相/饱和度"调整图层，并创建剪贴蒙版，让建筑在色彩上与背景接近，如图12-15所示。

图 12-15

10 在建筑上方创建新图层并创建剪贴蒙版，使用"画笔工具" ✏ 吸取背景烟雾的颜色，然后在建筑上适当涂抹，营造烟雾感，如图12-16所示。

11 为了不造成只有一幢建筑显得过于单调的问题，这一步将制作好的建筑复制一部分到右侧，仅露出建筑上部一点点，用来点缀右侧稍显空旷的空间，起到遥相呼应的作用即可，如图12-17所示。

图 12-16

图 12-17

12 观察画面，虽然画面中的建筑已自然融入背景，但缺少细节，因此可以给它添加一些室内光。打开素材文件"建筑光.jpg"，选取部分光放置在建筑上，然后设置图层的"混合模式"为"滤色"，如图12-18所示。

图 12-18

14 用同样的方法，使监视器的颜色和背景的颜色统一，然后复制出两个并放置在后面，形成一个飞船队伍。最后将所有建筑的图层编组，并将图层组命名为"建筑"，如图12-20所示。

图 12-20

16 由于现在石柱表面的问题过于复杂，并且不够硬朗，需要使用"画笔工具"✐处理表面纹理，做到和之前找的参考图接近的效果即可，如图12-22所示。

图 12-22

13 添加飞船。打开素材文件"监视器.jpg"，将飞船抠取出来放置在画面中道路的尽头，如图12-19所示。

图 12-19

添加中景石柱

15 打开素材文件"石头.jpg"，使用"套索工具"♀选取石头的局部，复制并粘贴到设计文件中，用石头素材制作石柱。这一步需要多次使用一张素材，要多观察同一张图片元素纹理的差别，如图12-21所示。

图 12-21

17 以左侧石柱中间的石头为例进行讲解，在中间的石头上方创建新图层并创建剪贴蒙版，选择"画笔工具"✐，然后在工具选项栏中选择自带的干介质画笔"KYLE 终极碳笔"🖌，设置"前景色"为"浅橙色"(R:234，G:192，B:153)、"不透明度"值为"50%"，然后在石头上绘制，如图12-23所示。

图 12-23

18 因为石柱离观者比较远，这时需要创建"亮度/对比度"调整图层来降低对比度。因为画面的光源在左侧，所以需要重新建立石柱的光影关系，并且可以通过50%中性灰修图来确定石柱的亮面和暗面，即石柱左侧比右侧稍亮，如图12-24所示。

19 继续使用"画笔工具"✐对石柱进行塑形，处理时需要注意光影关系，如图12-25所示。

图 12-24

图 12-25

20 现在看起来石柱的色彩饱和度过高，与环境不太和谐，所以在上方创建"色相/饱和度"调整图层并创建剪贴蒙版，使用"着色"混合模式将石柱颜色处理成统一的效果，如图12-26所示。

21 继续在石柱图层上方创建新图层，使用"画笔工具"✐吸取远景环境颜色进行涂抹，让石柱整体颜色和对比度降下去。最后打开素材文件"符文.psd"，选择其中一个符文贴在石柱左侧，如图12-27所示。

图 12-26

图 12-27

22 使用同样的方法，对右侧的石柱进行调色并贴上符文图案，最后给两个石柱添加阴影，如图12-28所示。

23 这一步先在两个石柱后面添加一层丁达尔光，来确定光源方向，注意效果不用太明显。最后将石柱图层一起选中进行编组，并将图层组命名为"中间石头"，如图12-29所示。

图 12-28

图 12-29

添加风力发电机

24 打开素材文件"风力发电机.jpg"和"路面.jpg",将发电机抠出来放置在画面中,同时注意发动机的朝向,如图12-30所示。

图 12-30

25 使用"钢笔工具" 沿着发动机的方向绘制电缆,电缆由近到远应当由粗到细、由实到虚,这个可以通过蒙版和调色进行控制,如图12-31所示。

图 12-31

26 调整风力发电机,使其支柱部分变得陈旧、古老,从而和整个环境更加贴合。打开素材文件"铁柱.tiff",将铁柱抠取出来,然后多复制几层并往上堆砌增加高度,如图12-32所示。

图 12-32

27 将加长的铁柱图层合并,然后复制并粘贴到风力发电机上,适当控制光影,如图12-33所示。

图 12-33

28 绘制青苔。打开素材文件"青苔.jpg",发现青苔叶子有些过大。这里使用"裁剪工具",在工具选项栏中选中"内容识别"复选框,裁切画布使其变大,如图12-34所示。

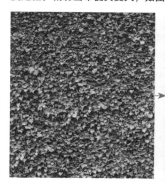

图 12-34

29 选择"仿制图章工具" ,按住Alt键的同时单击青苔的中心位置,回到设计文件(注意这里不要关闭青苔文件)。加载叶子.abr画笔,并将画笔适当缩小。在所有图层上方创建新图层,然后使用"仿制图章工具" 进行绘制。在绘制的过程中,注意节奏和植物的生长规律,切忌将青苔绘制得太过笔直。如果绘制的时候没有出现图像,可以回到青苔文件,重新按住Alt键拾取仿制源,如图12-35所示。

图 12-35

提示

在合成设计中,"仿制图章工具" 是比较常用的工具之一。在这个案例当中,可以发现"仿制源"的设定不仅仅限制在本文件,也可以从其他的 Photoshop 文件中拾取并在本文件中绘制。在本案例中,青苔距离观者越来越远,因此也应该越来越小。针对这一问题,可以通过先设置其参数,再进行整体比例缩小来完成,如图 12-36 所示。

图 12-36

30 对青苔整体进行调色，控制远近空间关系。这里需要进行细致的调整，大家可以根据自己的操作习惯选择合适的工具或命令来进行处理，如图12-37所示。

图 12-37

31 将所有风力发电机图层进行合并，并将合并的图层组命名为"发电机"，然后对该图层组进行调色控制，着重塑造光影质量，如图12-38所示。

图 12-38

确定光影

32 对整个画面的黑白关系进行梳理和调整。为了让构图有层次感，这里对前景进行压暗处理。具体操作是在所有图层上方新建一个"曲线"调整图层，然后整体压暗画面，并通过蒙版控制显示区域，让画面左下角单独被压暗，如图12-39所示。

图 12-39

33 单独将左侧的风力发电机、电缆及右侧的石头压暗，让它们也被阴影遮住，如图12-40所示。

图 12-40

34 在所有图层上方创建新图层，然后使用"画笔工具" ✒ 吸取远景的颜色和阴影的颜色，对画面中景和近景的地面进行涂抹，营造一层烟雾效果来降低对比度，如图12-41所示。

图 12-41

35 制作风的效果。针对风效果的制作，这里主要通过使用"画笔工具"在里面绘制并添加一些颗粒感来完成。加载"沙.abr"画笔，设置"前景色"为"浅黄色"(R:255,G:251,B:253)、"不透明度"值为"30%"，然后进行绘制，如图12-42所示。

图 12-42

添加近景

36 打开素材CH12/石头.jpg，选取中间的一块石头进行抠取，然后复制并粘贴到设计文件中，同时移动到在画面左侧，如图12-43所示。

图 12-43

37 使用"仿制图章工具" 🎨，将石头上面脏的颜色去掉，如图12-44所示。

图 12-44

38 用之前处理石头的方法对左侧的石头进行调色，然后打开素材CH12/符文2.png并放置在石头上，设置图层的"混合模式"为"叠加"，如图12-45所示。

图 12-45

39 打开素材CH12/指示牌.png，将指示牌复制并粘贴到设计文件的右侧，如图12-46所示。

图 12-46

40 打开素材CH12/人物.png，将人物复制并粘贴到设计文件右侧的角落，如图12-47所示。

图 12-47

41 对人物进行调色，让人物融入背景。这里需要注意，在处理人物的时候不只是对其整体进行压暗，他身上的盔甲有金属材质，所以还需要保留适当的高光效果，如图12-48所示。

图 12-48

42 最后，在人物后面右手边用"画笔工具"绘制一把长剑来增加角色的细节，如图12-49所示。

图 12-49

44 在所有图层上方创建新图层，继续在中间地面绘制风的纹理效果，如图12-51所示。

图 12-51

46 按快捷键Ctrl+Alt+Shift+E合并所有可见图层，然后通过Camera Raw滤镜锐化画面，并且提亮阴影区域，效果如图12-53所示。

总结

这个案例算得上是比较复杂的综合案例，远景和中景的设置还有很多可以发挥的空间，其中的细节可以根据自己的喜好进行增减。从整个案例的操作流程来看，有以下几点是大家需要特别注意的。

（1）**整体黑白灰的控制。**

大型场景合成特别需要注意空间的黑白灰关系，以及元素本身光影关系的处理，建议在最初调色阶段不要一步到位，造成对比度过于强烈，否则后期很容易出现黑白对比过度的情况。

（2）**做旧效果的处理。**

场景整体是一种比较荒凉、颓败的氛围，因此可以尝试添加一些破旧的元素，例如骷髅、棉布条、蜘蛛网等，也可以在现有元素的基础上通过叠加纹理、图案来让它看起来更加陈旧。

（3）**构图。**

本案例通过让石柱支撑画面的方式巧妙地让画面变得很有特色。大家在练习的时候，一定要注意构图的引导性，例如，指示牌的方向、人物眼神的方向，以及线路牵引的方向等。

整体调色

43 新建"色相/饱和度"调整图层，将画面阴影部分的饱和度降低，如图12-50所示。

图 12-50

45 通过"画笔工具" ✐，强化场景中元素的高光效果，让画面变得更加通透，如图12-52所示。

图 12-52

图 12-53

第 3 篇

Photoshop 合成设计的综合演练

第 13 章

综合演练之影视人物合成

影视作品的平面宣传海报大多需要通过合成进行创作，与其他的合成风格不同，影视人物合成一般不需要太大的场景，只需将与人物相关的故事情节通过画面表现出来一部分。在设计该类合成作品的时候，通常会围绕人物来进行取景构图，或者直接选择剧照进行构图设计。

◎ 人物光影的处理技巧   ◎ 场景选择和空间搭建思路

◎ 综合运用合成技法

13.1 概述

实例位置	实例文件 >CH13> 案例：综合演练之影视人物合成.psd
案例位置	案例文件 >CH13
实用指数	★ ★ ★ ★ ☆
技术掌握	影视人物合成技法和注意事项

扫 码 观 看 视 频

　　影视合成近几年在国内比较流行，也诞生了非常多优秀的电影海报设计师和电影海报设计作品。虽然从严格意义上来讲，Photoshop合成与影视海报没有直接的联系，但是如果仅从画面的处理方法和技巧上看，这两者几乎是密不可分的。

　　影视人物合成与前边所讲的合成类型相比，最大的区别主要在于侧重点不一样。影视海报更多的是展现电影角色，因此无论是对人物的修图，还是对整体色调的把控，要求都较高。

　　最终制作好的效果如图13-1所示。

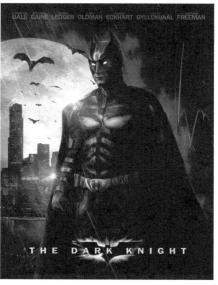

13.2 确定概念和参考素材

　　本章要讲的这个合成案例是根据影视作品《蝙蝠侠》系列的剧情进行展开并延伸得来的。本案例主要以技术练习为主，但故事情节依然会参考影视的内容，色调也会延续影片整体色调本身的特点。

图 13-1

　　关于人物的设定，在具体设计之前笔者在网上找到了一些相关的照片，如图13-2所示。由于数量和质量的问题，可以用来创作的并不是很多，大部分动作和视角相对比较常规，因此选择了两张COS照片作为参考。

　　关于场景素材的设定，笔者主要沿着电影的线索进行收集与寻找，如高楼、屋顶、夜晚场景等素材，同时还找到一些蝙蝠、月亮等素材。这里需要特别注意的是，如果在人物素材确定的情况下寻找场景素材，一定要根据人物素材的透视角度去寻找，这样会大大提高素材的利用效率，如图13-3所示。

图 13-2

图 13-3

　　除此之外，在正式设计之前，笔者还寻找了一些可参考气氛的图片。在设计过程中，这些图片对于场景氛围的设定会产生比较直观的引导作用。一般来说，首先找一些供构图参考的图片，然后找一些供天气的参考图片等，这些元素可以通过观察颜色、层次及空间关系等进行选择。本案例首先锁定夜晚的场景，然后考虑加入一些雨季、雪季的气氛，画面整体颜色对比比较强，如图13-4所示。

图 13-4

13.3 设计流程

　　本章要制作的这张影视人物海报作品涉及场景设计的部分不是很多，重点是氛围、色调及人物的修饰处理。所需素材和制作好的最终效果如图13-5所示。

图 13-5

搭建画面

01 新建一个文件，设置"宽度"为"3000像素"、"宽度"为"4500 像素"、"分辨率"为"72像素/英寸"。打开素材CH13/地面.jpg，将素材放置在设计文件中的合适位置，并将素材图层命名为"地面1"，如图13-6所示。

02 利用"曲线"和"色相/饱和度"调整图层对地面进行调色，先大概确定画面的色调为偏暗色调，如图13-7所示。

03 打开素材CH13 建筑1.jpg，将建筑放置在设计文件的上方，并将图层命名为"建筑"，之后通过蒙版控制其显示范围，效果如图13-8所示。

图 13-6

图 13-7

图 13-8

提示

这里需要注意的是，将建筑左侧贴合在路面的部分显示出来，目的是将路面打造成天台的感觉，避免画面构图过于呆板，如图13-9所示。

04 打开素材CH13/蝙蝠侠.png，将蝙蝠侠素材置入设计文件中，并观察构图。此时，画面左侧应当利用人物侧身的方向将背景处理得更明亮、通透一些，右侧则处理得偏暗一些，从而形成一定的对比效果，如图13-10所示。

05 打开素材CH13/建筑2.jpg，使用"多边形套索工具"，将建筑素材放置在设计文件的上方，然后设置图层的"混合模式"为"滤色"，以单独提亮背景中的建筑，如图13-11所示。

图 13-9

图 13-10

图 13-11

06 用同样的思路处理天空部分。打开素材CH13/天空1.jpg和天空2.jpg，将素材放置在建筑上方的天空位置，并进行适当的调色处理，如图13-12所示。

图 13-12

07 观察画面，发现天空还不够明亮，可以加入一些比较有设计感的元素。打开素材CH13/月亮.jpg，将素材放置在画面中天空的左侧，并适当提亮该区域，使其形成一定的光照效果，如图13-13所示。

图 13-13

08 打开素材CH13/招牌.png和蝙蝠.jpg，将它们分别放置在画面右侧和月亮上面，然后设置"蝙蝠"图层的"混合模式"为"正片叠底"，如图13-14所示。

图 13-14

人物修饰

09 接下来对人物素材进行修饰处理，修饰的方向主要有3个，即光影关系的处理、色调的处理和光影质量的处理。最重要的就是光影质量的处理。首先，设定画面光源方向在左侧，颜色主要为冷色调，以这个为基准进行调色控制。在此之前，蝙蝠侠面部的嘴型不够硬朗，打开素材CH13/蝙蝠侠2.jpg，将素材中蝙蝠侠的嘴复制到设计文件中，并调整到合适的位置，如图13-15所示。

图 13-15

10 在所有图层上方创建"曲线"调整图层并创建剪贴蒙版，调整曲线，统一画面色调，如图13-16所示。

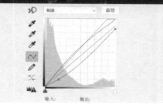

图 13-16

11 调整人物的明暗关系，在所有图层上方创建"曲线"调整图层并创建剪贴蒙版，调整曲线使画面整体变暗，然后使用"画面工具" 在蒙版中涂抹，强化暗部的颜色信息，如图13-17所示。

图 13-17

12 调整人物的明暗关系，在所有图层上方创建"曲线"调整图层并创建剪贴蒙版，调整曲线使画面整体变亮，然后使用"画面工具"✐在蒙版中涂抹，强化亮部的颜色信息，如图13-18所示。

图 13-18

13 接下来明确人物的光源方向。在所有图层上方创建"曲线"调整图层并创建剪贴蒙版，调整曲线使画面整体变亮，然后在蒙版中使用"渐变工具"让人物左侧变亮。之后使用同样的方法，再次创建"曲线"调整图层并创建剪贴蒙版，然后调整曲线使画面整体变暗，同时在蒙版中使用"渐变工具"▣让人物右侧变暗，如图13-19所示。

图 13-19

14 再次强化高光的质量，在所有图层上方创建"曲线"调整图层并创建剪贴蒙版，调整曲线使画面整体变亮，然后使用"画面工具"✐在蒙版中涂抹，强化亮部的颜色信息，如图13-20所示。

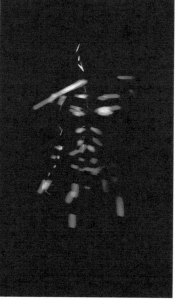

图 13-20

15 继续在所有图层上方创建"色相/饱和度"调整图层，降低人物头顶部分偏蓝色区域的饱和度，如图13-21所示。

图 13-21

16 处理人物披风部分。原本素材的披风看起来动感不够强，形态也不够理想，需要进行调整。选中"人物"图层，利用蒙版将原本的披风去除，如图13-22所示。

图 13-22

17 在人物图层下方创建新图层，然后利用"套索工具"⊘绘制一个新的披风形状，并填充为"黑色"（R:0,G:0,B:0），如图13-23所示。

图 13-23

18 在披风上方创建新图层并创建剪贴蒙版，然后利用"画笔工具"✍绘制披风的光影层次，如图13-24所示。

图 13-24

19 为了让人物变得更有特色，这一步将影视作品中蝙蝠侠眼睛变白光的特效加了进来，如图13-25所示。

图 13-25

整体氛围

20 对文件的图层进行梳理，然后将蝙蝠侠和披风部分的所有图层进行编组，并将图层组命名为"人物"。将人物以外的所有图层编组，并将图层组命名为"场景"，同时放在"人物"图层组的下方。接下来对画面整体的氛围进行控制，先处理人物背景氛围。打开素材CH13/反光.jpg，利用"套索工具"⊘选取地面反光区域，然后复制并粘贴到设计文件中，放置在天台的左侧区域，模拟出反射的高光效果，如图13-26所示。

图 13-26

21 打开素材CH13/建筑2.jpg，利用"套索工具"⊘选取湖面反光区域，然后复制并粘贴到设计文件中，放置在天台左侧湖面上，给画面增加更多细节，如图13-27所示。

图 13-27

22 对背景进行适当处理，让背景变得平一些。创建新图层，使用"多边形套索工具"✎选取建筑和湖面部分，然后设置"填充"为"灰色"（R:49,G:49,B:49），设置图层的"不透明度"值为"40%"，如图13-28所示。

图 13-28

23 在"人物"图层组下方创建新图层，利用"画笔工具"✍在人物背后绘制一些白色的烟雾效果，如图13-29所示。

图 13-29

24 处理画面前景的氛围（接下来的操作都是在"人物"图层组上方进行的）。打开素材CH13/光效.jpg，将素材复制并粘贴到人物左侧肩膀处及手臂处，然后设置图层的"混合模式"为"滤色"，如图13-30所示。

25 增加雨水特效。打开素材CH13/雨1.jpg和雨2.jpg，将素材复制并粘贴到设计文件的上方，然后设置图层的"混合模式"为"滤色"，并控制雨的范围和不透明度，如图13-31所示。

26 处理雨落在人物身上溅起来的效果。在所有图层的上方创建新图层，选择"画笔工具"，加载画笔CH13/雨.abr，然后沿着人物身体绘制一些雨效，如图13-32所示。

图 13-30

图 13-31

图 13-32

提示

这里需要格外有耐心，需要通过搭配蒙版一起控制雨水溅落的效果，避免效果生硬。

27 在所有图层上方创建新图层，使用"画笔工具"在画面四周绘制一层黑色，压暗4个角，增强画面的氛围，如图13-33所示。

28 在所有图层上方创建新图层，使用"画笔工具"在人物左侧绘制一些高光，模拟出高光投射到人物前面的效果。最后对画面整体进行锐化处理，并根据需要给画面放置一些装饰文字，最终效果如图13-34所示。

总结

　　这个案例依据电影本身的场景设定，色彩处理并不复杂，侧重点在光影和气氛的处理上。从整体来说，针对以人物为主的影视类海报的设计与制作，主要有以下3点技巧。

　　（1）角色的动作处理。

　　以人物为主的影视类海报的制作要特别注重角色的动作控制。在具体制作前需要和摄影师多沟通，避免后期处理因素造成作品质量下降或者创作受限。

　　（2）注重场景和气候。

　　以人物为主的影视类海报的制作场景所占比重往往不会很大，只需根据电影的故事背景选择一个合适的场景，并注意气候氛围的添加给画面带来的影响即可。

　　（3）善于制造无意间的"惊喜"。

　　好的设计往往有一些令人惊喜的元素。例如，这个案例的制作就将蝙蝠侠图案作为招牌元素安排在画面右侧，多花一点小心思就更有可能打动观者。

图 13-33

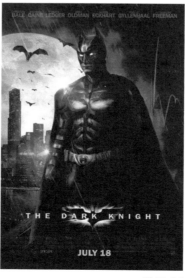

图 13-34